Becker | Die Gesteine Deutschlands

ie Lufthülle entstand. (*Diese Tabelle zeigt die letzte halbe Milliarde Jahre an.*)

Gebirgsbildungen	Heutige Landschaften	Gesteine
In Nordeuropa entsteht ein Gebirge.	Lausitz	Lausitzer Granodiorit, Marmor
Das **Variskische Gebirge** wird aufgefaltet, Pangäa entsteht.	Harz, Erzgebirge, Thüringer Schiefergebirge, Frankenwald, Rheinisches Schiefergebirge, Spessart, Odenwald, Schwarzwald, Oberpfälzer Wald, Bayerischer Wald	Gneis, Granit, Schiefer, Fruchtschiefer, Diabas, Schalstein, Serpentinit, Quarzit, Marmor, Riffkalk
Gebirge wächst weiter und wird bereits abgetragen.	Harz, Fränkisch-Thüringisch-Vogtländisches Schiefergebirge	Tonschiefer, Schiefer, Kalk
Gebirge wird weiter Abgetragen.	Aachen, Saarland, Ruhrgebiet	Tonschiefer, Sandstein, Steinkohle, Granit
Lange Zeit bleibt das Land im Zentrum des Großkontinents Pangäa ruhig.	Pfälzer Bergland, Nahe, Halle, Thüringer Wald, Kyffhäuser	rote Konglomerate, Rhyolith, Andesit, Dazit
	Südharz, Kyffhäuser	Dolomit, Kalk, Gips, Salz
Pangäa zerbricht.	Helgoland, Weser-Leine-Bergland, Main, Neckar, Thüringer Becken, Schichtstufenland	Roter Sandstein, Oolithkalk, Mergel
		Kalk, Gips, Salz
	Hassberge, Franken	Sandstein, Mergel, Salz
	Vorland unter dem Albtrauf	Tonstein, Eisensandstein
Als die **Alpen** unter Druck von Süden aufsteigen, zerbricht „Deutschland" in Schollen. Einige steigen auf zu Mittelgebirgen.	Kalkalpen	Sandstein
	Fränkische u. Schwäbische Alb, Weser- und Wiehengebirge	Kalk, Plattenkalk, Eisenoolith
	Deister, Bückeberg, Bentheim, Externsteine,	Ton, Sandstein, Kohle
Schichten des Erdaltertums kommen durch Abtragung wieder zum Vorschein.	Münsterland, Teutoburger Wald, Elbsandsteingebirge	Kalk, Mergel, Sandstein
	Zwischen Alpen und Donau, Norddeutschland, Vulkane: Rhön, Hegau, Westerwald, Eifel, Siebengebirge, Hessische Senke	Schotter, Sand, Braunkohle, Basalt, Trachyt, Latit, Tephrit, Phonolith, Tuff, Molassesandstein, Travertin, Nagelfluh
Moränen in Norddeutschland und im Alpenvorland	Norddeutschland, Alpenvorland	Travertin, Lava, Tuff, Nagelfluh

Heinrich Becker

Die Gesteine Deutschlands

Fundorte – Bestimmung – Verwendung

2., überarbeitete und ergänzte Auflage

Quelle & Meyer Verlag Wiebelsheim

Heinrich Becker
Koopstr. 2A
20144 Hamburg
Heinrich-Becker-HH@gmx.de

Bibliografische Information der Deutschen Nationalbibliothek
Die Deutsche Nationalbibliothek verzeichnet diese Publikation in der Deutschen Nationalbibliografie; detaillierte bibliografische Daten sind im Internet über http://dnb.d-nb.de abrufbar.

2., überarbeitete und ergänzte Auflage

www.quelle-meyer.de

Umschlagabbildungen: Heinrich Becker
Druck und Verarbeitung: Belvédère Print & Packaging b.v.
Printed in Europe/Imprimé en Europe
ISBN 978-3-494-01892-8

Inhaltsverzeichnis

EINFÜHRUNG

Aus Gestein bestehen die Gebirge, aus Stein wurden Burgen und Städte erbaut. Dieses Element unserer Welt scheint schon immer dagewesen zu sein. Es steht für Beständigkeit und Festigkeit. Gestein scheint unverwüstlich, aber es ist nicht ewig. Vor langer Zeit entstanden, wird es eines Tages wieder vergehen. Und neues Gestein entsteht auch heute.

Dieses Buch wendet sich an alle, die mehr über diese Geschehnisse wissen möchten. Vor allem geht es darum, die Gesteine zu unterscheiden und sie zu bestimmen. Allerdings nur so weit, wie dies durch Betrachtung und einfache Hilfsmittel wie Lupe und Ritzmesser möglich ist. Auf Unterscheidungen, die nur durch Chemie oder Mikroskopie zu ermitteln sind, wird verzichtet. Gesteinsarten, die in vielen Varianten in Farbe oder Struktur auftreten, werden mehrfach dargestellt. Ob man beim Bestimmen lieber die Bilder der Gesteinsporträts (ab S. 67) durchblättert oder sich über die Systematik des Bestimmungsschlüssels (S. 64) an ein Ergebnis herantastet, ist eine Frage der persönlichen Vorliebe. Vorkenntnisse werden in beiden Fällen nicht vorausgesetzt.

Zunächst wird im 1. Teil Grundlagenwissen zur Entstehung und Bestimmung von heimischen Gesteinen vermittelt sowie Hinweise auf mögliche Fundorte gegeben. Über kurz oder lang wird man mehr wissen wollen, wenn die Erklärungen im Glossar (S. 296) nicht mehr ausreichen. Deshalb wendet sich der 2. Teil den verschiedenen Gesteinsarten in reich bebilderten Porträts zu. Beim Bestimmen wird immer auch die Frage beantwortet, wann und wie ein Gestein entstanden ist. Damit treten die Epochen der Erdgeschichte in den Blick, deren Hinterlassenschaften das Land bis heute prägen.

1. Wo findet man Gesteine?

Die Kruste des Erdballs (Lithosphäre) besteht aus Gestein. In der Landschaft sehen wir aber selten Steine. Erde und Vegetation verhüllen den Untergrund. Die wenigen natürlichen Zugänge („Aufschlüsse", wie die Geologen sagen) sind Steilufer am Meer, Klippen an Flüssen oder auf Berggipfeln.

(1) Quarzitklippe auf dem Gipfel des Feldbergs im Taunus

Am Strand der Meere und Flüsse finden wir abgerundete Steine, manchmal erstaunliche Sammlungen. Doch oft hat bereits eine Auswahl der besonders Widerstandsfähigen stattgefunden. Die Küste der Ostsee ist eine besondere Steinregion, hier finden wir eine bunte Vielfalt skandinavischer Gesteine. Diesen „Strandsteinen" widmen wir uns hier nur am Rande, da dafür hinreichend Spezialbücher angeboten werden. Ebenso vielfältig ist das Geröllangebot der Alpenflüsse. Auch hierfür existieren Spezialführer, die von Kennern der Alpenregion verfasst wurden.

Künstliche Aufschlüsse, Steinbrüche, Bergwerke, Bergwerkshalden, auch längst aufgegebene, sind meist unzugänglich. Findet man Zutritt, dann hat die Vegetation oft schon wieder von dem Areal Besitz ergriffen. Die meisten Begegnungen mit Gestein haben Laien also in der Stadt: Wir laufen auf Gehwegplatten, der Belag der Straße besteht aus kleinen Steinchen im Asphaltbett. Kirchen und Rathäuser der alten Städte wurden aus Stein errichtet. Für Kunstwerke, Denkmäler oder Grabsteine greift man immer wieder auf das Naturprodukt Gestein zurück.

(2) Massive Kalkbänke bilden senkrechte Wände (Klippen), während begrünte Böschungen an mergeligen Partien in der Schichtfolge entstehen. Die natürliche Verwitterung und Abtragung präpariert die wechselnden Qualitäten des Muschelkalks am Ufer des Maines heraus.

In den letzten Jahrzehnten hat die Verwendung von Naturstein, meist in Form polierter Platten, für Hauswände und Fußböden, Küchen oder Badezimmer sehr zugenommen. Wer sich für Steine interessiert, wird also auch in der Stadt fündig. Bis zur Mitte des 19. Jahrhunderts errichtete Gebäude repräsentieren in der Regel das Gesteinsinventar der näheren Umgebung. Trifft man auf Fremdartiges, so wird man bei sehr alten Bauten nach dem Transportweg fragen und die Herkunft meist flussaufwärts vermuten dürfen. Skandinavisches Gestein fand oft als Schiffsballast seinen Weg nach Norddeutschland. Seit der Mitte des 19. Jahrhunderts aber bringen Eisenbahnen Gestein nach allen Richtungen. Heute werden auch solche Gesteinsarten, die es in Deutschland massenhaft gibt, kostengünstig aus Indien oder China importiert, wo sie wohl nicht immer unter sozial verträglichen Bedingungen gefördert und verarbeitet werden. Einige Importe sind in deutschen Städten so präsent, dass auch sie hier beschrieben werden sollen.

2. Die Namen der Gesteine

Auffallendes und nützliches Gestein bekam schon früh einen Namen. Stein, aus dem man durch Brennen den wichtigen Baustoff Mörtel gewinnen konnte, nannte man Kalk. Damals unterschied man allerdings nicht zwischen Kalk und Gips. Inzwischen kennen wir den chemischen Unterschied. Die Gipsberge in Segeberg und Lüneburg heißen aber immer noch Kalkberge. Marmor ist zwar chemisch auch Kalk, aber von besonderer kristalliner Struktur. Als edles Material antiker Kunstwerke beliebt, bekam er einen eigenen Namen. Im Steinhandel aber wird unter diesem Namen mancherlei Stein angeboten, sofern er nur schleif- und polierbar ist. Zu den volkstümlichen Namen kamen einige aus dem Bergbau hinzu (z. B. Grauwacke) und seit dem 18. Jh. weitere von den Naturforschern erdachte.

In der Biologie werden wissenschaftliche Namen verliehen. Eine derart systematische Nomenklatur ist bei Gestein nicht möglich, aber die Geologen entwickeln eine Klassifikation. Dabei steht meist der Stoffbestand als Kriterium im Vordergrund, der eine chemische Analyse erfordert. Daneben existieren immer noch populäre und lokale Bezeichnungen, die teilweise in der Wissenschaft auch noch anerkannt sind. Wir lavieren in diesem Buch manchmal zwischen alten und neuen, populären und wissenschaftlichen Bezeichnungen. Handelsnamen werden konsequent in „Anführungszeichen“ gesetzt. Bei chemisch Gleichem (Kalk und Marmor) entscheidet die Struktur. Beim Schiefer entscheidet die Entstehungsweise. Nur ein Gestein, das seine feinblättrige Struktur durch Gebirgsdruck erhielt, soll so heißen. Feinschichtige Gesteine werden aber von alters her auch Schiefer genannt. Beispiel: „Ölschiefer“ ist ein bituminöser Tonstein. „Stein“ steht für Festigkeit, „Ton“ für die Hauptbestandteile Tonminerale und „bituminös“ bezeichnet ein wesentliches Nebengemengteil: Bitumen. Für den Laien aber ist die sichtbare feinblättrige Struktur viel bezeichnender für das Gestein.

3. Wie Gesteine entstehen

Noch vor 300 Jahren glaubten die meisten Menschen, dass alles in der Natur von Anfang an so war, wie es ist, und auch bis in alle Ewigkeit so bleiben wird. Heute wissen wir durch die Naturwissenschaft, dass alles irgendwann und irgendwie entstanden ist. Die ersten Gesteine der Erde entstanden vor mehr als vier Milliarden Jahren, als die Oberfläche des glühenden Balles sich so weit abgekühlt hatte, dass eine erste dünne Kruste entstand. Reste dieser ersten Kruste finden wir heute nicht mehr. Auch jetzt noch entsteht ständig neue Kruste auf eine ähnliche Weise, allerdings nirgendwo auf dem Festland, sondern in den Ozeanen. **Erstarrtes Magma** aus der Tiefe macht also einen Teil der Gesteine aus.

Wir halten Gestein für eine relativ stabile Sache. Ein Irrtum! Physikalische und chemische Einflüsse setzen ihm zu. Wir sehen diese Prozesse selten unmittelbar, weil sie langsam fortschreiten. Aber bereits 100 Jahre alte Bauwerke, damals solide aus Stein errichtet, zeigen uns den natürlichen Verfall. Wie Bauwerke in hundert Jahren, so verfallen Gebirge in Millionen Jahren. Aber nichts geht dabei verloren. Aus den Resten, den Produkten der Verwitterung, entsteht Neues. Manches landet in Wüsten, das meiste wandert so lange, bis es irgendwann in den Meeren zur Ruhe kommt: als Geröll, Sand, Ton oder Salz. Es wird sortiert und sammelt sich an, bildet Schichten, wird verdichtet und langsam wieder zu Stein. Nun aber zu einer ganz anderen Art von Gestein, dem **Gestein der Oberfläche**.

Was sich in den Ozeanen angesammelt hat, bleibt nicht dort. Die Kruste bewegt sich, Kontinente kollidieren. Wir erleben diese Dynamik als Erdbeben und Vulkanismus. Gebirge türmen sich und werden wieder abgetragen. Gesteine, die bereits an der Oberfläche waren, versinken wieder, werden dabei verändert. Manche sinken so tief, dass sie wieder in Magma eingeschmolzen werden. Auch die neuen Gesteine der Oberfläche sind nicht stabil, sie zerfallen und ihre Bestandteile machen sich erneut auf die Reise. Wir sprechen vom **Kreislauf der Gesteine**.

3.1 Gesteinsbildende Minerale

Anteile der 8 häufigsten Grundstoffe an der Erdkruste und der ganzen Erde		
Stoff	**Kruste Gew.-%**	**Erde Gew.-%**
Sauerstoff	46	32
Silizium	28	17
Aluminium	8	1,5
Eisen	5	29
Kalzium	3,6	1,6
Natrium	2,7	-
Magnesium	2	16
Kalium	2,5	-
alle anderen	2,2	-

Gesteine bestehen aus den Grundstoffen (Chemischen Elementen), die auf der Erde zur Verfügung stehen. Die Erde ist nicht homogen aufgebaut. In einem frühen Stadium des Planeten sanken die schweren Stoffe nach unten in Richtung Mittelpunkt. Leichtere Stoffe bilden die oberste Zone des Magmas und die feste Kruste. Nur 8 Grundstoffe (s. Tabelle) sind es, aus denen 98 % der Kruste besteht. Im Magma befinden sich die Stoffe gelöst, also ohne feste Struktur. Im Vorgang des Erkaltens und Festwerdens finden sich die Stoffe zu Gruppen zusammen (Chemischen Verbindungen), die feste räumliche Strukturen annehmen. Diese Verbindungen, sofern sie nicht aus biologischen Prozessen stammen, heißen Minerale. Nur extrem wenige Grundstoffe finden wir in der festen Kruste in chemisch nicht gebundener Form vor wie Silber, Gold oder Edelgase. Etwa 4000 Minerale sind bekannt. Die meisten davon sind aber äußerst selten und nur sehr wenige sind gesteinsbildend.

Quarz besteht aus Silizium und Sauerstoff (SiO_2). Dies sind die beiden häufigsten Elemente in der Kruste (zusammen 74 % [!]). Reiner Quarz ist farblos und glasklar. Er tritt aber oft vielgestaltig, farbig oder milchig auf: Kieselsäure, Feuerstein, Hornstein, Bergkristall, Achat, Chalcedon, Opal, Sand und Quarzit. Amethyst und zahlreiche andere Edel- und Halbedelsteine sind gefärbte Varianten. Quarz ist an seiner Härte zu erkennen.

Er ist härter als alle anderen gesteinsbildenden Minerale. Nur sehr wenige Minerale sind härter und diese sind selten. Quarz hat keine Spaltbarkeit, bricht muschelig (wie Glas), die Bruchflächen glänzen fettig. Quarz ist der widerstandsfähigste Bestandteil des Granits. Bei dessen Verwitterung bleibt er unzerstört. Chemisch kaum angreifbar, wandern die Körner mit Wasser und Wind und bilden irgendwann Sandstein. Kieselalgen und Radiolarien bauen aus dem Stoff ihre Skelette und Gehäuse auf. Nur ein kleiner Teil des Elementpaares Silizium-Sauerstoff liegt als Quarz vor. Zum überwiegenden Teil ist es in Silikate eingebaut. SiO_2 ist wesentlicher Bestandteil der häufigsten gesteinsbildenden Minerale.

(3) Frische Bruchfläche
(4) Bergkristall

Silikate sind die Salze der Kieselsäure. Salze bestehen aus zwei Teilen:

- Einem nichtmetallischen Teil (Säure, Säurerest), hier ist es die **Kieselsäure** in Verbindung mit Aluminium (Alumosilikate). Die ungeheure Vielfalt der Silikate wird dadurch verursacht, dass sich aus ihr komplizierte Raumstrukturen aufbauen: Ketten, Ringe, Gitter, Gerüste und dünne Schichten.
- Einem metallischen Teil, dazu gehören drei Gruppen:
  1. Vorwiegend mit den Metallen Natrium, Kalium und Kalzium werden helle Silikate gebildet, die **Feldspäte**, z. B. Alkalifeldspäte, Kalk-Natron-Feldspäte (Plagioklase).
  2. Mit einem hohen Anteil der Metalle Eisen und Magnesium werden die dunklen Silikate gebildet, die **Mafite**, z. B. Glimmer, Amphibole und Pyroxene.
  3. Mit Aluminium werden die **Tonminerale** gebildet.

Feldspäte (Helle Silikate) sind Silikate mit den Metallen Natrium, Kalium, Kalzium, untergeordnet auch Eisen, Magnesium und andere Metalle. Ihre große Vielfalt entsteht dadurch, dass diese Metalle untereinander austauschbar sind, also in beliebigen Mischungsverhältnissen vorkommen. Das ergibt unendlich viele Kombinationsmöglichkeiten. Man vereinfacht sich die Einordnung indem man zusammenfasst:

- Feldspäte mit überwiegend Kalium sind Alkalifeldspäte .
- Feldspäte mit überwiegend Kalzium und Natrium sind Kalk-Natronfeldspäte (Plagioklase).

Feldspäte wachsen beim Erkalten von Magma als Kristalle. Sie sind in zwei Richtungen spaltbar, können durch kleine Beimengungen von Metallen fast jede Farbe annehmen, sind aber oft rot bis rosa und meistens weiß bis beige. Sie sind hart, aber weicher als Quarz. Sie machen 50 % der Erdkruste aus und überwiegen in der kontinentalen Kruste.

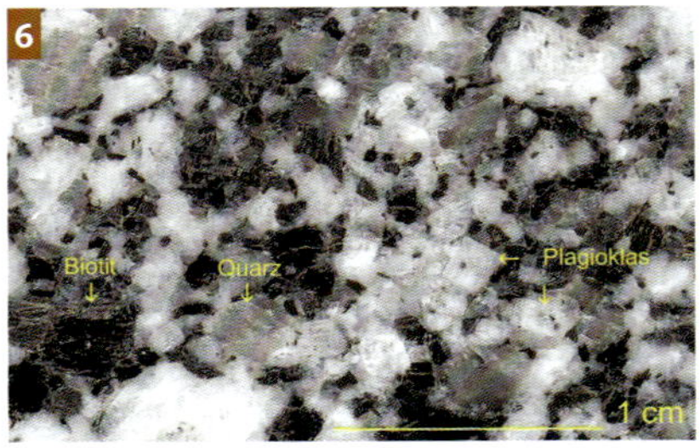

(5) Große ideal ausgebildete Feldspäte in Oberkircher Granit (Schwarzwald)
(6) Im Granodiorit sind Quarz, helle Silikate (hier Plagioklas) und dunkle Silikate (hier Biotit) vereint. Geschliffener Granodiorit von Demitz-Thumitz (Lausitz).

An der Erdoberfläche sind Feldspäte nicht lange stabil, besonders wenn das Klima feucht ist. Im Boden verwitternde Feldspäte sind die natürlichste Düngung.

- **Feldspatvertreter (Foide)** sind Minerale, die ähnlich gebaut sind wie Feldspäte, aber bei geringerem Angebot an SiO_2 gebildet werden. Die wichtigsten Minerale dieser Gruppe sind Leucit und Nephelin. Diese kommen in Gesteinen vor, die niemals Quarz enthalten
- **Mafite (Dunkle Silikate)** sind Silikate mit hohem Anteil an Eisen und Magnesium. Sie werden nach „Ma" für Magnesium und „Fe" für Eisen, Mafite genannt. Es sind Olivin, Biotit (Dunkler Glimmer), die Gruppe der Pyroxene (Augit), die Gruppe der Amphibole (Hornblende) und Chlorit. Dunkle Silikate werden häufiger, je tiefer man in die Kruste eindringt. Sie überwiegen in der ozeanischen Kruste, wo Magma aus großer Tiefe erstarrt.

Tonminerale sind Aluminiumsilikate. Es sind sehr kleine, nur elektronenmikroskopisch sichtbare, plättchenförmige Kristalle, die bei der Verwitterung von Feldspäten und anderen Silikaten an der Erdoberfläche entstehen. Wegen ihrer Winzigkeit und ihrer Bindekraft für Wassermoleküle schweben sie als Trübe im Wasser und können dadurch weit transportiert werden. Weit entfernt vom Ort ihrer Entstehung kommen sie zur Ablagerung und können dort zu Tonstein zusammenwachsen.

Kalkspat besteht aus Kalzium und Kohlendioxid ($CaCO_3$). Kalzium, das bei der Verwitterung von Plagioklasen frei wird, bildet mit dem Kohlendioxid der Luft eine wasserlösliche Form. Als Baustoff von Algen, Muscheln oder Korallen oder als chemische Ausfällung bildet Kalkspat vielfältige Kalksteine.

Gips ist Kalziumsulfat ($CaSO_4$). Seine Bestandteile entstehen bei der Verwitterung von Tiefengestein, wandern wie Kalk gelöst ins Meer und werden dort beim Austrocknen ausgefällt.

Steinsalz ist Natriumchlorit (NaCl). Seine Bestandteile, die bei der Verwitterung von Tiefengestein frei werden, wandern gelöst ins Meer und werden dort beim Austrocknen ausgefällt.

Pyrit ist Eisensulfid (FeS_2), goldgelb glänzend. Es entsteht in Sedimentgesteinen, in die organisches Material eingeschlossen wurde. Pyrit entsteht aber auch in Gängen.

Hämatit ist ein Eisenoxid (Fe_2O_3), das als Erz konzentriert vorkommt. Häufig tritt es in Spuren auf, die eine Rotfärbung vieler Minerale und Gesteine verursachen.

Limonit ist ein wasserhaltiges Eisenoxid, genauer Eisenoxidhydrat (FeO(OH)), das als Erz konzentriert vorkommt. Häufig tritt es in Spuren auf, die eine rostgelbe Färbung der Gesteine verursachen.

3.2 Gesteine aus Magma

Magma ist eine 700–1200 Grad heiße, flüssige Masse aus verschiedenen Stoffen (Silizium, Sauerstoff, Aluminium, Natrium, Kalzium, Kalium, Eisen, Magnesium), aus der Gestein entstehen kann. Welches Gestein, das ist abhängig von den vorhandenen Stoffen, vor allem dem

Anteil der Kieselsäure (SiO_2).

- Felsisches (saures) Magma hat mehr als 65 % SiO_2. Es bildet helle, quarzreiche Tiefengesteine (Granit) und helle Vulkangesteine (Rhyolith).
- Intermediäres Magma hat 52 % – 65 % SiO_2.
- Mafisches (basisches) Magma hat weniger als 52 % SiO_2. Es bildet dunkle Tiefengesteine (Gabbro) und dunkle Vulkangesteine (Basalt),

Bedingungen, die beim Erkalten herrschen.

- Langsames Erkalten in der Tiefe der Erde bildet Tiefengesteine (Plutonite): Granit, Syenit, Diorit, Gabbro.
- Rasches Erkalten an der Erdoberfläche als Lava bildet Vulkangesteine (Vulkanite): Rhyolith, Andesit, Latit, Phonolith, Basalt und Tephrit.
- Schockartig rasches Erkalten bildet Vulkanisches Glas (Obsidian) und Vulkanasche.

3.2.1 Tiefengesteine (Plutonite)

Tiefengesteine entstehen, wenn sich ausgedehnte Magma-Körper (Plutone) in der Tiefe der Erde ganz langsam (100.000 Jahre und mehr) abkühlen. Langsam entweicht die Wärme. Einige Stoffe verbinden sich und fügen sich zu festen Formen zusammen: Es wachsen Kristalle in der Schmelze. Bei langsamer Abkühlung entstehen große Kristalle, also grobkörnige Gesteine, bei schneller Abkühlung werden die Gesteine feinkörnig. Zuerst wachsen die Feldspäte. Sie schwimmen in der zähen Masse herum. Ideal auskristallisierte Feldspäte sind oft quaderförmig.

- Manchmal finden wir aber im Gestein Kristalle mit abgerundeten Formen. Das heißt, die Kristalle wurden teilweise wieder aufgelöst, wenn sich die Verhältnisse in der Schmelze änderten. Wenn sie dann wieder wachsen, vielleicht mit einem etwas anderen Material, bilden sich Zonen: Um Kristalle herum wachsen Ringe anderer Farbe.
- Heißes Magma kann festes Gestein um und über sich aufschmelzen, sich einverleiben und dadurch seine Zusammensetzung verändern.
- Kristalle, die leichter sind als die verbleibende Schmelze, steigen nach oben, schwere nach unten. Durch derartige Differenzierung können die Gesteine innerhalb eines Plutons erhebliche Unterschiede aufweisen.

Durch die Auskristallisation von Mineralien verändert sich kontinuierlich die Zusammensetzung der Restschmelze, bestimmte Elemente werden knapper. Andere Minerale kristallisieren dann aus, je nach den in der Schmelze verfügbaren Stoffen. Die Kristalle dieser Minerale müssen ihren Raum in den verbliebenen Zwischenräumen finden. Irgendwann sind alle Metalle in Minerale eingebunden. Wenn nun immer noch Silizium und Sauerstoff in der Schmelze vorhanden sind, bildet sich daraus Quarz. Das häufigste Tiefengestein, Granit, enthält immer solchen freien Quarz. Quarzreiche Tiefengesteine sind hell, quarzarme dunkler. Diese enthalten dann oft mehr Magnesium und Eisen.

Tiefengesteine sind manchmal sehr alt. Aber das ist nicht notwendig. Auch in der jüngsten Zeit erstarren Magmen. Manche stiegen wohl aus dem großen Vorrat der Tiefe auf, andere entstanden aus der Aufschmelzung von Gestein jeder Art, das im Zusammenhang mit Krustenbewegung in die Tiefe gepresst oder durch Pressung und Reibung hoch erhitzt wurde.

Wissenschaftliche Klassifizierung und Chemie der Tiefen- und Vulkangesteine (Magmatite)

Für die wissenschaftliche Klassifizierung und Benennung der Tiefengesteine ist neben dem Anteil der freien und gebundenen Kieselsäure das Mengenverhältnis der Feldspatgruppen zueinander maßgeblich. Ohne die Mittel der chemischen und mikroskopischen Untersuchung sind die notwendigen Mineralbestimmungen nicht möglich. Für den Feldgeologen wie für den Laien ist also nur eine ungefähre Zuordnung möglich. Diese Gesteine sind im Wesentlichen aus den gleichen Elementen aufgebaut. Das sind Sauerstoff und Silizium, die zusammen Quarz bilden (SiO_2). Zusammen mit Aluminium bilden sie einen grundlegenden Baustein an allen Feldspäten. Den zweiten Baustein der Feldspäte bilden die Metalle Kalium, Natrium und Kalzium in wechselnden Verhältnissen.

- Überwiegt Kalium werden sie **Alkalifeldspäte** genannt, Tiefengesteine aus überwiegend Alkalifeldspäten werden Syenite genannt, Vulkangesteine Trachyte.
- Überwiegen Kalzium und Natrium, spricht man von **Plagioklasen**. Tiefengesteine aus überwiegend Plagioklasen werden Diorit oder Gabbro genannt, Vulkangesteine Basalt.
- Sind beide Feldspatgruppen vertreten, heißen die Tiefengesteine Granit oder Granodiorit, die Vulkangesteine Rhyolith.

Dies gilt allerdings nur für Gesteine, die Quarz enthalten. Das heißt, in der Schmelze war so viel Silizium und Sauerstoff enthalten, dass nicht alles in Feldspäte eingebunden werden konnte, sich also als Quarz auskristallisierte. Es gibt Schmelzen, in denen sich wegen geringer Sauerstoff-Silizium-Mengen keine Feldspäte bilden können. Hier entstehen beim Erkalten Feldspatvertreter (Foide). Vulkangesteine aus diesen Mineralien heißen Phonolith und Tephrit.

Tiefengesteine (Plutonite)		Chemie		Vulkangesteine (Vulkanite)	
Plutonit	**Vorkommen**	**Feldspäte**	**Quarz**	**Vulkanit**	**Vorkommen**
Alkalifeldspatgranit	Erzgebirge	Alkalifeldspäte	20% bis 60% Quarz frühere Bezeichnung: sauer	Alkalifeldspat-rhyolith	–
Granit	Harz, Thüringisch-Vogtländisches Schiefer-gebirge, Erzgebirge, Lausitz, Fichtelgebirge, Odenwald, Oberpfälzer Wald, Bayerischer Wald, Schwarzwald.	beide Gruppen		Rhyolith	Flechtinger Höhenzug, Halle, Südharz, Schwarzwald, Odenwald, Schwarzwald, Spessart, Mittelsachsen, Nahe, Pfälzer Bergland (Rotliegendes)
Granodiorit	wie Granit			Dacit	Saar-Nahe-Gebiet
Tonalit	Bayrischer Wald	Plagioklas		Quarzandesit	–
Alkalifeldspat-Syenit (Larvikit)	- (Norwegen)	vorw. Alkalifeldspäte	bis 20% oder kein Quarz frühere Bez. intermediär	Trachyt Trachyttuff	Rhön, Vogelsberg, Siebengebirge., Hocheifel, Westerwald (Paläogen, Neogen)
Syenit	Schwarzwald,Odenw., Fichtelgeb., Sachsen				
Monzonit	Elbtalzone	beide Gruppen		Latit	Vogelsberg, Siebengebirge (Paläogen, Neogen)
Diorit Gabbro	Harz, Thür.Wald, Odenwald, Schwarz-wald, Bayerischer Wald.	vorw. Plagioklase		Andesit Basalt Basalttuff	Rhön, Vogelsberg , Habichtswald, Knüll, Hegau, Hocheifel, (Paläogen, Neogen), Osteifel (Quartär)
Foidsyenit	in Deutschland nicht vorkommend	keine Feldspäte statt-dessen Feldspatvertreter (Foide)	kein Quarz frühere Bezeichnung: basisch	Phonolith Phonolithtuff	Rhön, Hocheifel, Hegau (Paläogen, Neogen)
Foidsyenit, Plagisyenit					Osteifel, Laacher See (Quartär)
Essexit				Tephrit (Mühlesteinbasalt) Basanit	Eifel (Quartär), Vogelsberg, Rhön, Kaiserstuhl (Paläogen, Neogen),
Theralith, Foiddiorit, Foidgabbro					
Foidolith				Foidit	Odenwald

3.2.2 Ganggesteine

Klüfte, Spalten, Gänge, Verwerfungen sind flächenhafte Unterbrechungen eines Gesteinskörpers. Klüfte sind geschlossen und oft sehr fein, aber für kapillare Wasserbewegungen offen. Spalten sind offen. Gänge sind mit Material gefüllt. An Verwerfungen haben Gleitbewegungen stattgefunden.

Gänge sind Spalten im Gestein, die aufreißen, wenn die Kruste bewegt wird. Aus Tiefen, wo Magmakörper erkalten, steigen Gase und Dämpfe hoch, wenn es dann „kühler“ wird auch heißes Wasser. Dabei werden seltenere Stoffe mitgenommen, die in den Gesteinspaketen keinen Platz fanden und schlagen sich an den Wänden der Klüfte nieder.

(7) Basaltgang in Tephra, Nikenich (Vulkaneifel)

Oft werden die Gänge damit voll ausgefüllt und dann bergmännisch Adern genannt. Früh wurden die Menschen auf diese, eigentlich seltenen Erscheinungen aufmerksam, denn hier fanden sie begehrte Stoffe: Gold, Erze von Silber, Kupfer, Blei, Zinn, Nickel oder Kobalt. Kristalle, die sich in einen offenen Hohlraum hineinwachsend frei entwickeln konnten, sind schöne Sammlerstücke. Es kommt auch vor, dass Klüfte durch ein Magma ausgefüllt werden, das es nicht bis zur Oberfläche geschafft hat. Klüfte, Spalten und Gänge entstehen vornehmlich dort, wo große Schollen der Kruste sich gegeneinander bewegen. Manche Bewegungen treten in Abständen wiederholt auf. Dann werden Spalten immer wieder geöffnet und nehmen neues Material aus der Tiefe auf. Ein eindrucksvolles Beispiel dafür ist der Pfahl im Bayerischen Wald, ein herausgewitterter

Quarzgang, der sich als Klippe hundert Kilometer durch das Land zieht. **Vorkommen:** Harz, Lausitz, Erzgebirge, Odenwald, Oberpfälzer Wald, Bayerischer Wald, Böhmerwald, Schwarzwald. In allen alten Bergbaugebieten, wo Silber und Buntmetalle gefördert wurden. Dort werben oft Schaubergwerke um Besucher.

3.2.3 Vulkangesteine (Vulkanite)

Vulkangesteine entstehen aus den gleichen Magmen wie Tiefengesteine, doch sie sehen ganz anders aus. Das liegt allein daran, dass die Abkühlung schnell erfolgte. Wir unterscheiden drei Arten:

- Gesteine, die durch den Ausfluss von Lavaströmen entstanden sind,
- Gesteine, die durch den Niederschlag vulkanischer Auswürfe in die Luft (Aschen) entstanden sind,
- Gesteine, die aus einem erstarrten Glutfluss (pyroklastischer Strom) entstanden sind.

Vulkanische Ergussgesteine

Wir haben meistens eine einförmige Masse vor uns, erkennen keine Kristalle. Im Mikroskop lassen sich dann aber doch winzige Kristalle unterscheiden. Beim raschen Erkalten fing das Wachstum der Kristalle in der Schmelze überall gleichzeitig an. In einigen Fällen konnten aber auch schon sichtbare Kristalle wachsen, diese schwimmen dann in einer einheitlichen Grundmasse. Hier sprechen wir von einem porphyrischen Gefüge. Ausgetretene Lava erkaltet zuerst an ihrer Oberfläche und bildet schlackenartige, krause Krusten, die sich zusammenschieben und bizarre Landschaften bilden, eindrucksvoll zu sehen in Lanzarote und Teneriffa. Kann sich die Lava aber in Tälern oder Senken zu Lavaseen ansammeln, erstarrt sie zu kompakten Gesteinskörpern. Wenn sich die Masse beim Erkalten zusammenzieht, wird das Gestein manchmal durch ein regelmäßiges System von Rissen zerteilt: Basaltsäulen.

8

(8) Basaltsäulen sind die bekannteste Ausprägung vulkanischer Ergussgesteine. Stolpe (Lausitz)

Vulkanische Auswurfgesteine

Aufsteigende Lava kann Gase enthalten. Wenn beim Aufsteigen der Druck nachlässt, schaffen sich diese Gase Raum, Blasen sind dann im Gestein sichtbar. Solche Gase können sich aber auch explosiv Raum schaffen. Auch eingedrungenes Grund- oder Meerwasser kann schlagartig verdampfen. Dadurch wird die Lava zerfetzt, zerstäubt und fliegt als Auswurf (Asche) in die Luft. Das schlagartige Erkalten in Luft lässt für Kristallwachstum keine Zeit. Die Aschepartikel haben die ungeregelte „Struktur" von Glas. Wo die Auswurfmassen niedergehen und zu Stein zusammenwachsen, entsteht Tuff. Lose Auswurfmassen werden leicht durch fließendes Wasser zusammengeschwemmt und bilden dichtere Ablagerungen, die man als Tuffite bezeichnet.

Glutflussgesteine, Ignimbrite

Wenn sich in aufsteigender Lava Gase entwickeln, das zähflüssige Medium quasi aufgeschäumt wird, verändert es seine Eigenschaften. Das Volumen vergrößert sich und die Beweglichkeit. Solche pyroklastischen Ströme können mit 300 km/h durch die Landschaft rasen und dabei fremde Gesteine mitreißen. Im erstarrten Zustand sind manchmal noch eingeregelte Komponenten und eine Parallelstruktur als Zeichen des Fließens zu erkennen. Zerbrochenen Kristalle oder Fremdkörper und glasige Bestandteile sind möglich.

Vorkommen der Vulkanite:

- Älteste (leicht veränderte) Vulkangesteine (Diabas, Schalstein) aus dem Devon finden wir im Harz, im Vogtland und im Rheinischen Schiefergebirge.
- Etwas jüngere Vulkangesteine, die gegen Ende der Variskischen Gebirgsbildung entstanden (Porphyrtuff, Rhyolith), liegen bei Halle, im Südharz, in Mittelsachsen, im Thüringer Wald, an der Nahe und im Pfälzer Bergland.
- Sehr junge (bis in geschichtliche Zeit entstandene) Vulkanite (Basalt, Tuff, Tuffit) liegen als Decken über älterem Gestein in der Lausitz, im Erzgebirge, in der Rhön, in Nordhessen, am Vogelsberg, in Franken, im Siebengebirge, in der Eifel, im Westerwald, am Kaiserstuhl und im Hegau.

3.3 Ablagerungsgesteine (Sedimentite)

Gesteine bilden sich unter bestimmten Umwelt-Bedingungen aus: Druck, Temperatur, Chemie der Umgebung. Verlassen sie den Ort ihrer Entstehung, z. B. wenn Tiefengesteine an die Erdoberfläche kommen, geraten sie unter andere Bedingungen. Selten sind sie dem gewachsen, sie verwittern.

Verwitterung: In der Wüste zerfallen Gesteine unter dem Wechsel der Temperaturen. Sandstürme schmirgeln, eingedrungenes Wasser gefriert und sprengt, kohlensaurer Regen zersetzt. Chemische Vorgänge zerlegen die komplizierten Minerale, besonders in den Tropen, aber auch in gemäßigten Breiten. Aus der Vielzahl der Silikate werden relativ einfache Tonminerale. Natrium und Kalium lösen sich im Wasser. Gold widersteht. Auch Quarz erweist sich als nahezu unangreifbar. Quarzkörner werden nur mechanisch abgerundet.

Die Produkte der Verwitterung bleiben nicht liegen. Ungleiche Sonneneinstrahlung an Äquator und Polen bewegt ständig die Luft. Wasser verdunstet, wandert als Wolke, regnet ab, wirkt physikalisch und chemisch auf Gesteine ein und fließt, Material transportierend, zurück zum Meer. Diese Dynamik ist der Erde eigen, nicht alle Planeten weisen sie auf. Sie schafft die Vielzahl der Ablagerungsgesteine.

Transport und Sortierung: Verwitterungsprodukte wandern mit der Schwerkraft. Gelöste Stoffe und Schwebstoffe (Kalk, Ton, Salz) erreichen die Ozeane. Steine rollen im Fluss, Sand fließt an seinem Boden. Vermindert sich die Transportkraft, bleibt Schweres und Grobes liegen, Feines wandert weiter: Das Wasser sortiert ständig, während es transportiert. Der Wind nimmt sich das Feinste, Sand häuft er zu Dünen, Staub trägt er weit fort. Auch er sortiert.

Irgendwo finden die Produkte der Verwitterung einen neuen Platz. In den meisten Fällen ist das ein Meeresgrund. Aber auch Binnenbecken in Gebirgen oder meeresferne Gebiete großer Kontinente füllen sich mit Schutt, Sand, Salz oder Staub. Ablagerung vollzieht sich, Schicht legt sich auf Schicht. Werden kontinuierlich gleiche Stoffe angeliefert, bilden sich kompakte Körper. Wenn ein Wechsel im Material stattfindet, erkennen wir im Gestein eine Schichtung. Lange Zeit konnten die Menschen nicht glauben, dass mehrere Kilometer mächtige Steinpakete auf diese Weise (Schicht für Schicht) entstanden sein können. Geologische Zeiträume können wir uns nicht vorstellen. Daher sind Vorstellungshilfen notwendig.

Geologische Zeit – eine Hilfe zur Vorstellung

Nehmen wir an, Papier hat eine Dicke von 0,1 mm. Wenn wir für jedes Jahr ein Blatt auf einen Stapel legen, würden wir folgende Höhen erreichen:

- 10 Jahre – 1 mm
- 2.000 Jahre – 20 cm (Christi Geburt)
- 10.000 Jahre – 1 m (Ende der Eiszeit)
- 200.000 Jahre – 20 m (der moderne Mensch)
- 2,5 Mio. Jahre - 250 m (erste Menschen)
- 65 Mio. Jahre – 6,5 km (Aussterben der Saurier)
- 545 Mio. Jahre – 44,5 km (Beginn des Kambrium)

Mit der Zeit werden aus losen Ablagerungsmassen Gesteine (Diagenese). Wenn die Schichten wachsen, wächst der Druck auf die unteren Lagen. Hohlräume schließen sich, Wasser wird ausgepresst. Verwitterungsprodukte, die in gelöster Form das Meer erreicht hatten, werden wieder zu Stein. Kalk fällt chemisch aus oder sammelt sich in Form von Muschelschalen am Grund. Salz und Gips bleiben zurück, wenn das Wasser in abgeschlossenen Meeresteilen verdunstet. Bei der Betrachtung der Ablagerungsgesteine fragen wir nach dem Ort der Ablagerung: Festland, Fluss, See, Flachmeer oder Tiefsee. Wir fragen nach Klima und Lebenswelt zur Zeit der Entstehung. Aus diesen Daten und der einfachen Regel, dass die oben liegenden Schichten jünger sind als die unten liegenden, haben die Geologen in den letzten 300 Jahren eine Geschichte der Erde geschrieben.

Stoffbestand der Ablagerungsgesteine:

- Ablagerungsgesteine haben als Folge der Sortierung oft einen sehr einfachen Bestand an Stoffen:
- Silizium, Sauerstoff – Sandstein
- Kalzium (Magnesium), Kohlenstoff, Sauerstoff – Kalk (Dolomit)
- Aluminium, Silizium, Sauerstoff – Tonstein, Schiefer
- Natrium (Kalium), Chlor – Kochsalz, Kalisalz
- Kalzium, Sauerstoff, Schwefel – Gips
- Kohlenstoff – Kohle

Die meisten Ablagerungsgesteine wurden im Meer gebildet, weil über kurz oder lang die meisten Produkte der Verwitterung dort landen. Wir finden diese Gesteine heute aber weitgehend auf dem Festland vor. Immer wieder schieben die wandernden Kontinente den Ablagerungsinhalt von Meeresbecken zu Gebirgen zusammen. Zugleich drücken die Kontinente aber auch einen Teil der Ablagerungen in die Tiefe, wo sie unter Hitze und Druck wieder schmelzen. So entsteht neues Magma.

3.4 Umwandlungsgesteine (Metamorphite)

Die Erdkruste ist ständig in Bewegung. Leichte Kruste schwimmt auf schwerem Material. Kontinente stoßen zusammen, Kruste wird zu Bergen aufgetürmt oder in die Tiefe gedrückt. Dabei bleibt kein Gestein so wie es war. Hitze und Druck üben ihre Wirkung aus. Flüchtige Bestandteile (Wasser) werden ausgepresst. Die Bestandteile der Minerale ordnen sich neu, d. h. neue Minerale entstehen. Diese unterscheiden sich von den Ausgangsmineralen darin, dass sich die Komponenten bei steigendem Druck dichter arrangieren, dann weniger Raum brauchen, schwerer sind. Oft sind das blättchenförmige Minerale (z. B. Glimmer). Jeder Metamorphosegrad hat seine charakteristischen Minerale. Je stärker die Metamorphose ist, desto weniger lässt sich das Ausgangsmaterial erkennen, nicht einmal, ob es ein Tiefengestein, ein Vulkangestein oder ein Ablagerungsgestein war. Mit steigender Temperatur (bis 900 °C) und Tiefe (bis 30 km) entstehen Tonschiefer, Glimmerschiefer, Gneise und Granulite. Bei noch höheren Temperaturen und Drucken lösen sich die festen Strukturen auf, das Material wird zu einem Magma.

9

(9) Gneis mit Falte, Stadlern (Oberpfalz)

Kristallin: Tiefengesteine und Umwandlungsgesteine werden gerne als „Kristallin" zusammengefasst. Ablagerungsgesteine und Vulkangesteine, die auf der Oberfläche entstehen, liegen in der Regel über dem Kristallin. Betrachtet man nur die Oberfläche der Erde, nehmen diese den meisten Raum ein. Betrachtet man aber das Volumen, überwiegt das Kristallin. Wenn man nämlich in die Tiefe bohrt, stößt man überall irgendwann durch die Decke der Ablagerungsgesteine hindurch und gelangt ins kristalline Gestein.

Vorkommen:

- Leicht metamorph (Schiefer, Diabas, Grünschiefer, Marmor): Harz, Vogtland, Fränkisch-Thüringisch-Vogtländisches Schiefergebirge, Rheinisches Schiefergebirge.
- Stark metamorph (Gneis, Eklogit Amphibolit): Lausitz, Erzgebirge, Sächsisches Granulitgebirge, Odenwald, Münchberger Gneisscholle, Oberpfälzer Wald, Bayerischer Wald, Böhmerwald, Schwarzwald.

4. Deutschland in der Erdgeschichte

Mit sehr alten Gesteinen kann Deutschland nicht aufwarten. Eiszeitliche Gletscher haben aber Gesteine aus Norwegen, Finnland oder Schweden mitgebracht, Einzelstücke, Geschiebe genannt, die wir in Norddeutschland finden können. Viele dieser Gneise, Quarzite, Granite und Migmatite sind vor zwei Milliarden Jahren entstanden.

4.1 Die ältesten Gesteine

Im mittleren Schwarzwald, im Erzgebirge, in der Lausitz und im Bayerischen Wald finden wir heute Gneise und Granite vor, deren Ursprung man in Sedimenten vermutet, die vor mehr als 500 Mio. Jahren abgelagert wurden. Diese Grauwacken, Tonsteine und Tuffe wurden im Verlauf früher Gebirgsbildungen (Cadomische Orogenese und Kaledonische Orogenese) zu Gneisen verändert oder sogar völlig zu Tiefengesteinen aufgeschmolzen.

4.2 Meer und der Aufstieg des Variskischen Gebirges

Vor 545 Mio. Jahren beginnt nach der Zeitskala der Geologen die Epoche des Erdaltertums (**Paläozoikum**) mit seinem ersten System, dem **Kambrium**. Von da an findet man in den Sedimentgesteinen nicht nur viele, sondern auch vielfältige, in ihren Bauplänen unterschiedliche Fossilien. Das plötzliche Auftreten dieser Lebensfülle (Kambrische Explosion) setzt voraus, dass bereits eine lange Entwicklung der Lebensformen vorangegangen ist, von denen uns aber wenige Reste überliefert sind. Damals war unser Gebiet weitgehend von Meer bedeckt. Flüsse brachten Sand und Ton ein, die sich ablagerten. An flachen Stellen lagerte sich in warmem Wasser Kalk ab, Riffe aus Algen und Schwämmen wuchsen im Licht nahe der Oberfläche. Irgendwo riss der Meeresboden auf, Magma stieg auf und erstarrte unter Wasser zu Tuff und Basalt. Im Zusammenhang damit drangen auch eisenhaltige Wässer auf, Eisenverbindungen setzten sich als roter Schlamm ab. Das Meer war von vielfältigen Lebewesen bewohnt. In dieser Zeit versuchten die ersten Pflanzen und Tiere auch auf dem Land zu leben (**Devon**).

Gesteine des Paläozoikums: Massenkalk, Riffkalk, Schiefer, Quarzit, Diabas, Schalstein und Eisenerz. Die leicht veränderten Ablagerungen dieses Meeres finden wir heute in den nördlichen Mittelgebirgen (Harz, Fränkisch-Thüringisch-Vogtländisches Schiefergebirge, Sauerland, Siegerland, Westerwald, Taunus, Eifel, Hunsrück). In den südlichen Mittelgebirgen (Erzgebirge, Spessart, Odenwald, Fichtelgebirge, Oberpfälzer Wald, Bayerischer Wald, Schwarzwald) wurden die Gesteine stärker verändert. Hier herrscht Gneis vor. Außerdem werden diese Gebirge durch Plutone geprägt. Hier finden wir auch Gneise, die älter sind. Die ursprünglichen Sedimente wurden schon vor dem Erdaltertum abgelagert und bereits früher durch Gebirgsbewegungen deformiert.

Kontinente wandern stetig. Ein nördlicher und ein südlicher bewegten sich aufeinander zu und schoben den abgelagerten Inhalt des Meeresgebietes zusammen. Dabei wurden die Sedimentschichten in enge Falten gelegt. Ein Gebirge stieg dadurch auf, und zugleich wurde ein anderer Teil der Sedimente in die Tiefe gedrückt. Unter der Last des Gebirges sank dieser Teil noch tiefer ein. Dieses Gebirge wurde von den Geologen Variskisches Gebirge genannt. Es erstreckte sich aus unserem Gebiet heraus noch weit nach Osten und nach Westen bis nach Amerika, das allerdings damals noch nicht von Europa getrennt war. Die Ablagerungen des Meeresbeckens verwandelten sich durch Druck und Hitze bei der Gebirgsbildung (Metamorphose). In den oberen, weniger betroffenen Stockwerken lassen sie sich noch als Sedimente erkennen. Je nach Tiefe wurde Ton zu Tonschiefer, Schiefer, Glimmerschiefer und Gneis, aus Sand wurden Sandstein und Quarzit, aus Basalt wurde Diabas, aus Tuff wurde Schalstein, aus Kalk wurde Marmor. Große Körper geschmolzenen Gesteins oder von unten aufgestiegenen Magmas nahmen sich Raum zwischen den Sedimenten und erstarrten langsam erkaltend zu Granit. In der **Karbonzeit** klang die Gebirgsbildung langsam aus. Sie hatte viele Millionen Jahre gedauert. Abtragungsmassen schichteten sich vor dem Gebirge oder in inneren Senken auf, wurden zu Grauwacke und Sandstein. Am nördlichen Rand des schwindenden Gebirges wuchsen an der Meeresküste riesige Moore heran, aus denen Kohleflöze wurden. Diese wurden immer wieder von den Verwitterungsprodukten aus dem Gebirge überschüttet.

Gestein der Karbon-Zeit: Granit, Granodiorit, Diorit, Grauwacke, Sandstein (Ruhrsandstein), Tonstein und Steinkohle prägen Ruhrgebiet, Aachener Steinkohlenrevier, Saarland und kleinere Gebiete bei Zwickau und Freital.

Gebirge ragen nicht lange in den Himmel. Bald war das Variskische Gebirge völlig abgetragen. In flachen Becken eines wüstenhaften Festlandes sammelten sich Sand und Gesteinstrümmer (**Rotliegendes**), Vulkane brachten Rhyolith, Andesit und Tuff. Zu dieser Zeit waren alle festländischen Krustenteile der Erde zu einem einzigen Superkontinent zusammengekommen.

Rotliegend-Gestein: Die roten Wüstengesteine (Sandsteine, Konglomerate) und die Vulkangesteine (Rhyolith, Andesit, Dacit, Tuff) finden wir bei Halle, im Erzgebirgischen Becken, im Flechtinger Höhenzug im Thüringer Wald, im Südharz, im Kyffhäuser, im Nordschwarzwald, an der Nahe und im Pfälzer Bergland.

Unser Gebiet lag jetzt im Zentrum dieses riesigen Kontinentes, der Pangäa genannt wird. Bald lösten sich aber wieder Teile davon: Indien, Australien und der Südkontinent gingen eigene Wege. Afrika rückte wieder von Europa ab, dazwischen tat sich ein Meer auf, die Tethys. Später lösten sich Afrika und Südamerika voneinander und Europa von Nordamerika. Der Atlantische Ozean entstand dazwischen, und er wächst auch heute noch, weil die Wanderbewegung der Kontinente anhält.

4.3 Eine ruhige Zeit – aber ein ständiger Wechsel von Land und Meer

Zechstein

Auf das eingeebnete nördliche Land (Germanisches Becken) drang ein Meer vor. Es muss ein flaches Meeresgebiet gewesen sein, das mehrfach vom Weltmeer abgeschnitten wurde, denn es trocknete wiederholt aus, füllte sich wieder mit Wasser und trocknete wieder aus. Das verdunstende Wasser hinterließ riesige Mengen Kalk, Dolomit, Gips, Kochsalz und Kalisalz.

Zechsteingestein: Große Mengen Salz liegen in der Tiefe unter Norddeutschland, stellenweise tritt es an Salzquellen zutage, wo es in den Einflussbereich des Grundwassers geriet. Massige Kalkschichten und Kalkriffe finden sich an den Rändern von Thüringer Wald und Harz, sowie am Ostrand von Sauerland, Kellerwald und Westerwald. Die Gipslandschaft des Südharzes und des Südkyffhäusers, auch der Kupferschiefer von Mansfeld stammen aus dieser Zeit. Gipsberge bei Bad Segeberg, Lüneburg und Sperenberg ragen aus einer Umgebung eiszeitlicher Lockermassen.

Trias (Buntsandstein, Muschelkalk, Keuper)

Nach dem Zechstein-Meer wurde es wieder trocken und wüstenhaft. Die Geologen lassen hier ein neues Zeitalter beginnen, das Erdmittelalter (Mesozoikum), da sich ab hier eine deutlich andere Tierwelt entwickelte. In der Zeit des **Buntsandstein** brachten Wasser und Wind Sand und Ton. Trockenrisse künden von Trockenheiten, Wellenrippeln von flachem Wasser, Trittspuren zeugen von frühen Sauriern. Rote Sandsteine gaben der Zeit seinen Namen, auch wenn in dieser Zeit auch Ton und Gips zur Ablagerung kamen. Später rückte wieder das Meer vor. Im flachen Wasser des **Muschelkalk**-Meeres setzte sich Kalk ab. Im Wechsel mit Ton entstanden plattige Kalke. Wenn Ton ausblieb, wuchsen massive Bänke. In einer Trockenperiode trocknete das Meer aus und Salzlager entstanden.

In der **Keuper**-Zeit dominierte wieder das Land. Flüsse durchzogen es und brachten Sand, aus dem Sandsteine entstanden. In Lagunen und Seen landeten Ton und Kalk, deren Vermischung zu keinem festen Gestein taugt, es lagerte sich Mergel ab. Wieder trockneten abgeschlossene Becken aus und Gips blieb zurück.

Triasgestein: Kalk, Sandstein und Mergel der Triaszeit (Buntsandstein, Muschelkalk, Keuper) gestalten die Mitte Deutschlands: Vom Rheinischen Schiefergebirge bis zum Harz, vom Ostteil des Schwarzwaldes bis zur Fränkischen Alb, das Land um Trier, der Pfälzer Wald, der Kraichgau und das Thüringer Becken zwischen Thüringer Wald und Harz. Roter und gelber Sandstein oder grauer Kalk bilden Klippen an den Talhängen von Fulda, Werra, Weser, Main, Tauber und Neckar. Sandsteine des Keuper bilden kleine Bergländer (Hassberge, Steigerwald, Frankenhöhe) in der Süddeutschen Schichtstufenlandschaft. Im Norden tauchen die Triasschichten unter die jüngeren Schichten des Jura und der Eiszeit ab. Als kleine Inseln ragen Buntsandstein in Helgoland und Muschelkalk in Rüdersdorf bei Berlin aus der Überdeckung heraus. Die Salzlagerstätten im Untergrund von Heilbronn stammen aus dieser Zeit.

(10) In der Wutach-Schlucht sind die Gesteine vom Grundgebirge bis in die Jura-Zeit gut aufgeschlossen und zu erwandern.

Jura (Lias, Dogger, Malm)

Eine neue Zeit brachte wieder höhere Wasserstände in den Weltmeeren. In der **Lias**-Zeit lagerten sich schwarze Tone in tieferem Wasser ab. Ammoniten, eindeutige Meeresbewohner, finden sich in ihnen. Oft wurde organische Substanz unzersetzt in den Ton eingelagert, aus der später Erdöl wurde. In der folgenden **Dogger**-Zeit werden die Schichten braun, meist handelt es sich um Sandstein.

In der **Malm**-Zeit wurde reichlich Kalk in das Meer eingebracht, der massive Bänke bildete und zugleich das Baumaterial für riffbildende Organismen (z. B. Schwämme) lieferte. Riffe wuchsen in den durchlichteten Flachbereichen. Zwischen den Riffstöcken lagerten sich Riffschutt und plattiger Kalk ab.

Juragestein: Bankige-, plattige- und Riffkalke des Jura bilden die Fränkische- und die Schwäbische Alb. Am Nord- und Westrand fallen die Kalke steil ab (Albtrauf). Die weicheren Tone (z. B. der sog. Posidonienschiefer von Holzmaden mit seinen wunderbaren Fossilien) sind diesen nördlich bzw. westlich vorgelagert. Nach Süden bzw. Osten tauchen die Kalke unter jüngeres Gestein ab. Die Landschaft der Fränkischen Schweiz wird von den Schwammriffen des Malm geprägt, die dort die bizarren Felsen bilden. Auch beim Weser-Gebirge sind die Kalkschichten das gestaltende Element. Sie bilden eine Schichtrippe, bevor sie unter das nördliche Flachland abtauchen.

Kreide

In der Kreidezeit kam es nicht zu großflächigen Überflutungen. Größere Meeresbecken senkten sich ein und füllten sich. Zunächst wurden schwarze Tone abgelagert. An einigen Stellen schoben Flüsse ihre Sandfracht als Delta ins Meer. Später wurden die Ablagerungen kalkig, Kalk mit Ton vermischt wurde Mergel.

Zum Schluss dominierten rein weiße Kalke und Kreide aus den Schalen einzelliger Tiere. Das Ende dieser Zeit markiert der Einschlag eines mächtigen Meteoriten in Mexiko. Die katastrophale Folge dieses Einschlags war die Vernichtung von 80 % der Tierarten, darunter der Saurier. Später schlug ein kleinerer in Deutschland ein. Sein Krater ist als Nördlinger Ries bekannt.

Gestein der Kreidezeit: Gelbe Sandsteine der Kreidezeit bilden Bückeberge, Deister, Süntel, Elbsandsteingebirge, Zittauer Gebirge, Teutoburger Wald, Bentheimer Schlossberg und Externsteine. Sie fanden als Baustein in Deutschland und weltweit Verbreitung. Grüne Sandsteine, die im Münsterland und bei Regensburg anstehen, geben dort Städten ihr Gesicht. Auf dem Kalk und Mergel des Münsterlandes basiert die dortige Zementindustrie. Die Kreidefelsen von Rügen stammen aus dieser Zeit.

4.4 Die Alpen steigen auf – das Vorland zerbricht

Paläogen und Neogen

In der „ruhigen" Zeit hatte stets im Süden unseres Gebietes ein recht beständiges Meer gelegen, das die Verwitterungsprodukte der Kontinente aufnahm. Nun geschah wieder „Welt bewegendes". Der Afrikanische Kontinent wanderte nach Norden und schob die Ablagerungen des Meeresgebietes zwischen sich und Europa zusammen. Diese wurden geschoben, gefaltet und übereinander gestapelt. So entstand das Alpen-Gebirge, das nur Teil der großen jungen Gebirgskette ist, die sich von den Pyrenäen bis nach Ostasien zieht.

Alpengestein: Im deutschen Teil der Alpen stoßen wir auf Kalk und Dolomit, aus denen die meisten Gipfel gebildet sind. Manche Hänge und Gipfel bestehen aber auch aus Mergel. Man erkennt sie an weichen Formen und ihrem Grasbewuchs bis in die Höhe. Aus höheren Regionen des Gebirges brachten Gletscher und Flüsse auch Granit, Gabbro, Gneis, Serpentinit und andere Gesteine mit, die wir in den Flüssen finden. Diese Gesteine finden wir auch im Schotter des Alpenvorlandes. Gerölle wurden zu Nagelfluh verkittet.

Auch die ruhige Platte des eingeebneten Variskischen Gebirges nördlich der Alpen (Germanisches Becken), auf der all die Schichten aus Zechstein, Trias, Jura und Kreide lagen, geriet unter den Druck des von Süden schiebenden Kontinents. Die Platte zerbrach in einzelne Schollen. Diese bewegten sich gegeneinander, wurden verkippt, einige wurden nach oben gepresst, andere sanken in die Tiefe. Als eingesunkener Graben ist heute noch die Oberrheinische Tiefebene zu erkennen, die zwischen den aufgestiegenen Schollen des Schwarzwaldes und der Vogesen liegt. Andere damals aufgestiegene Schollen bilden heute die Mittelgebirge: Harz, Thüringer Wald, Erzgebirge, Rheinisches Schiefergebirge, Fichtelgebirge, Bayerischer Wald. Alle diese Bewegungen vollzogen sich in kleinen Schritten, verteilt auf einige Millionen Jahre. Nach dem Aufstieg der Schollen begann sofort die Abtragung der Schichten des Erdmittelalters. So finden wir in den Mittelgebirgen heute die Ablagerungen des Erdaltertums an der Oberfläche. Nicht jedes Sandkorn erreichte das Meer. Es gab große Senkungsgebiete im Lande. Dort wuchsen im tropischen Klima Wälder und Moore, aus denen unter mächtigen Sandschichten später Braunkohle wurde. Wo Schollen zerbrechen, findet Lava Wege nach oben. Deutschland wurde zum Vulkanland. Einige Vulkane förderten Lavaströme, die zu Basaltschichten erstarrten, andere schleuderten durch Gasexplosionen Aschen in die Luft, die zu lockeren Bimslagern wurden, wenn sie niederfielen.

Gestein des Paläogen und Neogen: Sand, Ton, weiche Sandsteine (Molassesandstein) und Braunkohle sind aus dieser Zeit auf uns gekommen. Neben der großen Tiefebene am Oberrhein nahm eine gewaltige Senke zwischen Alpen und Donau viel Verwitterungsmaterial auf. Braunkohle entstand am Niederrhein, bei Leipzig, in der Lausitz und vor den Alpen.

Junge deutsche Vulkanlandschaften: In der Eifel hinterließ der jüngste Vulkanismus die größte Vielfalt an Tuff, Basalt und eine vulkanische Landschaft. Im Vogelsberg und im Westerwald liegen große Basaltdecken. In der Rhön und im Hegau sind es einzelne Kuppen und Basaltschlote, die die Landschaft gestalten. Über 50 Einzelvulkane werden gezählt, der Meißner in Nordhessen, manche im östlichen Sachsen, in Franken oder bei Göttingen.

4.5 Die Eiszeit – das letzte kurze Kapitel

Das letzte Kapitel dauerte nur noch einige Hunderttausend Jahre. Es wurde kälter. Der Schnee in den Bergen Skandinaviens schmolz im Sommer nicht mehr. Er wurde zu Eis und wanderte zum Gletscher verdichtet nach Süden. Erst die deutschen Mittelgebirge hielten den Vormarsch des Eises auf. Gleiches geschah in den Alpen, Gletscher traten aus dem Gebirge aus und wanderten tief ins Vorland, zeitweise sogar bis auf die Berge der Schwäbischen Alb.

Geschiebe: Vielfarbige Findlinge für alte Dorfkirchen, Lehm für Backstein und unerschöpfliche Sandmassen für Beton hat das Eis mitgebracht. An den Stränden der Ostsee und im ganzen Flachland finden wir neben zahlreichen Feuersteinen aus der Kreide des Ostseebeckens eine bunte Vielfalt von Steinen jeder Art, die aus Skandinavien stammen. Vor den Alpen finden wir Gesteine, die z. T. aus den höchsten Regionen des Gebirges stammen.

Einige Male wurde es wieder wärmer und dann doch wieder kalt, es wechselten Kalt- und Warmzeiten. In der letzten Warmzeit (vor ca. 120.000 Jahren) war es wärmer als heute. Waldelefanten wurden damals vom Neandertaler gejagt. Während der letzten Kaltzeit wanderte der moderne Mensch (*homo sapiens*) in unser Gebiet ein. Er folgte Rentieren in der Tundra bis zum Rand des Eises. In einer Höhle der Schwäbischen Alb hinterließ er eine Frauenfigur, die mit einem Alter von 40.000 Jahren die älteste Frauendarstellung der Menschheit ist. Sand, Ton und Gestein aller Art wurde vom Eis mitgeschleppt und beim Abschmelzen hinterlassen. Die ersten Eisvorstöße erreichten die Mittelgebirge, der letzte kam nur bis zur Linie Hamburg-Berlin. Somit findet man auf der geologischen Landkarte Deutschlands fast die Hälfte, den ganzen Norden, zumeist mit Sand bedeckt. Während das Eis im Norden stand und das Vorland nur dürftig bewachsen war, bliesen beständige Winde feines Gesteinsmaterial nach Süden. Dort, bei nachlassender Windkraft, fiel dieser Staub auf das Land nieder und bildete viele Meter dicke Löß-Schichten. Die vulkanische Tätigkeit des Neogen hielt weiter an. Während der Warmzeiten und im eisfreien Gebiet setzte sich Süßwasserkalk (Sinterkalk) ab.

Die Eiszeit dauert vielleicht noch an. Seit etwa 12.000 Jahren erleben wir eine Warmzeit. Das Eis schmolz bis auf 14 norwegische Gletscher ab. Der Wald rückte wieder nach Norden vor und ersetzte die Tundra. Wie es weitergehen wird, ob vielleicht eine neue Kaltzeit kommen wird, wissen wir nicht.

Eiszeitgestein: Im Thüringer Becken und im Alpenvorland findet man den Sinterkalk, ein Gestein, das dort vor unseren Augen aus kalkigem Quellwasser entsteht. Im Sinterkalk fand man die Reste von Menschen, die noch vor dem *homo sapiens* das Land besiedelt hatten. Löß macht weite Teile von Süddeutschland fruchtbar. In der Eifel kann man Basalt, Tephrit und Tephra als frische Spuren des Vulkanismus besichtigen.

5. Fundregionen

Überblick

1. Hochgebirge und Vorland
2. Grundgebirge
   2.1 Kristallin
   2.2 Schiefergebirge
   2.3 Permlandschaften
3. Sedimentlandschaften des Erdmittelalters und der Erdneuzeit
4. Norddeutsches Flachland

5.1 Hochgebirge und Vorland

Alpen

Der deutsche Anteil an den Alpen besteht im Wesentlichen aus Kalk, der oft dolomitisiert ist. Der Dolomit bildet schroffe Berge mit gewaltigen Schutthalden. Riffkalk, massive Kalkbänke sind möglich, aber auch Plattenkalke, wo dünne Kalkplatten mit Mergelschichten ständig wechseln oder Bänke mit Hornstein. Zwischen den Kalk- und Dolomit-Schichten treten dunkle Mergel auf, die sich in weichen, mit Gras bewachsenen Geländeformen zeigen. Der Wanderer erkennt sie an matschigen Wegen. Seltener kommt durch Hämatit rot gefärbter Kalk vor. Verschiedene rote Kalke mit Stielgliedern von Seelilien und Ammoniten aus alten Steinbrüchen am Alpenrand finden sich in Kirchen-Fußböden. Am Grünten findet sich Nummulithenkalk mit Eisen-Vererzung. In den Berchtesgadener Alpen (Bad Reichenhall) liegen noch ältere Gesteine (Perm). Das „Haselgebirge“ besteht aus Gips, Dolomit und Salz und bildet die Grundlage für die Salzgewinnung.

Voralpenberge

Die Voralpenberge mit ihren weicheren Formen sind aus vielfältigen Flysch-Bildungen aufgebaut. Während der über längere Zeit anhaltenden Gebirgsbildung sammelten sich Abtragungsprodukte, die dann noch mit in die Faltung einbezogen werden. Das sind Tonsteine, Grauwacke, Konglomerate, kalkige und feinsandige Schichten. Der Nagelfluh bildet im Allgäu die Nagelfluhketten (Hochgrat 1834 m), „Brannenburger Nagelfluh“. Bei Unterammergau wurde ein Mergelkalkstein abgebaut mit eingelagerten Radiolarien-Skeletten, der als Wetzstein weit verbreitet wurde.

Alpenvorland

In den südlichen Teil des Alpenvorlandes sind die großen **Gletscher der Eiszeit** vorgedrungen. Im westlichen Teil sind diese sogar bis auf die Schwäbische Alb gekommen. Die Nordgrenze der letzten Vereisung wird oft durch die Lage der großen Seen (Ammer- und Starnberger See) markiert, nicht allerdings beim Isar- und beim Inngletscher, deren Seen ausgelaufen sind. Das Eis brachte gewaltige Schuttmassen mit. Diese bestehen zum größten Teil aus Dolomit und Kalk, enthalten aber auch Granit, Gabbro, Serpentin und Gneis, Gesteine, die aus den höchsten Regionen der Zentralalpen stammen. Außer Schotter kommen auch Findlinge beachtlicher Größe vor. Im Schotter der Flüsse sind die seltenen Kristallingesteine gut erkennbar. Für die Zuordnung der verschiedenen Kalkgerölle ist eine intime Kenntnis der Alpen-Geologie notwendig. Wo aus kalkigen Schottern Quellwasser austritt, bildet sich Sinterkalk, der in Bayern in der Regel als Kalk-Tuff bezeichnet wird. Der leicht zu bearbeitende Stein wird gern verbaut (Alte Travertin-Säge im Freilichtmuseum Glentleiten). Neben Terrassen in Flüssen und Bächen bildet der Kalktuff gelegentlich erhöhte Rinnen, sogenannte Steinrinnen. Die eindrucksvollste davon ist als „Wachsender Fels" bei Usterling zu besichtigen (Landau an der Isar).

Iller-Lech-Isar-Inn-Hügelland

Unter den ganz jungen eiszeitlichen Ablagerungen der Gletscher und Flüsse liegen bis 4000 m mächtige Ablagerungen, die als Verwitterungsschutt beim Aufstieg der Alpen ein tiefes Becken (Molassebecken) füllten. Seit dem Paläogen, also in 66 Mio. Jahren, haben sich die geographischen Verhältnisse mehrfach verändert. Zweimal war das Becken mit dem Meer verbunden, dann aber wieder mit Süßwasser gefüllt. Unter dem Druck der Sedimente senkte es sich auch ständig weiter ein.

Es gibt losen Schutt und Konglomerate, Graupensande (Quarz) und feinsandige Sandsteine, Ton, Mergel und Kalk. Ein grünlich grauer Sandstein (Molassesandstein) fand auch als Baustein Verwendung. Seine Haltbarkeit ist allerdings sehr begrenzt. Im südlichen Oberbayern bildete sich in mehreren kleinen Becken Kohle, die eigentlich dem Alter nach nur Braunkohle wäre, aber durch den Gebirgsdruck zu Pechkohle veredelt wurde, fast Steinkohle. In bis zu 1000 m tiefen Bergwerken wurde sie abgebaut. Das Molassemeer hinterließ seine Spur am Kalkstein der Schwäbischen Alb. Dort bohrten sich Muscheln in den Kalk, der die Steilküste bildete.

(11) Am Heldenfinger Kliff (Kreis Heidenheim), einer Steilküste des Molassemeeres, haben Bohrmuscheln im Neogen ihre Wohnröhren gebohrt.

Hegau

Vulkane, deren Schlote sich durch die Molasseablagerungen bohrten, hinterließen in dem kleinen Gebiet Tuff, Basalt und Phonolith. Die Gletscher der Eiszeit drangen in dieses Gebiet vor, räumten die weichen Molasseschichten aus und hinterließen gut herauspräpariert die Schlote als markante Vulkanberge.

5.2 Grundgebirge

Bereits die Naturforscher früherer Jahrhunderte hatten erkannt, dass es in Deutschland nach ihrem Gesteinsinventar deutlich unterscheidbare Landschaftstypen gibt. Sie verwendeten den Begriff „Gebirge"[1] für bestimmte Gesteinseinheiten, nicht dem heutigen geografischen Begriff entsprechend. Der Begriff Grundgebirge wird heute immer noch verwendet. Hierzu gehören die Mittelgebirge. Die Gesteine sind im Paläozoikum entstanden oder noch älter. Sie wurden durch die Variskische Gebirgsbildung bewegt und verändert.

- **2.1 Kristallin-Gebirge:** Im Süden und Südosten ist das Grundgebirge von Gneis und Granit bestimmt, stark verformte Gesteine, deren Ursprungsgesteine nicht mehr zu erkennen sind. Diese Gesteine werden gern mit dem Begriff „Kristallin" zusammengefasst: Spessart, Odenwald, Schwarzwald, Oberpfälzer Wald, Bayerischer Wald, Böhmerwald, Fichtelgebirge, Erzgebirge, Sächsisches Granulitgebirge und Oberlausitz.
- **2.2 Schiefergebirge:** Im Norden findet man Schiefergebirge. Das Grundgerüst aus metamorph verändertem, gefaltetem Tonstein schließt noch viele andere Gesteine aus dem Erdaltertum ein: Harz, Fränkisch-Thüringisch-Vogtländisches Schiefergebirge, Rheinisches Schiefergebirge.
- **2.3 Permlandschaften:** Am Rande dieser Schiefergebirge finden sich ungefaltete Konglomerate, Sandsteine, Kalk, Gips und Vulkangesteine, die im Perm (Rotliegendes und Zechstein) im Zusammenhang mit dem Ausklang der Gebirgsbildung entstanden sind: Flechtinger Höhenzug, Thüringer Wald, Mittelsachsen, Saar-Nahe-Bergland, Pfälzer Bergland.

Landschaften außerhalb des Grundgebirges

Sedimentlandschaften des Erdmittelalters und der Erdneuzeit.

- Zwischen den westlichen und östlichen Grundgebirgs-Regionen zieht sich ein breiter Streifen von Nord nach Süd, der vom Sedimentgestein des Erdmittelalters geprägt ist. Die alten Geologen nannten es „Deckgebirge" oder „Flözgebirge". Sie sahen, dass es offensichtlich über dem Grundgebirge lag und in seiner Struktur geschichtet waren, wie Flöze, oft fast waagerecht. Dort wo Schichten schräg oder senkrecht gestellt waren, konnte man doch den Sediment-Charakter erkennen.
- „Schwemmland" nannte man das mit losen Ablagerungen der Eiszeit bedeckte Land im Norden und das Hügelland zwischen Donau und Alpen.

---

1 Beim sächsischen Granulitgebirge hat sich der Ausdruck Gebirge für ein geologisch besonderes Gebiet, das geographisch eine zertalte Hochfläche ist, erhalten.

5.2.1 Gneis-Granit-Gebirge (Kristallingebiete)

Spessart, Odenwald, Schwarzwald, Oberpfälzer Wald, Bayerischer Wald, Fichtelgebirge, Erzgebirge, Sächsisches Granulitgebirge und Oberlausitz. Hier hat eine **intensive Metamorphose** stattgefunden. Gneis bildet das Grundgerüst. Man findet metamorphe Gesteine verschiedener Ausgangsgesteine, z. B. Amphibolit, Serpentinit, Marmor. An vielen Stellen werden die Metamorphite von Granit, Granodiorit oder Diorit durchstoßen. Zum metamorphen Geschehen gehört die Vererzung der Gesteine bzw. die Ablagerung von Erzen in Gängen.

Schwarzwald

Der Schwarzwald ist in seinem östlichen Teil von Buntsandstein bedeckt, der besonders im Norden sogar die Berggipfel bilden kann, während unten im Tal Granit ansteht. Unter den Buntsandsteinschichten finden sich stellenweise noch grobe rote Sandsteine, Konglomerate und Rhyolith (bei Baden-Baden) aus dem Rotliegenden. Im Tal der Wutach (Wutachschlucht) ist eine vollständige Abfolge der Gesteine vom Grundgebirge über Buntsandstein, Muschelkalk und Keuper bis in die Tone der Liaszeit in landschaftlich grandioser Umgebung aufgeschlossen.

Im südlichen Schwarzwald überwiegen Gneise und Granite, ehemalige Sedimente sind hier, anders als in den Schiefergebirgen, nicht mehr als solche zu erkennen. Die Metamorphose in großer Tiefe hat sie zu Gneisen und Glimmerschiefern verwandelt. Gneise treten in vielfältiger Gestalt auf, je nach Aufschmelzungsgrad, oft auch weitgehend aufgeschmolzen als Migmatite. Wo quarzarme Ausgangsgesteine vorlagen, findet man

12

(12) Forbach-Granitfels mit typischer waagerechter und senkrechter Teilung. Diese geht auf Klüfte zurück, die bereits beim Erkalten des Plutons entstanden sind.

inselartig Amphibolit. Viele Gänge durchziehen das Gebirge, die dunklen Lamprophyr oder hellen Porphyr führen. Die zahlreichen Bergwerke, wo Silber, Blei, Zink, Kupfer und Uran gefördert wurde, sind heute stillgelegt. Nur die Grube Clara in Wolfach fördert noch Flussspat und Schwerspat. Hier wird Sammlern Fördergut zur Verfügung gestellt. 14 Besucherbergwerke bieten sich an. Im Südosten reichen die Gneise des Schwarzwaldes bis an den Hochrhein heran, während sie im Südwesten (Hotzenwald) von Sandstein und Kalk des Erdmittelalters abgelöst werden. Auch vor dem Westabfall des Gebirges liegen Vorberge (Tuniberg) aus jüngeren Gesteinen.

Spessart

Im kleineren westlichen Teil (Vorspessart) findet man altes Grundgebirge, während der östliche Teil (Hochspessart) mit Buntsandstein bedeckt ist. In Miltenberg am Main lieferten große Steinbrüche die Werksteine für viele rheinische Kirchen und Profanbauten. Das Grundgebirge besteht aus Gneis, Amphibolit, Quarzit und Glimmerschiefer. Das Ganggestein Spessartit, eine Form des Lamprophyr, fand als Pflasterstein Verwendung. Der Basaltkegel des Beilsteins geht auf eine junge vulkanische Aktivität zurück.

Odenwald

Zwischen Schichtstufenlandschaft im Osten und dem Abbruch zum Rheintalgraben liegt der Odenwald. Im westlichen Teil findet man altes Grundgebirge, während die östlichen zwei Drittel des Gebirges mit Buntsandstein bedeckt sind. Bei Hirschhorn bildet der Buntsandstein Klippen am Neckar. In Heidelberg steht das Schloss auf Buntsandstein, während unten am Neckar das Grundgebirge aufgeschlossen ist. Das Grundgebirge besteht aus Gneis, Amphibolit, Glimmerschiefer, Granit, Granodiorit, Diorit und Gabbro. Im Felsenmeer bei Reichenbach liegen aufgetürmte Blöcke aus Quarzdiorit, die ihre runde Form durch tiefgreifende tropische Verwitterung im Paläogen und Neogen erhielten. Hier sind noch die römerzeitlichen Steinbrüche zu sehen. Rossberg und Otzberg sind Kraterfüllungen und Schlote von Vulkanen. Im nördlichen Teil des Odenwaldes liegen Sedimente des Rotliegenden. Mit dem Phonolith des Katzenbuckel (626 m) begann nach langer Vulkan-Pause vor 66 Mio. Jahren eine neue bis heute anhaltende Vulkan-Zeit in Deutschland. Am alten Steinbruchsee ist ein Nephelin-Syenit aufgeschlossen. Als im Paläogen durch eingedrungenes Grundwasser ein Vulkan sich plötzlich explosiv entlud, entstand der tiefe „Messel-See“. Auf seinem Grund setzte sich Ölschiefer ab, der heute als einzigartige Fundstätte selten erhaltener Fossilien geschützt wird (Weltnaturerbe).

Bayerischer Wald und Böhmerwald

Wie schon im Oberpfälzer Wald, dominieren hier Gneise und Glimmerschiefer. Im Böhmerwald am Grenzgebiet zu Tschechien bestehen markante Berge (Hoher Bogen) ganz aus Amphibolit, den man sonst in Deutschland kaum zu sehen bekommt. Als Intrusionen drangen Diorit und hauptsächlich Granit in die metamorphen Gesteine ein. Sie bilden die Grundlage der verbreiteten Steinindustrie (Museum: Granitzentrum Hauzenberg, jede Form der Granit-Verwendung im Museumsdorf Tittling). An zwei langen Verwerfungslinien (150 km), zwischen dem Gebirge und dem westlichen Vorland und innerhalb des Gebirges, müssen über lange Zeit erhebliche Verschiebungen stattgefunden haben. Dort entstanden Mylonite durch die Zertrümmerung der Gesteine. Außerdem drang Quarz wiederholt an diesen Linien auf. Heute ragen diese Quarze als lange Klippenzone, genannt Bayerischer Pfahl, aus dem Umgebungsgestein heraus. Zahlreiche Bergwerke

u. a. auf Silber, Eisen und Flussspat fördern nicht mehr. In Kropfmühl bei Passau wird ein Graphitgneis abgebaut, das Bergwerk ist für Besucher zugänglich.

13

(13) Alte Bergbauspuren am Silberberg bei Bodenmais (Bayerischer Wald)

Oberpfälzer Wald

Geologisch besteht dieses Gebiet zwischen Fichtelgebirge und Bayerischem Wald weitgehend aus verschiedenen Gneisen und Glimmerschiefern. Andere Ausgangsgesteine der Metamorphose wurden in der Erbendorfer Grünschieferzone zu Serpentinit und Speckstein, aus Kalk wurde Marmor, aus Mergel oder tonigem Kalk wurde Kalkglimmerschiefer. Die Marmorvorkommen wurden in kleinen Steinbrüchen für die Herstellung von Branntkalk abgebaut. Große Granit-Intrusionen (Leuchtenberger und Flossenbürger) bilden die Grundlage für die Steinindustrie. Granite bilden zahlreiche Klippen mit Wollsackverwitterung, Findlingen und Wackelsteinen. Im Zusammenhang mit den Granit-Intrusionen entstanden Pegmatite. Der Kreuzberg, ein Felsen mit dem Städtchen Pleystein, besteht aus bläulichem Quarz aus einem Pegmatitstock. Als junge Bildungen liegen Basaltkegel (Parkstein) über dem alten Gebirge. Das GEO-Zentrum Windischeschenbach informiert auf eindrucksvolle Weise über die Entstehung und Veränderung der Erde. Es befindet sich neben der Kontinentalen Tiefbohrung (KTB), die eine Tiefe von 9.101 m erreichte, bis die Temperatur ein Weiterbohren unmöglich machte. Der hohe Bohrturm steht auch noch dort und ist zu besichtigen.

Fichtelgebirge

Mit seinen Gneisen, Glimmerschiefern, Phylliten und Marmor-Linsen ähnelt das Fichtelgebirge dem östlichen Teil des Erzgebirges, mit dem es nach Osten verbunden ist. Die Granite nehmen hier aber etwa die Hälfte der Fläche ein, mehr als im Erzgebirge

(Kösseine-Granit, Liebensteiner Granit, Reutgranit, Redwitzit, Ochsenkopf-Granit). Die Luisenburg bei Wunsiedel, wo Granitfindlinge („Wollsäcke“) wirr zum Felsenlabyrinth gestapelt sind, ist eine Touristenattraktion. Über den Ochsenkopf zieht sich als langgezogener Steinbruch die Spur eines Ganges von Lamprophyr, der dort geschmolzen und zu Knöpfen verarbeitet wurde. Die Granitintrusionen brachten erzhaltige Dämpfe und Lösungen mit, die im Nebengestein Erzgänge bildeten, Grundlage eines regen Bergbaus vor allem im Mittelalter. Der Granit des Schneeberges wurde durch Imprägnation zum Zinngranit. Seine Verwitterungs-Sande wurden in Zinnseifen durchgewaschen. Der „Wunsiedler Marmor“ wurde nicht nur zum Brennen von Kalk verwendet, er eignet sich auch als Werkstein und für künstlerische Arbeiten. Bizarre Karst-Gebilde aus dem Marmor finden sich in der Region. Er wird immer noch abgebaut. Als jüngstes Gestein kam im Neogen noch Basalt ins Fichtelgebirge, der den Standort-Berg für das Städtchen Thierstein aufbaut.

(14) Luisenburg

Münchberger Gneisscholle

Nördlich des Fichtelgebirges, südwestlich von Hof, liegt eine Scholle von unterschiedlichen Gneisen und Amphiboliten, die eine sehr weitgehende Metamorphose durchgemacht haben. Sie liegen paradoxerweise über deutlich jüngeren nur leicht metamorphen Sedimenten des Frankenwaldes. Man erklärt dies damit, dass eine ganze Scholle über eine weite Entfernung von Süden her an diesen Platz geschoben wurde, also über das Fichtelgebirge hinweg. Die Gesteine der Scholle sind Gneis, Amphibolit, Serpentinit und Eklogit, Gesteine, die sich nur unter extrem hohem Druck bilden. Die Wojaleite bei Wurlitz ist ein kleiner Bergzug aus Serpentinit und Gabbro, auf dem spezielle Serpentinit-Pflanzen wachsen.

Erzgebirge

Das Erzgebirge schließt sich östlich an das Thüringer Schiefergebirge an. Aus den Tonschiefern sind hier aber Phyllite geworden. Kirchberger und Eibenstocker Granit haben diese kontaktmetamorph zu Knotenschiefer gemacht, der als „Theumaer Fruchtschiefer“ gehandelt wird. Die Kontaktzone ist gegen Abtragung resistenter und bildet Berge. Der Andalusit-Glimmer-Fels bildet z. B. die Kuppe des Auersberges (1018 m). Im östlichen und nördlichen Teil des mittleren Erzgebirges finden sich vom Phyllit über Granatphyllit zum Glimmerschiefer noch alle Stufen der Metamorphose vor (Schieferbruch Affalter). Das wesentliche Gestein ist aber Gneis, wie im Osterzgebirge. Der Name Gneis, „Gneus“, wurde von den dortigen Bergleuten geprägt. Die Gneise sind vielgestaltig und stammen von verschiedenen Ursprungsgesteinen, teils von Sedimenten, teils von Graniten. Kalkschichten in der Gesteinsabfolge wurden zu kleinen Marmorvorkommen, die z. T. noch zur Kalkgewinnung ausgebeutet werden (Museum Kalkwerk Lengefeld). Gabbro wurde zu Serpentinit (Serpentinmuseum Zöblitz) oder Amphibolit umgewandelt. Während der Variskischen Gebirgsbildung drang Granit (Matratzenverwitterung an den Greifensteinen) und in Gängen Granitporphyr ein. In mehreren Schüben haben mineralreiche Dämpfe und Wässer das Gestein imprägniert. Der mit Zinnstein imprägnierte Granit von Geyer wurde schon sehr früh abgebaut. Die großen Abbauhohlräume, die durch die spezielle Abbaumethode (Feuersetzen) entstanden waren, führten zu großen Einbrüchen, von den Bergleuten Pinge (Binge) genannt. Die Geyersche Pinge ist zugänglich, die größere in Altenberg kann nicht betreten werden, da hier immer noch Einstürze stattfinden. Erzführende Spalten wurden an vielen Stellen angefahren. Viele Städte nennen sich Bergstädte. Schaubergwerke ohne Zahl zeigen die große Bergbautradition, deren Zentrum Freiberg (Bergakademie) Gesteins- und Mineralien-Ausstellungen bietet. Einige kleine Vulkane bohrten ihre Schlote nach einer langen Zeit der Abtragung durch das alte Gestein. Säulenbasalte oder Schlote bilden heute markante Berge, die sich über die alte Einebnungsfläche erheben (Pöhlberg, Scheibenberg).

Granulitgebirge

Das Granulitgebirge liegt nördlich des Erzgebirgischen Beckens (Linie Zwickau-Chemnitz). Es ist im geographischen Sinne kein Gebirge, eher eine Hochfläche, in die Täler eingeschnitten sind. Zwickauer Mulde, Chemnitz, Zschopau und Freiberger Mulde durchschneiden das Gebiet von Süd nach Nord. In ihren Tälern findet man den feinkörnigen Granulit aufgeschlossen, daneben aber auch Gneise und Amphibolit. Der „Mittweidaer Granit“, der einzige tiefrote Granit Deutschlands, wird dort zu Werkstein verarbeitet. Rund um das Granulitgebirge zieht sich ein Ring von metamorphen Sedimenten, meist Schiefergestein, teilweise feinblättriger Phyllit und Glimmerschiefer, auch Grauwacke, Radiolarit, Diabas und Schalstein. Metamorpher Kalkstein (Marmor) wurde abgebaut (Rabensteiner Felsendome in Chemnitz).

Oberlausitz

Westlich des Elbsandsteingebirges liegen verschiedenartige Granite und Granodiorite, die bereits vor der Variskischen Gebirgsbildung entstanden sind. Gänge im Granit sind mit Lamprophyr gefüllt, der noch im Handel ist und auch als Pflasterstein in Bautzen auftaucht. Östlich und nördlich von Görlitz findet man alte Sedimente, die noch vor der Variskischen Gebirgsbildung entstanden sind (Görlitzer Schiefergebirge). Grauwacke und Schiefer bilden die Felsen an der Neisse, auf denen Görlitz steht. Kalkstein wurde in mehreren Steinbrüchen abgebaut und gebrannt. Junger Vulkanismus hat den Burgberg von Stolpen geschaffen, wo der Basalt in Säulenform besonders schön zu besichtigen ist. Granodiorit fand als „Lausitzer Granit" weit über Sachsen hinaus Verbreitung als Pflasterstein, Treppenstufe und Gehwegplatte. Granitmuseen in alten Steinbrüchen zeigen Gewinnung und Verarbeitung des Granits (Königshain und Haselbachtal-Häslich). Vor den Toren Bautzens verläuft die Feuersteinlinie. Bis hierher also war das skandinavische Eis einmal vorgedrungen (Elster-Kaltzeit, die erste der drei Kaltzeiten). Geographisch zur Oberlausitz gehört das

Zittauer Gebirge.

In dem kleinen Gebirge liegt ein junger Sandstein auf dem Granit. Er entspricht dem Elbsandstein und hat ähnliche Felsbildungen ausgebildet. Auch hier gab es jungen Vulkanismus. Der spitze Berg Lausche ist ein alter Vulkan, der aus Tuff, Tephrit und Phonolith besteht. Die Hitze des Vulkans hat den Sandstein so verhärtet (gefrittet), dass er als besonders guter Mühlstein brauchbar wurde. Die Jonsdorfer Mühlsteinbrüche lieferten in alle Welt, heute sind sie für Besucher erschlossen.

5.2.2 Schiefergebirge

Harz, Fränkisch-Thüringisch-Vogtländisches Schiefergebirge, Rheinisches Schiefergebirge. Hier hat eine leichte Metamorphose stattgefunden. Die deutlichste Veränderung hat dabei der Tonstein erfahren, indem er zum Schiefer wurde. Vulkangesteine wurden zu Diabas und Schalstein. Zum metamorphen Geschehen gehört die Mobilisierung von Lösungen und Dämpfen, was Vererzung der Gesteine bzw. die Ablagerung von Erzen in Gängen führte. Quarzit, Radiolarit, Grauwacke und Kalk sind wenig verändert. Dazu kommen seltener eingedrungene Granite (Harz, Thüringen). Die Faltung der Schichten ist so intensiv, dass ganz verschieden alte Schichten im Gelände nebeneinander angetroffen werden. Im Siebengebirge, im Westerwald und in der Eifel liegen über den alten Schichten wesentlich jüngere Gesteine, die Produkte des Vulkanismus der am Ende der Kreidezeit einsetzte und noch anhält.

Harz

Schiefer des Oberharzes prägt als Dachschiefer das alte Goslar. Grauwacke und Radiolarit wechselt mit den Schieferschichten ab. Quarzit bildet die Höhen des Acker und des Bruchberges. Riffe des Devonmeeres hinterließen Kalk am Iberg (Tropfsteinhöhle) und im Elbingeröder Komplex (Hermannshöhle, Baumannshöhle). Basalt und Tuffe untermeerischer Ausbrüche sind verändert zu Diabas und Schalstein im ganzen Harz verbreitet. Der untermeerische Vulkanismus der Devonzeit hinterließ auch Eisenerz (Bergwerk Büchenberg). Im Mittelharz kommen noch Intrusionen hinzu, die Gabbro und Granit brachten. Am Rehburger Graben sind die Kontakte des Brockengranits mit dem Schiefer aufgeschlossen und im Bodetal bei Thale wandert man aus dem Ramberggranit in den darüber liegenden zum spröden Hornfels veränderten Schiefer. Die plutonische Aktivität brachte die mineralreichen Gase und Wässer mit sich, aus denen sich in den Klüften Erzgänge bildeten. Zahlreiche Besucherbergwerke und andere bergbauliche Sehenswürdigkeiten machen die große Bergbautradition dieser Region sichtbar.

Fränkisch-Thüringisch-Vogtländisches Schiefergebirge

Da Frankenwald, Thüringer Schiefergebirge und Vogtland geologisch eine Einheit bilden, werden sie hier grenzüberschreitend zusammengefasst. Schiefer in verschiedenen Stadien der Metamorphose als Tonschiefer, Dachschiefer (Schiefermuseen: Lehesten, Thüringen; Ludwigstadt, Franken), Griffelschiefer (Museum Steinach) oder kontaktmetamorph am Granit aufgeheizt als Fruchtschiefer (Theumaer Fruchtschiefer) dominieren. Grauwacke und Konglomerate sind den tonigen Sedimenten zwischengeschaltet. Tuff und Basalt untermeerischer Ausbrüche liegen metamorph als Schalstein und Diabas vor. Diabaskuppen sind im Vogtland landschaftsprägend. Kleinere wirtschaftlich interessante Kalkvorkommen als Knollenkalk (Tropfsteinhöhle Syrau) oder Riffkalk (Saalburger Marmor, Marxgrün, Horwagen bei Naila) wurden früher abgebaut. Aufgedrungener Granit durchstößt die metamorphen Sedimente in Thüringen (Henneberg-Granit) und im Sächsischen Vogtland (Bergen und Kirchberg). Am nördlichen Rand zum Thüringer Becken hin finden sich Kalk, Riffkalk und Dolomit der Zechsteinzeit. Einen landschaftlichen Höhepunkt bildet das Tal der Saale, die sich aus dem Fichtelgebirge kommend windungsreich in den Schiefer eingegraben hat.

Rheinisches Schiefergebirge

Der Rhein und seine Nebenflüsse gliedern dieses Gebiet: rechtsrheinisch Sieg und Lahn, linksrheinisch die Mosel. Nicht immer ist es als Gebirge zu erleben. Es ist eine zertalte Hochfläche. Mit seinen Schiefern, Grauwacken, Radiolariten, Diabasen und Kalken ähnelt dieses Gebiet den anderen Schiefergebirgen, doch hat jede Region ihr eigenes Gesicht.

Ruhrgebiet

Hier streichen Steinkohlen aus, die am Nordrand des jungen Variskischen Gebirges in der Karbonzeit entstanden. Während sich das Gebirge noch hob, wuchsen hier Sumpfwälder, die immer wieder untergingen und mit Sanden überdeckt wurde, wodurch mehrere Serien von Kohleflözen entstehen konnten. Aus den Sanden wurde der Ruhrsandstein. Die Steinkohlen finden sich auch weiter westlich, bei Aachen, in Belgien, Frankreich und Nordamerika, das damals noch nicht von Europa getrennt war. Sie tauchen im Norden unter das Münsterland und erscheinen dann noch einmal am Pies-

(15) Sandstein über Kohleflöz. Der Sandstein geht weiter oben allmählich in Tonschiefer über, auf den dann wieder Kohle folgt. Witten (Ruhr)

berg bei Osnabrück an der Oberfläche. Im Geologischen Garten von Bochum, an der „Geologischen Wand Kampmannbrücke" in Essen-Heisingen und am Dünkelberg in Witten sind Flöze und Begleitgesteine für Besucher aufgeschlossen. Die Kohle führenden Schichten setzen sich nach Südwesten fort, sind aber unter den jungen Sedimenten der Niederrheinischen Bucht tief versenkt. Erst bei **Aachen** tauchen sie wieder auf. Hier gab es auch bis 1997 Bergbau. Die Kohlen sind begleitet durch bituminösen Kalk (Kohlenkalk, „Aachener Blaustein").

Sauerland und Siegerland

Aus Eisenlösungen, die die untermeerischen Ausbrüche (Diabas) begleiteten, setzte sich Roteisen ab (Lahn-Dill-Typ). Außerdem stiegen Lösungen in das spätere Gestein und bildeten Spateisenstein. Beides wurde hier in vielen Bergwerken gefördert und bildet die Grundlage einer lebhaften Industrie. In den devonischen Kalk hineingelöst ist die Attahöhle (Attendorn), nicht die einzige im Gebiet, aber wohl die größte Tropfsteinhöhle in Deutschland. Karsterscheinungen in diesem Kalk ziehen als „Felsenmeer von Hemer" Besucher an. Zwischen Tonschiefer und Grauwacke ragen Rhyolith-Klippen in den Himmel, die als „Bruchhauser Steine" bekannt sind. Alte Abbaustellen für Dachschiefer verraten sich durch ihre Halden. Am Ostrand des Gebietes, im Gebiet Korbach und Frankenberg stehen Oolithkalk und Dolomit aus dem Zechstein an.

Kellerwald

Als östliches Anhängsel des Schiefergebirges liegt der Kellerwald schon im Hessischen Bergland. Grauwacken, Sandsteine, Kieselschiefer, Tonschiefer und Kalk sind hier besonders stark vermischt. Roteisen und Kupfer wurden abgebaut. Ein durch Hämatit gefärbter Quarz (Eisenkiesel, „Kellerwaldachat") wird hier zu Schmuck verarbeitet. Der gut bestimmbare und widerstandsfähige Stein gelangt über die Eder in die Weser und kann dort (mit Glück) gefunden werden.

Siebengebirge

Ein junger Vulkanismus setzte bei Bonn das kleine Gebirge aus Basalt, Trachyt, Latit und Tephra auf den Schiefer. Die Berge des Siebengebirges überragen das Plateau des Schiefergebirges. Tephra, Latit und Trachyt wurden in der Umgebung als leicht zu bearbeitende Werksteine eingesetzt. Allerdings ist ihre Haltbarkeit begrenzt. Die Flanke des Drachenfels über dem Rhein ist ein alter Steinbruch, aus dem das Material für den Kölner Dom stammt. In dem als Naturpark geschützten Gebiet findet man gute geotouristische Hinweise.

Westerwald

Südlich der Sieg breiteten sich Basaltergüsse großflächig auf der eingeebneten Fläche aus (Basaltpark Bad Marienberg). Sie überdeckten Tone, die im tropischen Klima des Paläogen durch Verwitterung des Schiefers entstanden waren. So wurden diese vor Abtragung geschützt. Heute bilden sie die Grundlage der keramischen Industrie des Westerwaldes und werden bis nach Italien exportiert. Ein Lavastrom kam in einer Senke zum Stillstand und füllte diese auf. So wurde ein See aufgefüllt und seine Sedimente konserviert. Als Ölschiefer kamen diese nach dem Abbau des Basaltes zum Vorschein und mit ihnen eine reiche Tier- und Pflanzenwelt des Neogen. Öffentlich zugänglich ist diese Fundstätte im Stöffelspark (Gemeinde Westerburg-Enspel).

Taunus

Als besondere Schicht bildet der harte Taunusquarzit hier höhere Berge, die aus dem Niveau der Schieferlandschaft herausragen. Als Gipfelklippen krönen sie den Feldberg. Schneeweiße Berge von Quarzit-Splitt werden gewonnen. Über 6 km ist ein Quarzgang (Eschbacher Klippe bei Usingen) zu verfolgen. An der Lahn wurde ein weltweit begehrter Riffkalk („Lahnmarmor") gewonnen. Bei Villmar wird er als Geotop in einem ehemaligen Steinbruch als polierte Wand sehr eindrucksvoll präsentiert. Man steht gleichsam in einem Riff. Burg und Brücke Runkel sind aus einem in der Nähe anstehenden grünen Schalstein erbaut. Am südlichen Taunus zieht sich ein schmaler Streifen von kristallinem Gestein hin (Vortaunus). Dort wird Glimmerschiefer abgebaut.

Eifel

Im Norden (Urfttal) und im Südwesten (Region Trier) ist die Eifel noch von Deckgebirge (Buntsandstein) bedeckt. In der Kalkeifel sind die Schiefer über große Strecken durch fossilreiche, massige, plattige und Riffkalke ersetzt. Alte Vulkanite (Diabas) fehlen in der Eifel. Seit dem Paläogen brachten Vulkane Auswürfe, die in der Hocheifel Berge bilden (Hohe Acht 747 m). Die interessantesten Vulkanerscheinungen sind aber jünger. Sie dauern bis in die Gegenwart an. Sie sind in der Westeifel (Gerolstein) und in der Osteifel (Laacher See, Daun) zu finden. Maare, frische Vulkankegel mit losem Bimsstein, Tuff, Ignimbrit und Basalt liegen hier auf dem Schiefer. Mühlsteine und andere Werksteine aus Tephritlava („Rheinischer Basalt") gehen von hier aus in alle Welt. Zahlreiche Wander- und Fahrstrecken sind zu den Stätten des jungen Vulkanismus geschaffen worden.

(16) Maare sind mit Wasser gefüllte Explosionskrater.

In einem als Museum erschlossenen Römerbergwerk befindet man sich mitten in einem pyroklastischen Strom (Römerbergwerk Meurin in Kretz). Heute greift eine rege Industrie zur Herstellung von leichten, wärmedämmenden Bimsbetonplatten und Formsteinen auf die Bimsstein-Vorkommen zu. Im Westen (Trierer Bucht) wird der Schiefer von Sedimenten der Trias überlagert.

Hunsrück

Wie im Taunus überragen Berge aus Taunusquarzit die Hochebenen. Seinen berühmtesten Auftritt hat dieser Quarzit an der Saarschleife von Mettlach, wo der Fluss ihn überwindet auf seinem Weg nach Norden. In der Dachschiefergrube Bundenbach (Museumsbergwerk) wurden gut erhaltene Fossilien gefunden. Sie sind berühmt, weil Fossilien im Schiefer in der Regel nicht zu finden sind, sie werden meist beim Schieferungsprozess zerstört.

5.2.3 Perm-Landschaften

Südlicher Harzrand und Kyffhäuser

An seinem südlichen Rand hat der Harz bei seinem Aufstieg auch jüngere Schichten mitgeschleppt, sie aber nicht steil gestellt wie am Nordrand. Hier sind es rote Konglomerate und Sandsteine des Rotliegenden mit Steinkohlen, die nach der Variskischen Gebirgsbildung entstanden (Besucherbergwerk Rabensteiner Stollen bei Ilfeld). Dazu kommen Vulkanite, Rhyolithe und Andesit.

Über dem Rotliegenden folgt das dünne Flöz des Kupferschiefers. Man würde es im Gelände kaum finden, doch die Halden aus dem feinplattigen schwarzen Tonstein sind hier und auch im Mansfelder Land unübersehbar, (Besucherbergwerk Wettelrode). Der Kupferschiefer wurde hier zu DDR-Zeiten abgebaut. Schlacke aus der Verhüttung findet man an Gebäuden, als Pflaster oder als Schotter. Über dem Kupferschiefer liegen Riffkalk, Dolomit und Gips der Zechsteinzeit. Die Karstlandschaft des Gipsgebietes mit Höhlen und Bachschwinden ist ein gutes Beispiel dafür, wie ein Gestein die Landschaft prägt. In riesigen Steinbrüchen wird Gips für die Bauindustrie abgebaut.

Thüringer Wald

Als langgesteckter Horst hat sich der Thüringer Wald aus dem Deckgebirge gehoben. Er besteht aus den jüngsten Teilen des Grundgebirges, roten Konglomeraten und Sandsteinen, die aus dem Schutt des Variskischen Gebirges entstanden sind (Teufelsschlucht bei Eisenach). Bei Tambach-Dietharz findet man in den Sandsteinen die Spuren früher Saurier. In die Sandsteine sind kleinere Kohleflöze eingeschaltet, die früher abgebaut wurden. Vulkane förderten damals Tuff, Rhyolith und Andesit. In der Nähe von Ruhla und Suhl stehen Granite an. Schwerspat und Flussspat, die an großen Spalten auskristallisiert sind, werden heute noch bergmännisch gewonnen. An den nördlichen und südlichen Rändern des Gebirges findet man Ablagerungen der Zechsteinzeit, die auf das Rotliegende folgt: Gips (Marienglasgrotte Friedrichroda) und Kalk der Zechstein-Zeit. Auf einem Riff thront die Burgruine Liebenstein. Einige Kalke wurden durch mangan- und eisenreiche Wässer zu Erz imprägniert (Schaubergwerk Finstertal, Besucherbergwerk Kamsdorf).

Erzgebirgisches Becken,

Vulkangestein, Sandstein, Konglomerate und Steinkohle in der Tiefe füllten im Rotliegenden ein Becken zwischen Zwickau und Chemnitz, das sich einst bei der Variskischen Gebirgsbildung eingesenkt hatte. Unter einem pyroklastischen Strom verkieseltes Holz ist als „Steinerner Wald" in Chemnitz zu sehen. Der „Zeisigwald-Porphyr" von Chemnitz fand viel Verwendung an Bauwerken. Die Steinkohle von Zwickau und Oelsnitz wurde bergmännisch abgebaut.

Nordwestsachsen, Raum Halle, Flechtinger Höhenzug

In Nordwestsachsen wird der Granitporphyr von Beucha abgebaut, ebenso wie der rote Ignimbrit von Rochlitz („Rochlitzer Porphyr"). Dort sind auch die alten Steinbrüche touristisch gut erschlossen. Kugelpechstein ist eine bekannte Seltenheit im kleinen Rhyolith-Gebiet im Tharanter Wald. In Halle stehen Rhyolith-Felsen an der Saale, am Petersberg, der aus dem eiszeitlichen Lockermaterial herausragt, wird dieser Stein versplittet. Er färbt die Straßen rot. 120 km weiter nordwestlich ragt noch ein an zwei Verwerfungen nach oben gepresster Streifen Grundgebirge aus der eiszeitlichen Bedeckung. Dieser **Flechtinger** Höhenzug ist der nördlichste Lieferant von Hartgestein, das beim Straßenbau in großen Mengen verbraucht wird. Rhyolith und ein Basalt mit Augit-Einsprenglingen werden in großen Steinbrüchen zu Splitt verarbeitet. Rote Sandsteine aus dem Rotliegenden und noch älterer Quarzit stehen hier an. Dieser Quarzit entspricht in seiner Entstehung dem Gommern-Quarzit und dem Acker-Bruchberg-Quarzit des Harzes.

(17) Rhyolith-Steinbruch Flechtingen

Saar-Nahe-Bergland

Das Gebiet südlich des Hunsrücks ist geprägt von Ablagerungen des Karbon (Saargebiet) und des Rotliegenden. Konglomerate (Holzer Konglomerat) und grobe Sandsteine, meist rot gefärbt, nicht immer sehr fest, zeugen vom Wüstencharakter der Zeit. Der Vulkanismus der Zeit hat Rhyolithe, Andesite und Dacite gebracht, die auch den Donnersberg im **Pfälzer Bergland** aufbauen. An der Nahe stehen bedeutende Klippen. Der Rotenfels (Bad Münster am Stein) ist die höchste Felswand Deutschlands außerhalb der Alpen. Vor dem Rotliegenden entstanden in Becken innerhalb des Variskischen Gebirges Steinkohlen und Eisenerze, die dem Saargebiet seine wirtschaftliche Bedeutung gaben. In den Vulkangesteinen finden sich ehemalige Hohlräume, Blasen, in die über mineralreiche Wässer Stoffe eingewandert sind. Solche Drusen mit Halbedelsteinen (Achat, Amethyst, Jaspis, Bergkristall) werden von Mineraliensammlern gesucht (Steinbruch Juchem in Niederwörresbach). Sie bilden auch die Grundlage der Edelsteinschleifer-Industrie von Idar-Oberstein (Deutsches Edelsteinmuseum und Deutsches Mineralienmuseum). In Fischbach an der Nahe wurde Kupfer abgebaut (Besucherbergwerk). Eine historische Edelsteingrube, Steinkaulenberg, kann bei Idar-Oberstein besucht werden. Hohlräume, Blasen in einem Latitandesit hatten sich mit sich modifizierten, gefärbten Quarzen gefüllt.

5.3 Sedimentlandschaften des Erdmittelalters und der Erdneuzeit

Die Abfolge der Schichten – unten die älteren, oben die jüngeren – ist erhalten. Vielfach sind die Sedimente von vulkanischen Gesteinen überlagert (Vogelsberg, Rhön, Kaiserstuhl, Hegau). Diese Ablagerungen des Erdmittelalters bilden auch Berg- und Hügelländer, aber auch Ebenen.

Das Bergland von Niedersachsen und Sachsen-Anhalt.

Von Bad Bentheim bis zum Flechtinger Höhenzug finden wir keine Magmatite, nur Sedimente, die ältesten aus dem Karbon, die jüngsten aus dem Neogen. Sie liegen oft nicht waagerecht, wie abgelagert. Der Alpenaufstieg hat hier seine Wirkung getan. Die Schichten sind gebogen, schräg oder senkrecht gestellt.

Grafschaft Bentheim, Bückeberge, Rehburger Berge, Deister, Süntel und Hildesheimer Wald

Sandstein aus der unteren Kreidezeit, der von Ton begleitet wird, bildet diese waldigen Bergzüge, die die Tiefebene im Süden begrenzen. Im Sandstein werden oft Trittspuren von Sauriern gefunden. Ganze Fährten sind im Dino-Park Münchehagen zu sehen. Eine alte Werkstein-Industrie lieferte früher bis nach Übersee und ist immer noch lebendig (Steinbrüche in Obernkirchen, Sandsteinmuseum Bad Bentheim). Unter dem Sandstein liegt ein Kohleflöz, das in Obernkirchen und am Deister auch genutzt wurde.

Wesergebirge und Wiehengebirge

Die Schichtrippe des langen Gebirgszuges begrenzt das Tiefland im Süden, nur unterbrochen durch die Porta Westfalica, wo die Kette durch die Weser unterbrochen wird. Schichten aus der oberen Jurazeit fallen hier nach Norden hin ein und tauchen unter die eiszeitliche Bedeckung ab. Sandstein bildet die Kammregion im Wiehengebirge, bei Bad Essen-Barkhausen sind die Spuren mehrerer Saurier erhalten, wo dieser Sandstein abgebaut wurde. Im alten Steinbruch von Wallücke werden gelegentlich Führungen angeboten (www.geopark-terravita.de). An der Porta steht ein Eisensandstein (Portasandstein) an, der auch bis Hamburg verkauft wurde. Im Wesergebirge bildet ein massiger Kalkstein die Kammregion. Dieser „Korallenoolith" wird in großen Steinbrüchen für den Straßenbau gewonnen. In Segelhorst fand man beim Steinbruchsbetrieb eine Höhle, die Schillat-Höhle. Im Korallenoolith finden sich mehrere Flöze von Eisenoolith, touristisch erschlossen im Besucherbergwerk Kleinenbremen. Nur ein Bergwerk fördert noch heute den Eisenoolith, aber nicht zur Herstellung von Stahl. Das Gestein dient zur Färbung von Beton.

18

(18) Portasandstein am Dom zu Minden mit den typischen Eisenbarren, die nach der Verwitterung erhaben hervortreten.

Osnabrücker Land

Zwischen Weser-Wiehengebirge und Teutoburger Wald wurden ältere Schichten durch Erdbewegungen im Paläogen nach oben bewegt. Am Piesberg und Hüggel tauchen Steinkohle führende Schichten auf, die dem Karbon des Ruhrgebiets entsprechen und auch gewonnen wurden (Museum Industriekultur Osnabrück). Der Ibbenbürener Sandstein und das Piesberg-Konglomerat begleiten die Kohleflöze. Im Osnabrücker Bergland wechseln rote Sandsteine des Buntsandsteins mit Kalken des Muschelkalk und Sandsteinen aus der Keuperzeit. Bei Bünde (spezielles Museum) lieferte ein Mergel Fossilien aus dem Paläogen. Zahlreiche Heilbäder zeugen von Salz im Untergrund.

Teutoburger Wald und Eggegebirge

Die Höhen des Teutoburger Waldes und des Egge-Gebirges werden von senkrecht gestellten Schichten gebildet. Den nördlichsten Kamm bildet Muschelkalk, den mittleren Osningsandstein (Unterkreide). Er bildet bizarre Felsformationen (Externsteine, Dörenther Klippen).

Der südlichste Kamm und die Südhänge zum Münsterland hin werden vom Plänerkalk der Oberkreide gebildet, der bei Lengerich zur Zementproduktion abgebaut wird.

(19) Externsteine

Nördliches Harzvorland

Zwischen Flechtinger Höhenzug und Harzrand liegt ein abwechslungsreiches Hügelland. Die Schichten des Erdmittelalters wurden hier in Falten gelegt, allerdings nicht

(20) Überkippte Schichten am Harzrand. Korallenoolith wurde abgebaut. Mergelige Schichten blieben stehen.

in so eng wie die Schichten in den Schiefergebirgen. Buntsandstein bildet Dorm, Asse und Hesseberg; Muschelkalk bildet Großen Fallstein, Huy, Hakel und Harliberg. Aus Sandstein der Oberkreide bestehen Oderwald, kleiner Fallstein, Salzgitter-Höhenzug, Sudmerberg, Regenstein und Teufelsmauer. Im Elm bei Königslutter bietet ein Erlebnis-Steinbruch Einblicke in die Welt des Muschelkalks. Roter Sandstein und in diesen eingebettete Oolithkalke und Stromatolithenkalke (Geotop Heeseberg bei Helmstedt) bilden ebenfalls Waldberge. In den Mulden liegen jüngere Gesteine der Jura- und Kreidezeit. Dazu gehören die Bohnerze des Reviers Salzgitter. Unmittelbar am Harzrand wurden die Schichten durch das aufsteigende Gebirge so mitgeschleppt, dass sie teils senkrecht stehen, teils überkippt sind. Verkieselter Sandstein ist zur Teufelsmauer von Blankenburg und Neinstedt herausgewittert. Am Nordrand hatte sich im Paläogen in einer Senke Braunkohle gebildet (Helmstedt). Sande sind stellenweise zu Knollenquarzit verkittet.

Münsterland

Hier liegen mächtige Schichten aus der oberen Kreidezeit. Im Norden sind die Kalke aufgerichtet und bilden die südlichen Kämme des Teutoburger Waldes. Mergel mit Kalkbänken im Zentrum des Beckens ermöglichen die Zementindustrie von Beckum. Der „Baumberger Sandstein", eigentlich ein sandiger Kalkstein (Museum Havixbeck), prägt die Stadtbilder von Münster und Paderborn, wurde aber auch bis in die Niederlande exportiert. Grünsandstein von Anröchte macht Soest zur grünen Stadt (Grünsandsteinmuseum). In weiten Teilen des Münsterlandes liegen eiszeitliche Sande und Mergel über den Kreideschichten. In der Saale-Kaltzeit war das skandinavische Eis bis hierher vorgedrungen. Man erkennt die Gebiete daran, dass man Feuerstein auf den Feldern findet. Am Hellweg bei Paderborn tritt Salzsole aus.

21

(21) Das Gemisch von Mergel und Kalk, das zur Zementherstellung benötigt wird, ist hier schon im Steinbruch gegeben.

Weser-Leine-Bergland, Fulda- und Werratal

Zwischen Wesergebirge-Süntel im Norden und Vogelsberg-Rhön im Süden liegt ein Gebiet, das von Weser, Fulda und Werra durchflossen wird. Roter Sandstein, Muschelkalk und Keupersandstein, die Sedimente der Triaszeit, können schnell wechseln, da das Land in viele kleine Schollen zerstückelt ist, von denen die Einen aufgestiegen, die Anderen abgesunken sind. Roter Sandstein wird dort gewonnen und als Wesersandstein vermarktet. Nicht mehr im Abbau, aber noch immer an älteren Bauten zu finden, sind die dünnen Sollingplatten. Dieser Sandstein wurde wie Schiefer zum Eindecken von Dächern und zur Verkleidung von Fassaden verwendet. In Städten wie Hameln findet man ihn noch an prominenten Gebäuden. Ein Sandstein, der ebenfalls durch hellen Glimmer spaltbar ist, aber zu dickeren Platten zerfällt, fand als Gehwegplatte früher viel Verwendung. Sol-

22

(22) Stiftsruine Bad Hersfeld aus gelbem und rotem Sandstein der Buntsandsteinzeit

che Platten sind immer noch zu haben. Meistens werden aber Imitate aus Beton verkauft, auf deren Oberfläche die typischen Rippelmarken der Natursteinplatten nachgebildet werden.

Oft sind die Sandsteingebiete mit Wald bedeckt, da der verwitterte Sandstein nur einen mageren Ackerboden abgibt (Solling, Bramwald, Kaufunger Wald, Reinhardswald und Seulingswald). Wo Muschelkalk ansteht, bildet er in den Flusstälern Klippen (Werra-Radweg Treffurt-Creuzburg). Kuppige Erhebungen erweisen sich oft als Basaltschlote, Zeugen eines Vulkanismus seit dem Paläogen. Der nördlichste Basaltabbau findet bei Göttingen statt (Adelebsen). Tuffgestein findet sich neben Basalt im Habichtswald. Er wurde eindrucksvoll verbaut am Bergpark Wilhelmshöhe. Ein größerer Basalterguss hat am Meißner Braunkohle bedeckt. Auch im Habichtswald und im Knüllwald wurden durch Basaltdecken kohleführende Schichten vor der Abtragung geschützt. Bei Eschwege, unterhalb des Meißner (Höllental) und im Richelsdorfer Gebirge kommen auch ältere Schichten zutage: Dolomit, Riffkalk, Kupferschiefer (Besucherbergwerk Grube Gustav) und Diabas. Im Cornberger Sandstein (Sandsteinmuseum Kloster Cornberg) finden sich Spuren früher Saurier.

Vogelsberg

Der Vogelsberg, Deutschlands größtes zusammenhängendes Vulkangebiet, ist kein einheitlicher Großvulkan. Er ist ein Mosaik verschiedener Vulkangesteine, Tephrit, Basalt, Olivinbasalt, einzelner Vulkanschlote und Decken aus Trachyt und Phonolith. Als „Londorfer Basaltlava" wird die basaltähnliche Tephritlava verkauft, die sich zu Werkstein zersägen lässt. Im Süden steht ein rotes Schlackenagglomerat an, das als Werkstein die kleinen Städte geprägt hat. Nördlich und südlich des Vogelsberges befinden sich noch weitere Vulkane.

Rhön

In der Rhön verteilen sich die Vulkangesteine auf verschiedene Bergkuppen und -kämme. Im unteren Bereich der Berge stößt man oft auf Buntsandstein und Muschelkalk, die zur Zeit der Vulkanausbrüche die Oberfläche bildeten. Zwischen Rhön und Thüringer Wald befinden sich noch weitere kleine Vulkane, der große und der kleine Gleichberg und die Heldburger Gangschar.

Thüringer Becken

Östlich des Weser-Leine-Berglandes liegt (verbunden durch Ringau und Eichsfeld) ein flaches Becken, das mit Triasgestein angefüllt ist. Im Norden reicht es bis Kyffhäuser und Harz, im Süden an den Thüringer Wald. Im Osten geht es über in das Gebiet der mittleren Saale (Jena, Naumburg). An den Rändern des Beckens bildet Muschelkalk bewaldete Höhenzüge (Hainich, Fahner Höhe, Hainleite, Schmücke). Quellwasser aus diesen Kalk-Gebieten hat vielfach Sinterkalk abgesetzt, der das Gesicht einiger Städte prägt (Weimar, Langensalza). An Flussdurchbrüchen bildet der Kalk Klippen (Jena an der Saale, Creuzburg an der Werra, Günserode an der Wipper). Das Innere des Beckens ist durch gelben Sandstein („Gothaer – oder Seeberger Sandstein"), bunte Mergel und Gips der Keuperzeit geprägt. Selten ist Mergel so gut aufgeschlossen, wie unterhalb der Burg Gleichen. Manche Hügel mit dürftiger Vegetation bestehen aus Gips. Der Sandstein bildet auch kleine Berge. Er wurde beim Bau der Wartburg und des Erfurter Domes verwendet. Wer im Thüringer Becken schwedischen Granit oder Feuerstein findet, braucht sich nicht zu wundern. Bis hierher war das skandinavische Eis in der Elster-Kaltzeit vorgedrungen. Das Eis hat allerdings nicht den Harz überwunden. Es drang von Osten her in das Gebiet ein.

Sachsen

Westteil: Fränkisch-Thüringisch-Vogtländisches Schiefergebirge (s. dort)
Nordwesten: Permlandschaft (s. dort)
Mitte: Kristallines Granulitgebirge (s. dort)
Süden und Osten: Kristallin, Gneis (s. dort)
Im Norden lag Braunkohle unter eiszeitlichen Sanden. Der Braunkohleabbau bei Leipzig hat große Seen hinterlassen.

Elbsandsteingebirge

Westlich des Erzgebirges hat ein Grabenbruch die alten Schichten versenkt. Dort steht an der Elbe ein Sandstein aus der Oberkreide, der durch Wasser und Wind zu schönen Felsgebilden und Bergen geformt wurde, zwischen denen malerische Täler und Schluchten liegen (Sächsisch-Böhmische Schweiz). Der Elbsandstein fand im barocken Dresden und entlang der Elbe bis nach Hamburg seine Abnehmer. Im Grenzbereich zu Tschechien bilden Basalte, die durch den Sandstein aufgedrungen sind, einige Berge.

Pfälzer Wald

Die reizvolle Waldlandschaft ist geprägt vom roten Sandstein der Buntsandsteinzeit. An manchen Stellen liegen auch vereinzelte Muschelkalk-Ablagerungen über dem Sandstein. Der Sandstein kommt in vielen Varianten vor: Weicher, nur tonig gebundener wechselt mit härterem kieselig gebundenem. Vielfach bilden harte Partien steile Klippen, die oft von Burgen gekrönt sind. Der Teufelstisch bei Hinterweidenthal ist die bekann-

(23) Teufelstisch/Pfälzer Wald

teste Klippe. An Felswänden erkennt man oft Schrägschichtung im Metermaßstab, wie sie für Sandablagerung in Dünen typisch ist. Aus den gut kieselig gebundenen fein- und gleichkörnigen Sandsteinen wurden die Schleifsteine für die Edelsteinschleifereien von Idar-Oberstein hergestellt.

Obermainisches – und Oberpfälzisches Hügelland

Zwischen Fränkischer Alb im Westen und Kristallin von Fichtelgebirge und Oberpfälzer Wald im Osten liegt etwa auf der Linie Kronach-Kulmbach-Bayreuth-Weiden-Amberg dieses Hügelland, in dem die Gesteine der Trias und Jura in sehr unterschiedlicher Ausprägung und sehr rasch wechselnd zu finden sind. Buntsandstein für die Burg Kulmbach, „Benter Sandstein" aus dem Keuper, Muschelkalk und die Felsenkeller von Schwandorf im Eisensandstein. Dazu die Basaltkegel Thierstein, Rauer Kulm und Parkstein.

Süddeutsche Schichtstufenlandschaft und Randgebiete

Durchwandert man dieses von den Geologen auch als Süddeutsche Großscholle bezeichnete Gebiet von Nord nach Süd (von der Rhön zur Donau) oder von West nach Ost (vom Odenwald zur Fränkischen Schweiz), bewegt man sich kontinuierlich durch die Gesteinswelt der Trias- und der Jurazeit und zwar (für den Geologen) von „unten" nach „oben", nämlich von den älteren zu immer jüngeren Gesteinen.

Die roten Sandsteine der Buntsandsteinzeit bilden die Ostseiten von Spessart, Odenwald und Schwarzwald. Wenn in den Tälern dieser Gebirge die Granite und Gneise des Grundgebirges aufgeschlossen sind, werden oft die Gipfel vom Sandstein des Deckgebirges gebildet. Rote Felsgebilde und Steinbrüche sind am Neckar von Hirschhorn bis Heidelberg, am Main von Freudenberg bis Frankfurt zu finden. In Steinbrüchen werden Werksteine gewonnen, die unter Lokalnamen über Neckar und Main zum Rhein verschifft werden.

Muschelkalkklippen begleiten den Neckar (Hessigheimer Felsengärten) und den Main in der Region um Würzburg. Oft sind die Weinberge dieser Regionen durch eine solche Klippenzone gekrönt. Bestimmte Horizonte, z. B. Schaumkalk und die massiven Bänke des Oberen Muschelkalks werden zu Werksteinen abgebaut. Der mergelreiche Untere Muschelkalk dient zur Produktion von Zement.

Keupersandstein: Nach Süden und Osten bis zum Steilabfall der Schwäbischen und der Fränkischen Alb (Albtrauf) finden wir weitgehend flaches Land mit aufgesetzten, meist waldigen Höhen (Rammert, Schönbuch, Stromberg, Heuchelberg, Asperg, Schurwald, Löwensteiner Berge, Welzheimer Wald, Haßberge, Steigerwald, Frankenhöhe, Nürnberger Burgberg), die von Sandsteinen der Keuperzeit gebildet werden. Unterhalb der Berge dominieren rote und grüne Mergel mit Gips. Der Abbau von Gips findet oder fand bei Bad Windsheim, Burgbernheim, Herbolzheim, Markt Nordheim und Iphofen statt.

Ölschiefer (Posidonienschiefer) vor dem Albtrauf: Als schmales Band liegt der Ausstrich dieses feinschichtigen Tonsteines vor der Schwäbischen und der Fränkischen Alb. In Holzmaden werden unglaublich gut erhaltene Fossilien geborgen (Museum Hauff). Zwischen Ölschiefer und Kalk der Alb bildet **gelber Eisensandstein** den Hang.

Schwäbische und Fränkische Alb

Massiger Kalk, plattiger Kalk und Riffkalk bilden die Höhen der Alb. Während aus den Riffen die bizarren Felsgebilde wurden, besonders in der Fränkischen Schweiz, bilden die plattigen Kalke typische Trockenhänge mit Magerrasen. In der Region Treuchtlingen wird gelber Massenkalk abgebaut, den man in geschliffener Form in ganz Deutschland als Fassade, Fußboden oder Fensterbank findet („Fränkischer Marmor"). Ebenfalls in Franken liegt Solnhofen, wo ein dünnplattiger Kalk als Fossillagerstätte, Fundstätte des „Urvogels", weltweit bedeutend ist (Museen in Solnhofen und Eichstätt). Zahllose Höhlen sind öffentlich zugänglich, andere können von bergsteigerisch Ausgebildeten befahren werden. Manche Kalkpartien enthalten Hornsteinknollen, die in der Steinzeit auch bergmännisch gewonnen wurden. Sie dienten zur Herstellung von Werkzeug. Im Bereich Urach-Kirchheim („Schwäbischer Vulkan") hinterließ der Vulkanismus des Neogen Tuffe an vielen verschiedenen Stellen. An einer Spalte aufsteigendes heißes Wasser löste dort Kalk und setzte ihn vor der Quelle mit Eisen gefärbt als rot-weiß gebänderten Travertin wieder ab. Dieser „Böttinger Marmor" war sehr begehrt, die kleine Lagerstätte ist aber erschöpft. Im Marmorsaal des Neuen Schlosses in Stuttgart ist er zu sehen.

24

(24) Die Donau durchbricht bei Weltenburg den mächtigen Kalk des Oberen Jura mit Schwammriffen.

Nördlinger Ries

Zwischen Schwäbischer und Fränkischer Alb hat ein Meteor ein großes Loch geschlagen, das Nördlinger Ries. Bunte Brekzie und Suevit sind die hierbei entstandenen Impaktgesteine (Impaktmuseum Nördlingen). Das Innere des Kraters war lange ein See, in dem sich Kalk abgelagert hat.

Oberrheinische Tiefebene, Mainzer Becken , Kaiserstuhl

Der große bis 4 km tief eingebrochene Graben hat sich mit Sedimenten aller Art angefüllt. Unter anderem auch Salz, das abgebaut wurde. An der Oberfläche findet man Sand und Kies oder eine Deckschicht aus Löß. Im Randbereich zum Schwarzwald liegen Vorberge, die aus Sandstein, Kalkstein oder Rogenkalk bestehen.

Im nordwestlichen Teil liegt ein Bereich, der von den Geologen **Mainzer Becken** genannte wird. Ein Hügelland (Rheinhessen) südlich des Taunus, das im Paläogen von einem flachen Meer bedeckt war. Die Ablagerungen sind reich an kleinen Fossilien, die Gesteine bilden können. Der Hydrobienkalk wurde in Weisenau, Budenheim und Amöneburg abgebaut und ist an vielen Häusern in diesem Gebiet zu sehen.

Im Bereich der Bruchzone fand Magma den Weg nach oben. Der **Kaiserstuhl** baut sich aus Tephra, Phonolith, Limburgit und Nephelinit auf. Besonderheit und Seltenheit ist der Karbonatit. Große Teile des Kaiserstuhls sind von einer so dicken Löß-Schicht bedeckt, dass sich Hohlwege bildeten. An der Lößwand von Riegel kann man an der Farbveränderung die Aufeinanderfolge der einzelnen Kaltzeiten erkennen.

5.4 Norddeutsches Flachland

In diesem „Schwemmland“ ist im Prinzip jede Art von Gestein als Stein zu finden. Die nördlichen Gletscher haben alles mitgebracht, was in Skandinavien ansteht oder aus dem heutigen Becken der Ostsee herausgeschürft wurde. Wo an der Ostsee eine Steilküste vom Meer abgetragen wird, werden aus dem Mergel auch leicht lösliche Kalke ausgespült, in denen sich die Suche nach Fossilien lohnt. Sucht man aber im Binnenland auf Steinhaufen, findet man fast nur Widerstandsfähiges: Rhyolithe, Granite, Gneise, Migmatite, Basalte und Quarzite. In zahlreichen Findlingsgärten werden gewöhnliche und besondere Findlinge ausgestellt, oft auch mit guten Herkunftskarten. Die frühesten Kirchen wurden aus Feldsteinen gebaut.

(25) Werkstein aus Findlingsblöcken, Kirche in Munkbrarup (Schleswig-Holstein).

Überall stößt man auf Feuersteine. Oft sind es nur noch gebleichte, gelb oder braun verfärbte Bruchstücke. Die Verbindungslinie der jeweils südlichsten Feuersteinfundorte wird Feuersteinlinie genannt. Sie markiert die südlichste

(26) In Hänigsen bei Hannover dringt Erdöl an die Oberfläche. Früher schöpften es Bauern in Teerkuhlen, um es als Wagenschmiere zu verkaufen. In einer kleinen Museumskuhle wird das gezeigt. Auch auf den Wassergräben dort schillert es auf dem Wasser.

Ausdehnung des Inlandeises. Große Teile der Eisfracht sind verwittert. Der Quarzanteil der Verwitterungsprodukte bildet die ausgedehnten Sandflächen. Der Tonanteil wanderte ins Meer, soweit er nicht vorher in Binnenseen „abgefangen" wurde. Zu rotem Backstein verarbeitet prägt er die Städte. Wo an den aktiven Steilküsten der Ostsee Geschiebemergel abgetragen wird, sind weiße, graue und rote Kalke mit Fossilien, Sandsteine und Bernstein zu finden. Die Schreibkreide von Rügen wurde durch das Eis emporgepresst. An einigen Stellen hat das Eis durch sein Gewicht Tonschollen aus dem Untergrunde nach oben gepresst.

Ältere Gesteine, die durch aufsteigende Salzstöcke nach oben geschleppt wurden, ragen aus der eiszeitlichen Bedeckung heraus:

- Buntsandstein und Muschelkalk in Helgoland
- Gips in Bad Segeberg (Höhle), Lüneburg, Lieth bei Elmshorn und Sperenberg
- Kupferschiefer in Lieth bei Elmshorn
- Kreide bei Itzehoe und Hemmoor (Niederelbe)
- Kreide bei Malchow (Mecklenburg)
- Muschelkalk in Rüdersdorf bei Berlin (zugänglicher Steinbruch, Museum, historische Kalköfen)
- Quarzit aus der Karbonzeit in Gommern bei Magdeburg

Niederrheinische Bucht, Leipziger Tieflandbucht und Niederlausitz

In tiefen Becken wuchsen seit dem Paläogen Sumpfwälder, aus denen sich mächtige Braunkohlenlagerstätten bildeten. Eiszeitliche Sande und unter ihnen ältere, strahlend weiße Sande bedecken die Kohle. Die weißen wurden im tropischen Klima gebleicht. Vielfach bieten sich Einblicke in tiefe Braunkohlen-Abbaue. Im Leipziger Revier entstand ein seenreiches Naherholungsgebiet. Im Lausitzer Revier zeigt der wohl schönste Geschiebegarten (Findlingspark Nochten) die Vielfalt der nordischen Geschiebe aus dem Abraum der Braunkohlengruben.

6. Gesteine bestimmen

6.1 Hilfsmittel

Eine **Lupe**, 8-12-fach, ist unerlässlich. Eine stärkere Lupe (bis 20-fach) ist nicht nötig. Sie ist schwer zu handhaben. Man muss sie dicht an das Gestein bringen und zugleich dicht ans Auge. Manchmal hat man damit aber überraschende Einblicke. Ein **Hammer** ist nötig, um eine frische Bruchfläche zu erzeugen. Fast immer ist die Oberfläche des Gesteins durch die Verwitterung verändert. Billige Baumarkthämmer sind einer starken Beanspruchung nicht gewachsen. Ihre Schlagfläche kann ausfransen, Stahlsplitter können sich lösen. Ein guter Schlosserhammer (400–500 g) mit gehärtetem Kopf (DIN 1041) tut es aber. Geologenhämmer (ab 50 €) sind nur wichtig, wenn man im Boden scharren will (breite Form) oder Platten aus einem Verband lösen will (spitze Form). Eine **Schutzbrille** sollte beim Zerschlagen von Hartgesteinen getragen werden, auch **Handschuhe** sind zu empfehlen. Splitter können hässliche Wunden verursachen. Zum Spalten von Schiefer ist ein Meißel hilfreich. Ein **Messer** dient zur Probe der Härte. Es gibt Ritzbestecke (Härtestifte) zur Prüfung der Härte zu kaufen. Das brauchen aber wohl nur fortgeschrittene mineralogisch interessierte Laien. Salzsäure (15–20 %) wird als Probe für Kalk und Dolomit benutzt. Dafür aber stets ein Tropffläschchen mitzuführen, kann nicht empfohlen werden. Man kann Kalk auch ganz gut an der Härte erkennen.

6.2 Vorgehensweise

Für den Laien kommt nur eine makroskopische Bestimmung in Frage, das heißt, eine Bestimmung von Mineralien und Gesteinen nach äußeren Merkmalen, ohne physikalische, chemische oder mikroskopische Methoden. Zum Bestimmen braucht man nach klassischer Regel eine frische Bruchfläche. Frei herumliegende Gesteinstrümmer sind in der Regel an vorhandenen Sollbruchstellen (Klüften) gebrochen. An diesen konnte über längere Zeit Wasser eindringen und den Stein verändern. Ein Hammerschlag muss den Stein also so zerteilen, dass eine frische Bruchfläche entsteht. Hierbei erweist sich bereits, ob der Stein an bevorzugten Flächen spaltet. Mit der Lupe ermittelt man Art und Form der Bestandteile und ihr Verhältnis zueinander. Das gelingt in der Regel nur bei grob- und mittelkörnigen Gesteinen. Viele Bestandteile können allerdings auf diese Weise nicht wirklich erkannt werden. Zur Bestimmung von Mineralen sind oft die Kristallformen wichtig. Im Gestein sind diese aber in der Regel nicht ideal ausgebildet. Welche Feldspäte und welche dunklen Minerale ein Tiefengestein enthält, kann nur der Fachmann mit chemischen und mikroskopischen Methoden feststellen. Für eine ungefähre Zuordnung und den Vergleich mit den Abbildungen im Führer sollte man versuchen, Feldspäte, Quarze, Glimmer und andere dunkle Minerale zu unterscheiden. Sehr feinkörnige Gesteine sind oft nicht einmal grob einer der großen Gesteinsgruppen zuzuordnen. Da kann manchmal nur die Kenntnis der geologischen Verhältnisse des Fundortes und seiner Umgebung weiterhelfen. Manche homogen erscheinende Oberfläche erweist sich bei Betrachtung mit der Lupe als zusammengesetzt aus winzigen Kristallen. Manches Gestein begegnet uns allerdings als Fensterbank oder Wandverkleidung, meist mit polierter Oberfläche. Hier gibt es keine störende Verwitterung. Manche Merkmale, z. B. die Spaltbarkeit einzelner Bestandteile und ihre Oberflächen, sind hier aber nicht zu erkennen. Die polierte Oberfläche macht den Stein farbiger und hebt Einschlüsse hervor.

6.3 Bestimmungsmerkmale

Gefüge

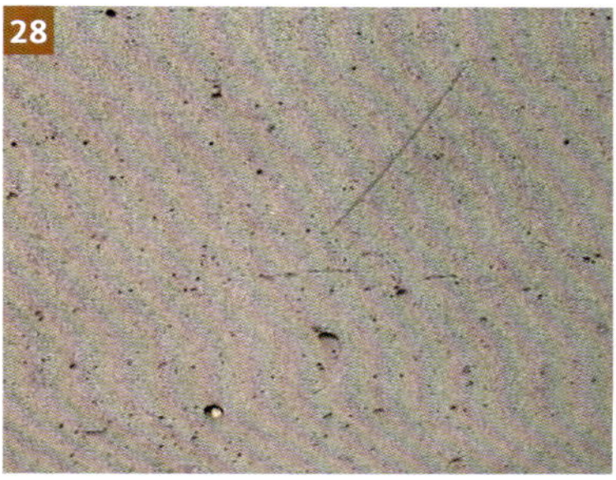

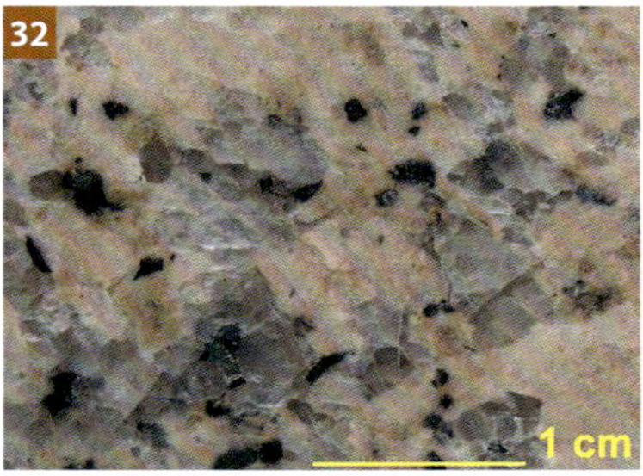

(27) Homogen mit muscheligem Bruch (Kalk)
(28)Homogen mit Blasen (Tephrit)
(29) Homogen mit Einsprenglingen, Porphyrisches Gefüge (Rhyolith)
(30) Homogen mit Hohlräumen, Mandeln (Melaphyrmandelstein)
(31) Feinkörnig, ungeregelte (richtungslose) Anordnung der Minerale (Granit)
(32) Grobkörnig, ungeregelte Anordnung verschiedener Elemente (Granit)

33

34

35

36

37

38

39

40

41

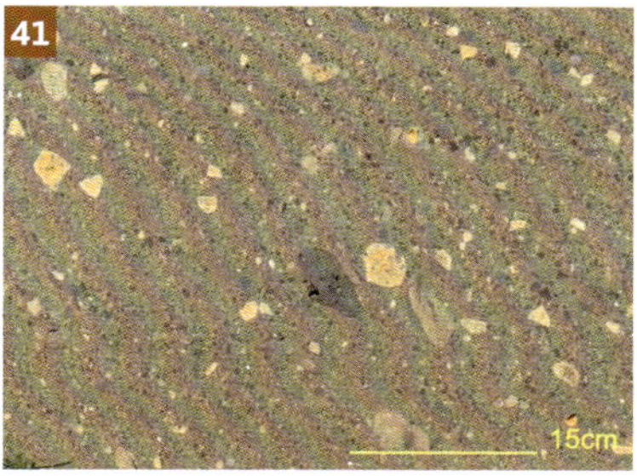

42

(33) Feinkörnig, ungeregelte Anordnung gleicher Elemente (Körner), (Sandstein)
(34) Mittelkörnig, ungeregelte Anordnung ungleicher Elemente (Körner), Sandstein)
(35) Ungeregelte Anordnung großer Aggregate (Pegmatit)
(36) Feinkörnige Grundmasse (Porphyrisches Gefüge) mit eingeregelten Kristallen (Granit)
(37) Feinkörnige Grundmasse, große runde Feldspäten mit Anwachszonen (Granit)
(38) Feinkörnig mit geregelter (lagiger) Anordnung der Elemente (Gneis)
(39) Bruchstücke, kantengerundet mit Bindemittel (Konglomerat)
(40) Gerölle, gerundet mit feinkörnigem Bindemittel (Konglomerat)
(41) Feinkörniges Bindemittel mit kantigen Einsprenglingen (Tuff)
(42) Eckige Bruchstücke (Brekzie)

Oberfläche

43

44

45

46

(43) Glanz, der Stein spaltet an der Schieferungsfläche (Glimmerschiefer)
(44) Löcherig im Sägeschnitt, rau (Sinterkalk)
(45) Schichtung durch den Wechsel von festen Kalkplatten und weichen Mergellagen
(46) Feinschichtung ist hier am Sägeschnitt schwach erkennbar. Manchmal wird durch Verwitterung eine Feinschichtung besser sichtbar. (Sandstein)

47

48

49

50

(47) Äderung, manchmal sind Verschiebungen an sich kreuzenden Adern zu erkennen. (Kieselschiefer)
(48) Oberfläche angelöst, durch unterschiedliche Anlösung wird eine Schichtung sichtbar. (Gips)
(49) Die Verwitterung der Oberfläche macht Stielglieder von Seelilien sichtbar. (Grauwacke)
(50) Die Oberfläche ist durch die Verwitterung verblasst, das Aufschlagen zeigt die Farbe des Gesteins. (Roter Orthocerenkalk, Geschiebe)

Spaltbarkeit

Spaltbarkeit liegt vor, wenn sich das Material an vorgegebenen Flächen trennen lässt. Meist entstehen glatte Trennflächen. Das verrät eine innere Struktur, die dem Material eigen ist. Jedes Mineral hat eine klar definierte Spaltbarkeit. Sie ist allerdings makroskopisch oft schwer zu erkennen.

Spaltbarkeit bei Mineralen

51

Manche Minerale lassen sich nur an einer Fläche spalten, manche haben zwei oder drei Spaltflächen, die in festgelegten Winkeln zueinander stehen.

(51) Muskovit (heller Glimmer) hat nur eine Spaltfläche

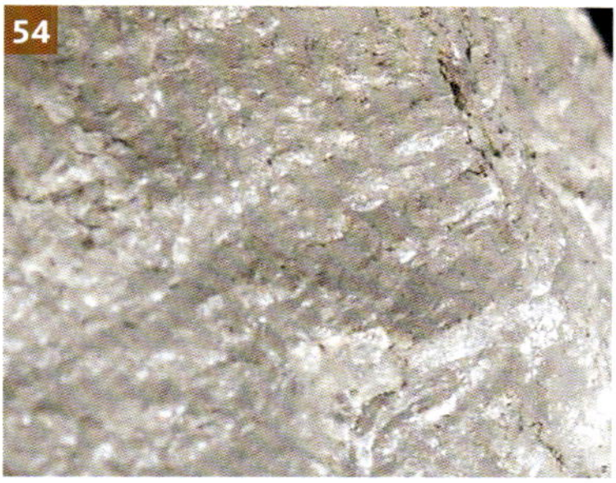

(52) Feldspäte haben zwei Spaltflächen (Feldspat in Granit).
(53) Kalkspat hat drei Spaltflächen. (Spaltstücke, keine Kristallform)
(54) Quarz hat keine Spaltflächen, er spaltet mit muscheligem Bruch. (Rosenquarz)
(55) Im muscheligen Bruch kann eine deutliche Druckwellen-Spur zu sehen sein, die vom Schlagpunkt ausgeht. (Vulkanisches Glas)

Spaltbarkeit bei Gesteinen

Hier ist in der Regel nur eine Spaltfläche vorhanden, die von der Schichtung (Materialwechsel) oder der Schieferung herrührt.

(56) Ölschiefer zerfällt schieferartig nach der Schichtfläche, erkennbar an den Fossilien auf den Schichtflächen.
(57) Plattenkalk zerfällt zu mehr oder minder dicken Platten an den Schichtflächen.

(58) Radiolarit bricht kantig, senkrecht zu den Schichtflächen.
(59) Gneis bricht an seinen glimmerreichen Flächen.
(60) Dachschiefer bricht an glimmerigen Schieferflächen, die keine Fossilien enthalten.
(61) Massenkalk bricht unregelmäßig, keine Spaltflächen.

Härte

Härtezahl	Mineral	Hilfsmittel mit gleicher Härte
1	Speckstein	
2	Gips	Fingernagel
3	Kalkspat	Kupfermünze
4	Flussspat	
5	Apatit	Fensterglas
6	Feldspat	Messer
7	Quarz	Stahlfeile
8	Topas	
9	Korund	
10	Diamant	

Eine bestimmte Härte lässt sich nur einem homogenen Gestein zuordnen, sonst nur einzelnen Mineralen. Im Granit sind Minerale von Härte 7 (Quarz), Härte 6 (Feldspat), Härte 5–6 (Augit, Hornblende) und Härte 2–3 (Muskovit, Biotit) vertreten.

Die relative Härteskala nach Mohs vergleicht Minerale. Ein Mineral mit höherer Zahl ritzt ein Mineral mit niedrigerer Zahl. Man muss darauf achten, dass tatsächlich eine Rille eingeritzt wurde und echter Abrieb/Staub entstand. Versucht man nämlich z. B. Quarz oder Quarzit mit einem Messer zu ritzen, erhält man auch deutliche Striche. Dabei hat sich aber Metall auf dem Stein abgeschmiert.

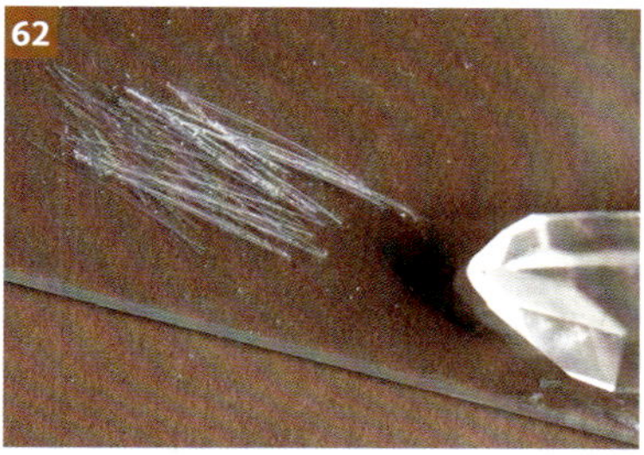

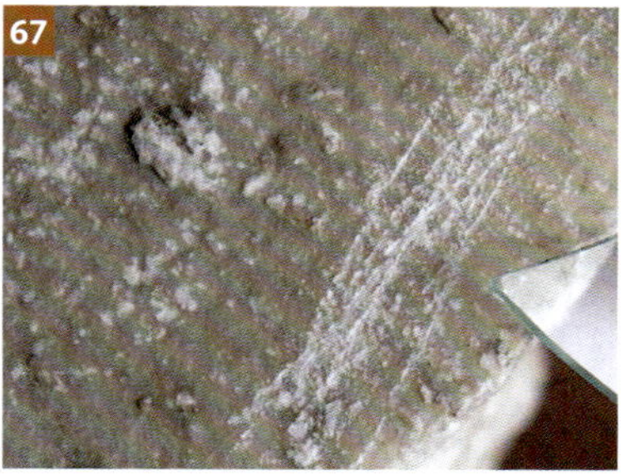

(62) Quarz ritzt Fensterglas.
(63) Quarz ritzt Feldspat.
(64) Messer hinterlässt Metallspur auf Quarzit.
(65) Messer ritzt Diabas.
(66) Glas ritzt Kalkspat.
(67) Glas ritzt Gips.

68

69

(68) Fingernagel ritzt Speckstein.
(69) Von härteren Steinen im Gletschereis geritztes Kalkgeschiebe.

Besonderheiten

70

71

72
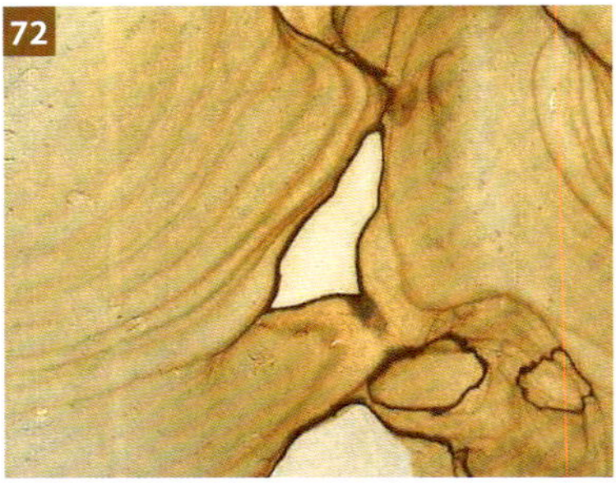

73

(70) Lagen von hellen Mineralen ziehen sich als Bänderung durch Gneis.
(71) Gerundete oder oval ausgezogene Feldspäte im Gneis werden Augen genannt.
(72) Ausfällungen von Limonit stammen von wanderndem Wasser im Sandstein.
(73) Schrägschichtung im Sandstein

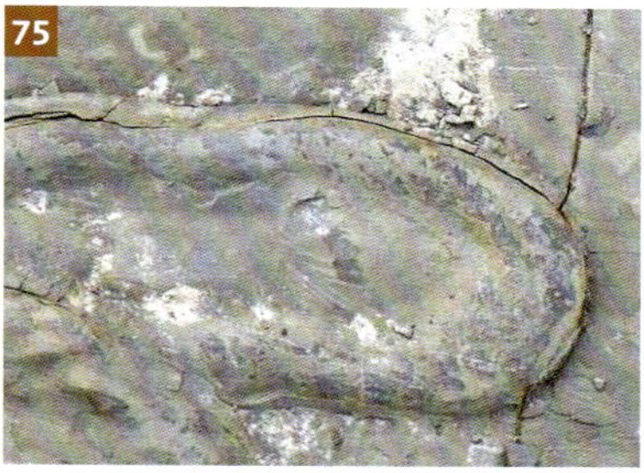

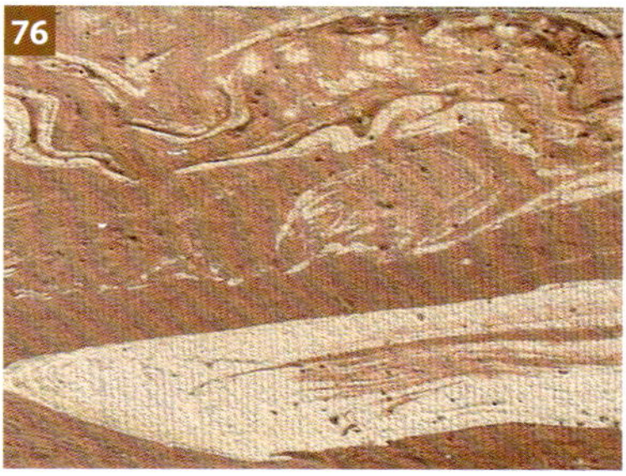

(74) Fossilien (Inoceramus in Plänerkalk)
(75) Grabspuren auf einer Schichtfläche verraten Bodenleben. (Unterer Muschelkalk)
(76) Die Bewegungsspur zeigt eine Rutschung des weichen Sedimentes.
(77) Schaumbildung unter Salzsäure (Kalk)
(78) Marken sind die Spuren physikalischer Vorgänge, hier Rippelmarken.
(79) Gradierte Schichtung, die Korngröße nimmt von oben nach unten zu.

6.4 Bestimmungsschlüssel

Die Benutzung dieses Bestimmungsschlüssels garantiert nicht immer einen Erfolg, da die Welt der Steine zu vielfältig ist. In den meisten Fällen ist eine Zuordnung unter Verwendung der angegebenen Hilfsmittel jedoch möglich.

1) Homogenes, richtungsloses Gefüge ohne erkennbare einzelne Komponenten, evtl. mit Blasen, farbigen Schlieren oder einzelnen Einschlüssen, wie Fossilien

a) massiv, nicht spaltbar

i) Farbe schwarz oder dunkelgrau

(1) lässt sich **nicht** mit dem Messer ritzen

1. raue Oberfläche, schwarz, manchmal blasig: Basalt, Tephrit
2. raue Oberfläche, grau, manchmal blasig: Phonolith, Trachyt, Andesit
3. kantig brechend, spröde, in der Nähe von Granit: Hornfels
4. scharfkantig brechend, als Geröll nur kantengerundet, evtl. mit weißen Adern: Radiolarit
5. scharfkantig, muschelig brechend, mit helleren Zonen, oft mit weißer Rinde: Feuerstein

(2) lässt sich mit dem Messer ritzen, schäumt mit Salzsäure: schwarzer Kalk, Sapropelkalk

ii) Farbe weiß oder hellgrau

(1) lässt sich **nicht** mit dem Messer ritzen

1. Quarz, Quarzit
2. scharfkantig, muschelig brechend, als Einlagerung in Kalk: Hornstein

(2) lässt sich mit dem Messer ritzen

1. dicht: Kalk, Marmor, Dolomit
2. rau, mit Hohlräumen: Sinterkalk
3. lässt sich mit einem weichen Nagel ritzen: Gips, Anhydrit, Alabaster
4. lässt sich mit dem Fingernagel ritzen: Speckstein, Kreide

iii) Farbe rot

(1) lässt sich **nicht** mit dem Messer ritzen

1. Oberfläche glatt: Eisenkiesel
2. Oberfläche rau: Porphyrtuff

(2) lässt sich mit dem Messer ritzen, aber nicht mit Fensterglas: Hämatit, Roteisenerz

(3) lässt sich mit dem Messer und mit Fensterglas ritzen, glatt und dicht: roter Kalk

iv) **Farbe grün**:

(1) mit Messer und Kupfermünze ritzbar, schäumt mit Salzsäure, raue Oberfläche durch Sandkörner: Anröchter Kalksandstein

(2) mit Messer und Kupfermünze ritzbar, glatte Oberfläche, Farbe kann in rot oder schwarz übergehen: Serpentinit

v) **Farbe gelb**:

(1) lässt sich **nicht** mit dem Messer ritzen: verwitterter Feuerstein

(2) lässt sich mit dem Messer ritzen

1. spröde, bröckelig zerfallend, schäumt mit Salzsäure nur schwach: Dolomit

2. dichte Oberfläche, schäumt mit Salzsäure: Baumberger Kalksandstein, Plänerkalk
3. dichte Oberfläche, schäumt mit Salzsäure, reich an Fossilien: Kalkstein „Fränkischer Marmor"
4. sehr leicht, sehr weich, brennbar, auch bräunlich: Bernstein

(3) **Farbe braun**, blasig: Raseneisenerz

vi) **Farbe blau**: Schlacke

b) spaltbar, zerfällt oder lässt sich leicht spalten in einzelne Blätter oder dünne Schichten

i) Farbe schwarz, blaugrau oder grau

(1) Flächen eher matt: Tonschiefer, Ölschiefer, Posidonienschiefer
(2) Flächen silbrig glänzend: Glimmerschiefer
(3) Flächen silbrig glänzend mit länglichen Strichen: Fruchtschiefer
(4) Flächen matt dunkel glänzend: Schiefer, Dachschiefer

ii) **Farbe gelb**: Solnhofener Plattenkalk

iii) **Farbe rot:** Sollingplatten

iv) **Farbe grün:** Grünschiefer

c) zerfällt flockig: Kieselgur

2) Zusammengesetztes Gefüge aus einzelnen Komponenten

a) Komponenten bestehen aus Kristallen

i) lückenloses Mosaik ohne Orientierung der Bestandteile

(1) Millimeter- bis Zentimeter-Größe

1. überwiegend helle, weiße, gelbe, rosa oder rote Minerale, Quarz ist vorhanden: Granit
2. überwiegend helle, weiße Minerale, wenig Quarz vorhanden: Granodiorit
3. helle und dunkle Minerale, kein Quarz vorhanden: Syenit, Diorit
4. grau oder blau schillernde Kristalle, kein Quarz: Larvikit
5. überwiegend dunkle Minerale: Gabbro
6. runde, transparente und weiße Komponenten aus Kalkspat, die als Stielglieder von Seelilien zu erkennen sind: Trochitenkalk

(2) Zentimeter-Größen: Pegmatit
(3) Unter Millimeter-Bereich: Aplit
(4) Unter Millimeter-Bereich, enthält oft Granat: Granulit

ii) Kristalle „schwimmen" in einer einheitlichen Grundmasse, die ganz homogen erscheint oder aus sehr kleinen Kristallen besteht

(1) Quarz vorhanden: Rhyolith
(2) kein Quarz vorhanden: Andesit, Trachyt, Phonolith

iii) Kristalle sind orientiert, sie bilden Lagen aus dunklen, plättchenförmigen Bestandteilen zwischen hellen, roten, eher körnigen Bestandteilen.

(1) weitgehend parallele Lagen, aber auch zu Falten gebogen oder gekräuselt: Gneis
(2) mit großen gerundeten/ovalen Feldspäten: Augengneis
(3) mit ovalen Feldspäten, die miteinander verbunden sind: Flasergneis
(4) parallele Lagen, schwarze, weiche Lagen aus Graphit: Graphitgneis
(5) dem Gneis ähnlich, überwiegend bis ganz schwarz: Amphibolit

(6) zwischen den gefalteten dunklen Lagen befinden sich Nester von Kristallen, die nicht orientiert sind (wie im Granit). Das deutet auf den Beginn eines völligen Einschmelzens hin: Migmatit

b) Komponenten bestehen aus nicht-kristallischen Formen

i) eckige Bruchstücke

(1) verschiedenartige Komponenten „schwimmen" in feinkörniger Grundmasse: Tuffstein
(2) kräftig grüne Bruchstücke in heller Grundmasse: Serpentinit-Brekzie
(3) graue, gelbe oder rosa Bruchstücke, mit dem Messer ritzbar: Kalkbrekzie
(4) Rifftrümmer, Schwämme, Korallen, mit dem Messer ritzbar: Riffschutt
(5) feinkörnige, scharfe, splittrige Körner: vulkanische Asche
(6) größere, raue, blasenreiche Körper: Bimsstein

ii) gerundete Bestandteile

(1) im Millimeterbereich: Sandstein
1. gelblich: Sandstein aus der Keuper- oder Kreidezeit
2. rot: Sandstein aus der Zeit des Buntsandstein oder des Rotliegenden
3. grau, fest, rau, feldspathaltig: Grauwacke aus der Karbonzeit
4. weich, feinkörnig: Molassesandstein
5. graue, sehr runde konzentrisch aufgebaute Kugeln (Ooide), mit dem Messer ritzbar, mit Salzsäure schäumend: Kalkoolith
6. rotbraune, sehr runde Kugeln: Eisenoolith

(2) Gerölle im Zentimeterbereich: Konglomerat, Nagelfluh

iii) Fossilien oder Fossilreste bauen das Gestein auf

(1) Schwämme, Korallen, auch Bruchstücke schwimmen in einer dichten Grundmasse: Riffkalk, z. B. „Lahnmarmor"
(2) Stielglieder von Seelilien, Muscheln, Brachipoden oder Schnecken sind als Komponenten zu erkennen: Trochitenkalk, Terebratelkalk, Hydrobienkalk, Nummulithenkalk

Gesteinsporträts

1. Magmatische Gesteine (Magmatite)

1.1 Tiefengesteine (Plutonite)

Tiefengesteine und Vulkangesteine entstehen im Prinzip aus gleichartiger Magma wie Vulkangesteine. Aber sie bildeten sich in der Tiefe und langsam. Ihre Körner sind groß, immer erkennbar. Vulkangesteine sind feinkörnig, oft ist mit bloßem Auge gar keine Körnung sichtbar. Jedem Tiefengestein entspricht ein Vulkangestein in seiner chemischen Zusammensetzung.
Eine **Einteilung der Tiefengesteine** erfolgt nach ihrem Gehalt an SiO_2.

- Reichlich SiO_2, beide Arten Feldspat: Granite, Granitoide, in Deutschland häufig.
- Gesättigt mit SiO_2, vorwiegend Alkalifeldspäte: Syenite, in Deutschland selten.
- Gesättigt mit SiO_2, vorwiegend Plagioklase: Diorite und Gabbros. in Deutschland nicht häufig.
- Untersättigt mit SiO_2, sodass sich Feldspäte nicht bilden können: Foidolithe. Sie kommen in Deutschland nicht vor.

Tiefengesteine – Granit

Granit

Merkspruch: Der alte Spruch „Feldspat, Quarz und Glimmer, das vergess' ich nimmer" muss nicht vergessen werden, auch wenn er nur eingeschränkt gilt. Die drei Minerale bilden ja auch den metamorphen Gneis und andere granitähnliche Gesteine: Granodiorit, Diorit, Syenit, Monzonit und Gabbro. Entscheidend ist jeweils die Menge des Quarzes und Art, bzw. das Verhältnis der Feldspäte. Eine korrekte Einordnung in das Schema der Klassifikation kann makroskopisch nicht geleistet werden.

Bestandteile: Mindestens 20 bis 60 % Quarz. Dieser kann glasig-durchsichtig, grau oder bläulich gefärbt sein. Man erkennt ihn im Unterschied zu den Feldspäten am muscheligen Bruch, er hat keine Spaltflächen. Im Anschliff wirkt Quarz dunkler als die Feldspäte, obwohl er völlig klar und farblos ist. Das Licht dringt ein und wird erst von der inneren Begrenzung des Quarzkornes reflektiert.

Feldspäte erkennt man im frischen Bruch an den Spaltflächen, die aber im Anschliff nicht zu sehen sind. Alkalifeldspäte und Plagioklase kommen beide vor, keine Art überwiegt. Der Alkalifeldspat kann rot, rosa, gelblich, grau oder weiß sein. Kalk-Natron-Feldspat (Plagioklas) ist selten hellrot, manchmal gelblich, meist weiß. (Wenn diese Feldspäte überwiegen, handelt es sich eher um Granodiorit).

Etwa 20 % Glimmer, Biotit (Dunkler Glimmer, schwarz, fest, häufig) oder Muskowit (Heller Glimmer, silbrig glänzend, blättrig, seltener). **Entsprechendes Vulkangestein:** Rhyolith. **Entstehung:** Langsam, im Zeitrahmen von 100.000 oder mehr Jahren abgekühlte Schmelze. Es kann sich um frisches Material aus der Tiefe handeln oder um ein ehemaliges Sediment, das (Endstufe der Metamorphose) vollständig aufgeschmolzen wurde. Erst durch die Abtragung eines Gebirges kann Granit an die Oberfläche gelangen. Fast alle Granite in Deutschland sind in der Karbon-Zeit gegen Ende der Variskischen Gebirgsbildung in der Tiefe entstanden, vor etwa 300 Millionen Jahren. Die alte Vorstellung, dass Granit das Urgestein ist, mit dem alles anfing, trifft also nicht zu.

(80) Meißner Granit (Sachsen)
(81) Kamenzer Zweiglimmergranit, Muskowit fällt durch feines Glitzern auf. (Sachsen)
(82) Oberkircher Granit mit ideal ausgebildeten Feldspäten. (Schwarzwald)
(83) Epprechtstein-Granit (Fichtelgebirge)

Granit in der Landschaft

Wollsack- und Matratzenverwitterung: Im tropischen Klima des Paläogen und des Neogen sickerte aggressives Wasser durch senkrechte und waagerechte Klüfte in das Gestein ein und drang bis in die feinsten Spalten zwischen den Mineralen vor. Dadurch lockerte sich das Gefüge total auf. Der Granit vergruste. Wenn später der Grus vom Wasser ausgewaschen wurde, blieben rundliche Restblöcke zurück. Sie blieben als „Findlinge“ liegen (Wackelstein). An Berghängen blieben Klippen mit rundlichen Formen zurück.

(84) Burgberg Flossenbürg (Oberpfalz)
(85) Matratzenverwitterung in Geyer (Erzgebirge)
(86) Vergrusung, wie die Wollsäcke entstehen (Rehberger Graben/Harz)
(87) Wackelstein von Saldenburg (Bayerischer Wald)
(88) Flusskolke im Murgtal (Schwarzwald)
(89) Wollsackverwitterung im Okergranit (Harz)

Granit Verwendung

Granit ist hart, Feldspäte (Härte 6) und Quarz (Härte 7) setzen Stahlwerkzeugen zu. Doch bereits die alten Ägypter bezwangen diesen Stein. Die Körner des Gesteins liegen zwar eng aneinander, sind aber nicht miteinander verwachsen, es gibt kappilare Zwischenräume. An diesen Grenzflächen lässt sich das Gefüge durch Hammerschläge lockern, der Stein spalten (Beruf: Steinhauer). Zum ländlichen Hausbau benutzte man nur unformatierte Bruchsteine. Die hellgrauen chinesischen Baumarktgranite sind noch mit den alten Methoden bearbeitet.

90

91

(90) Denkmal der Steinhauer in Flossenbürg (Oberpfälzer Wald)
(91) Findling, der mit der Keillochtechnik gespalten wurde. In die Keillöcher getriebene Holzkeile sprengten durch ihr Aufquellen den Stein. (Findlingsgarten Clenze, Niedersachsen)

Granitmuseen in Deutschland: In Bischheim-Häslich/Oberlausitz befindet sich ein alter Steinbruch, der zum Granit-Museum umgewandelt wurde. Die alten Techniken des Steinschlagens werden dort vorgeführt. In Königsbrück/Lausitz liegt ein Freiluft-Museum direkt im Steinbruch. Ein Granitzentrum in Hautzenberg/Bayerischer Wald gibt umfassende erdgeschichtliche Einblicke.

92

(92) Brettfallhammer zum Spalten von Granit, gebaut 1914, der im Steinbruchmuseum Häslich (Lausitz) vorgeführt wird.

93

94

95

96

(93) Neues Granitpflaster, nach alter Methode gehauen. (Henneberg/Thüringen)
(94) Granitsplitt im Straßenbelag gibt den Straßen einen hellen, warmen Farbton.
(95) Beim Denkmals-Sockel in Hamburg wirkt der Granit durch Schliff und Politur. (Granit aus Schweden)
(96) Bismarckdenkmal Hamburg von Oberkircher Granit (Schwarzwald)

Heute wird Granit mit modernen diamantbestückten Sägen in dünne Platten zerteilt und geschliffen. Er kommt oft zum dekorativen Einsatz als Wandverkleidung, Fußboden, Hotel-Badezimmer oder Küchen-Arbeitsplatte. An 28 Orten in Deutschland wird heute noch Granit als Werkstein abgebaut. Weltweit steht ein Mehrfaches an Sorten im Handel zur Verfügung. Dazu kommt der Abbau für Bahn- und Straßenschotter, Split und Wasserbau.

Im weltweiten Handel werden etwa 570 Granit-Sorten angeboten, viele grau oder gelblich, aber auch braun, rosa, rot, sogar grün und blau. Die Herkunftsländer sind auf alle Erdteile verteilt. Große Anbieter sind Indien und China. Trotz der Beteuerungen der Anbieter, dass sie ihre Lieferanten überwachen, wird beobachtet, dass dort Kinder in den Steinbrüchen arbeiten. Dieser Importgranit, zumeist aus China, füllt die Baumärkte und schmückt unsere Städte nicht. Es ist immer die gleiche hellgraue Variante. Allein der Transport kann nicht sinnvoll sein. Wir verfügen in Deutschland über Granit in Hülle und Fülle.

Vielzahl der Granite

Jeder Granit ist anders in seiner Chemie und seinem Gefüge. Einige werden hier mit ihren Lokalnamen vorgestellt.

Beispiel: „Mittweidaer Granit"

Gemengteile: Alkalifeldspat, wohl mehr als Plagioklas, Quarz 30 % daher besonders hart, Biotit. **Farbe:** Rot, rotbraun, farblose Quarze. **Gefüge:** Feinkörnig, maximal 2 mm Korngröße, sehr gleichmäßig. **Entstehung:** In der Karbonzeit während der Gebirgsbildung aufgeschmolzenes Gestein. **Vorkommen:** Ein kleines Gebiet im Sächsischen Granulitgebirge (Mittelsachsen) an der Zschopau zwischen den älteren Granuliten. **Verwendung:** Der Granit wurde als Werkstein in der Umgebung verwendet, z. B. am König-Albert-Museum in Chemnitz. **Besonderheit:** Der Granit befindet sich immer noch im Abbau. Er ist der einzige heute noch erhältliche kräftig rote Granit aus Deutschland.

97

(97) Mittweidaer Granit

98

(98) Bruchfläche vergrößert

Beispiel: „Kirchberger Granit", „Zschorlauer Granit", „Eibenstocker Granit", „Blauental"

Gemengteile: Kalifeldspat, geringe Mengen Plagioklas, daher auch als Alkaligranit bezeichnet, Quarz, Biotit. **Farbe:** Rosa. **Gefüge:** Feinkörnig mit großen Kalifeldspäten. **Entstehung:** In der Karbonzeit während der Gebirgsbildung aufgeschmolzenes Gestein. **Vorkommen:** Ein kleines Gebiet im westlichen Erzgebirge. Der Kirchberger Granit steht unterirdisch mit dem Bergener- und mit dem Eibenstocker Granit in Verbindung. **Verwendung:** Der Granit wurde als Baustein in der Umgebung viel verwendet. Er wird heute noch in Blauenthal/Eibenstock und Zschorlau/Aue abgebaut und als Werkstein angeboten. **Besonderheit:** Rund um den kleinen Talkessel von Kirchberg/Erzgebirge zieht sich ein Kranz von bewaldeten Bergen.

99

(99) Sockel einer Hausmauer in Kirchberg (Erzgebirge)

Sie bestehen aus Schiefern, die durch den Kontakt mit dem heißen Granit verändert, gehärtet wurden zu Fruchtschiefer.

(100) Zschorlauer Granit, Bruchfläche

(101) Zschorlauer Granit, geschliffen

Beispiel: „Meißner Granit"

Gemengteile: Kalifeldspat 38 %, Plagioklas 23 %, Quarz 32 %, Biotit 4 %, 1 % Hämatit und Magnetit. **Farbe:** Rot, rot-lila, die Feldspäte sind durch Hämatit (Fe_2O_3) rot gefärbt, auch die Quarze sind dunkelrot und undurchsichtig. **Gefüge:** Mittel bis grobkörnig. **Entstehung:** In der Karbonzeit während der Gebirgsbildung aufgeschmolzenes Gestein. **Vorkommen:** Ein Gebiet um Meißen an der Elbe in Sachsen. **Verwendung:** Der rote Stein wurde viel verwendet für Gebäude, Elbbrücken, Autobahnbrücken und für Pflaster. Sowjetisches Ehrenmahl in Dresden, Siegessäule in Berlin. Heute wird nur noch Splitt daraus hergestellt, der vielen Straßen in der Region eine schöne rote Farbe gibt.

(102) Meißner Granit, Spaltstück

(103) Rote Straße im Meißner Hochland

Beispiel: „Epprechtstein-Granit“

Gemengteile: Kalifeldspat 37 %, Plagioklas 20 %, Quarz 33 %, Biotit 6 %. **Farbe:** Blassgelb, Feldspäte sind hell, Quarz wirkt im Foto dunkler, ist aber glasklar, er reflektiert nicht alles Licht, das in den Stein eindringt. **Gefüge:** Mittelkörnig. **Entstehung:** In der Karbonzeit während der Gebirgsbildung aufgeschmolzenes Gestein. **Vorkommen:** Am Epprechtstein bei Kirchenlamitz im nördlichen Fichtelgebirge. **Verwendung:** Gebäude, Brücken in der Region. In München findet man den Stein im Tierpark Hellabrunn und am Schloss Nymphenburg, in Berlin am Reichstag, an der Nationalgalerie und an der Staatsbibliothek. **Besonderheit:** Von Kirchenlamitz aus führt der „Steinbruchsweg“ zu den alten Steinbrüchen am Berg und zur Burgruine, die vollständig aus dem Stein des Berges besteht.

104

(104) Epprechtstein-Granit, geschliffen

105

(105) Burgruine Epprechtstein, Bruchstein für die Mauer und Werkstein für Fensterumrandungen und Stürze. Der Burgberg hat alles geliefert.

Beispiel: „Oberkircher Granit"

Gemengteile: Riesige Feldspäte, die oft eingeregelt sind, wenige bläuliche Quarze und fein verteilter Biotit. **Entstehung:** In der Karbonzeit, gegen Ende der Variskischen Gebirgsbildung eingedrungene Schmelze. **Vorkommen:** Nördlich von Oberkirch am Westrand des Schwarzwaldes. **Verwendung:** Am Bismarckdenkmal in Hamburg und am Kaiser-Wilhelm-Denkmal in Koblenz lässt er sich gut studieren. Rheinbrücken wurden aus ihm gebaut und Festungswerke in Straßburg.

106

107

108

109

110

111

(106) Oberkircher Granit (Schwarzwald)
(107) Granit aus dem Bühlertal (Schwarzwald)
(108) Kösseinegranit (Fichtelgebirge)
(109) Brockengranit (Harz)
(110) Ramberggranit (Harz)
(111) Trommgranit (Odenwald)

Granit mit Xenolith

Name: Xenos heißt auf Griechisch der Fremde. Ein Fremdgestein, hier im Granit, heißt daher Xenolith. **Entstehung:** Aufsteigende Gesteinsschmelze stößt an das Dach im Umgebungsgestein und sprengt Risse hinein. Einzelne Teile lösen sich, sinken in die Schmelze und werden von ihr verdaut. Kantige Stücke wie im Bild sind wohl eben erst eingebrochen, später werden sie rundlicher. Manche wirken aufgeweicht und strömungsbedingt langgezogen. Xenolithe deuten darauf hin, dass wir uns im Granitkörper nahe der Decke aus Umgebungsgestein befinden. Steinbrüche werden gern nahe der Decke angelegt, weil sich dort der Granit durch natürliche Klüfte leichter zerlegen lässt. **Vorkommen:** Die deutschen Granite liegen in der Regel eingebettet in andere Gesteine. Da darf man mit Xenolithen rechnen. An einigen Stellen liegt der Kontakt des Granits mit seinem Dach offen (Rehberger Graben und Bodetal im Harz). Hier wird man leicht Xenolithe finden. In Granitplatten an Gebäuden sind oft Xenolithe zu sehen.

112

113

(112) Findling (Harzrand)
(113) Von den Fußtritten der Wanderer geglätteter Stein im Bodetal (Harz) nahe dem Kontakt des Ramberggranits mit dem Schiefer, wo dieser zu Hornfels gefrittet wurde. Der Xenolith zeigt typische Lösungsbuchten.

Granit mit Dendriten

114

(114) Die scheinbaren Pflanzenabdrücke sind anorganischer Natur, mineralische Bildungen. In feine Klüfte ist mit Mangan und Eisen angereichertes Wasser eingedrungen, daraus sind diese feinen Figuren gewachsen.

Granite im nordischen Geschiebe: In der Fülle der nordischen Geschiebe nehmen Granite einen großen Raum ein. Die Bestimmungsliteratur nennt (je nach Autor) 40–55 Arten. Die meisten kommen aus Mittel- und Südschweden, Finnland und Bornholm. Sie sind bis zu 1,9 Milliarden Jahre alt. In manchen Graniten hat die Zeit in Form zerrütteter Kristalle ihre Spuren hinterlassen. Wenige Granite stammen aus dem Oslogebiet. Diese sind jünger. Ihr Alter entspricht dem deutscher Granite. Sie entstanden zur Zeit der Variskischen Gebirgsbildung. Eine große Zahl von Findlings- und Geschiebegärten, geologische und naturkundliche Museen in ganz Norddeutschland stellen große Geschiebesammlungen aus.
Alpine Geschiebe (in Lech, Isar, Inn): Nur mit dem Juliergranit aus dem Oberengadin, durch leichte Metamorphose grünlich geworden, ist hier Granit vertreten, neben Granodiorit und Diorit aus dem gleichen Gebiet.

Geschiebe: Smålandgranit (Vånevikgranit)

Allgemeines: Der Vånevikgranit ist einer von mehreren Småmlandgraniten. Diese sehen sich so ähnlich, dass eine genaue Bestimmung der Geschiebe nicht immer gelingt. Aber alle sind an den blauen Quarzen zu erkennen. **Gemengteile:** Kräftig rote Alkalifeldspäte, blaue Quarze, Biotit, **Gefüge:** Grobkörnig. **Entstehung:** Vor 1,8 Milliarden Jahren. **Vorkommen:** Småland, Mittelschweden. Häufig als Geschiebe an der Ostseeküste und im Flachland, gut zu bestimmen. **Verwendung:** Wegen seiner kräftigen Farbe wird dieser Granit für besondere Objekte wie Denkmalsockel oder Grabsteine verwendet.

115

116

(115) Smålandgranit, Findlingspark Nochten (Lausitz)
(116) Smålandgranit als Brunnenrand im Rathaushof Hamburg

Unübersehbarer Import: Rapakiwigranit („Baltik Braun“)

Ein Import, der nicht fehlen darf, er ist zu schön und interessant. Er kommt in Deutschland auch als Findling an der Ostsee vor. Allgemeines: Er wird in einem einzigen Steinbruch in Ylämaa/Finnland nahe der russischen Grenze gebrochen und ist weltweit anzutreffen. **Gemengteile:** Dunkle Grundmasse, kugelige Kalifeldspäte (bis 5 cm Durchmesser) mit äußeren und z. T. inneren Ringen von grauem Plagioklas, kleine, fast schwarze, runde Quarze. **Farbe:** Braun. **Entstehung:** Kristalle wuchsen zu den üblichen eckigen Formen, Rundungen entstanden durch Abschmelzen, weil fremde Schmelzen in den erkalteten Pluton eindrangen. Um einen kleinen gerundeten

Kern wuchs dann später wieder Feldspat an wie eine Rinde und behielt die Form bei. Später schmolz wieder etwas ab, dann wiederum erneutes Anwachsen. Durch den Wechsel der Bedingungen, Temperaturänderungen und Stoffzufuhr lassen sich diese seltsamen Kugeln erklären. Diskussion darüber unter: www.kristallin.de/rapakiwi/ **Vorkommen:** Finnland. Rapakiwi-Granit von den Ålandinseln kommt häufig als Geschiebe vor. **Verwendung:** Polierte Platten wird man in jeder Stadt an irgendeinem Gebäude entdecken.

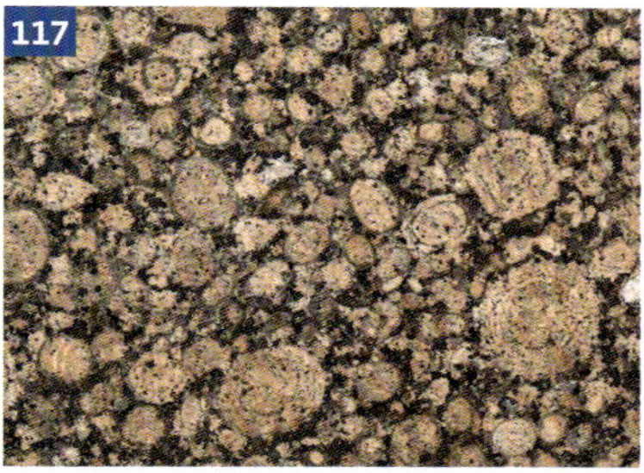

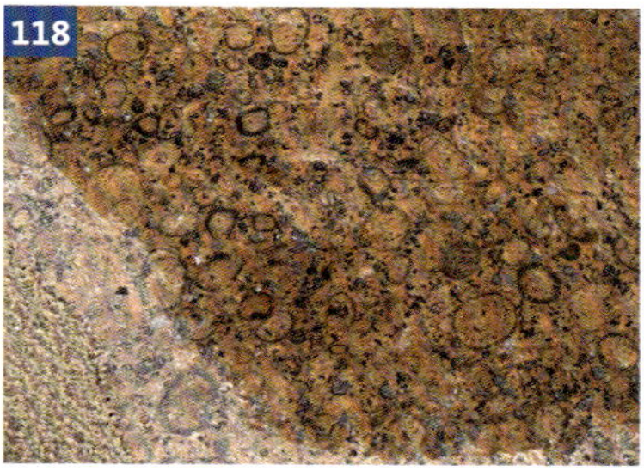

(117) Rapakiwigranit („Baltik Braun“)
(118) Geschiebe am Brodtner Ufer (Travemünde). Der finnische Name Rapakiwi bedeutet „fauler, bröckeliger Stein“. Tatsächlich findet man im Geschiebe oft zerrüttete, vergruste Exemplare.

Tiefengesteine – Monzonit

Monzonit

Monzonite sind dem Granit ähnlich, sie enthalten (wie dieser) beide Feldspat-Arten, aber mehr Plagioklas als Alkalifeldspat, nur wenig oder kein Quarz und wenige Mafite. Er kommt in Deutschland selten vor.

(119) Monzonit, Blauenscher Grund (Dresden)

Tiefengesteine – Granodiorit

Granodiorit

Gemengteile: Deutlich Quarz, überwiegend Plagioklas 49 %, nur wenig Alkalifeldspat, Biotit und Hornblende. **Farbe:** Dunkelgrau, Feldspat weiß, Quarze sind glasklar und farblos, wirken aber im Foto rauch-braun. Das Licht dringt in sie ein und wird nur unvollständig reflektiert. **Gefüge:** Grobkörnig. **Entstehung:** In der Karbonzeit während der Gebirgsbildung aufgeschmolzenes Gestein.
Unterschied der Granodiorite zum Granit: Der häufig vorkommende Granodiorit ist dem Granit sehr ähnlich. Jedoch überwiegt die Menge der Plagioklase (Kalk-Natron-Feldspäte, bestimmende Metalle sind Kalzium, Natrium) deutlich die der Kalifeldspäte (bestimmendes Metall ist Kalium). Das unterscheidet generell die Diorite von den Syeniten, bei denen die Kalifeldspäte überwiegen. Er enthält mehr dunkle Bestandteile (Biotit, Hornblende) und damit mehr Eisen und Magnesium. Das macht ihn dunkelgrau.
Entsprechendes Vulkangestein: Dazit. **Vorkommen:** Lausitz, Fichtelgebirge, Oberpfälzer Wald, Bayerischer Wald, Odenwald, Schwarzwald. **Verwendung:** Der Stein wird heute hauptsächlich zur Erzeugung von Splitt abgebaut. Polierte Platten finden aber auch an Gebäuden Verwendung. Ein sehr ähnliches, dunkleres Gestein ist der **Tonalit**, auch Quarzdiorit genannt. Er enthält fast gar keine Kalifeldspäte und oft mehr Quarz, Biotit und Hornblende.

120

(120) Granodiorit aus Sonderbach (Odenwald)

Beispiel aus Sachsen: Granodiorit aus Demitz-Thumitz, („Lausitzer Granit“)

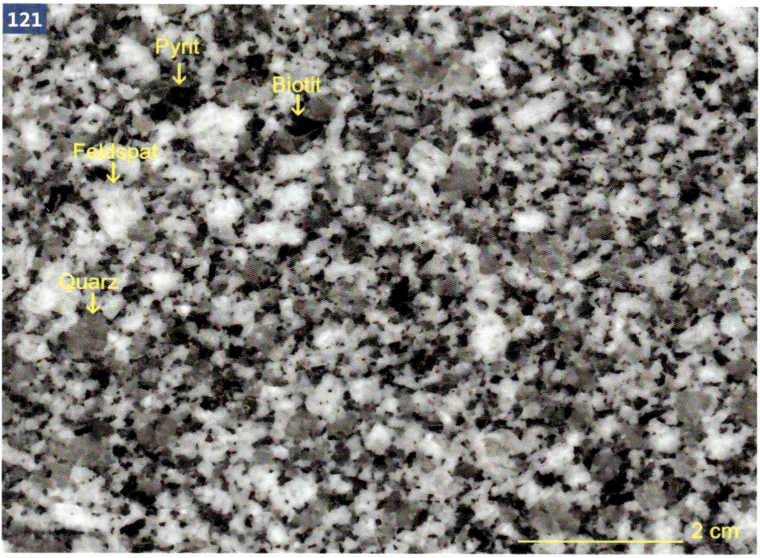

(121) Granodiorit aus Demitz-Thumitz (Lausitz) poliert
(122) Im Steinbruch von Demitz-Thumitz erkennt man, dass die natürliche Klüftung im oberen Bereich deutlich dichter steht. Der Abbau wird immer schwieriger, je tiefer man kommt. Der Bohr- und Sägeaufwand wird größer.

Der Granodiorit von Demitz-Thumitz, als „Lausitzer Granit“ bekannt, enthält Pyrit. Pyrit ist in der polierten Platte am metallischen Glanz zu erkennen. Nach einiger Zeit färbt sich der Stein an der Oberfläche gelblich. Pyrit (FeS_2) ist die Ursache. Es zerfällt, das Eisen wird zu färbendem Rost. Viele Granite werden in einer grauen und gelben Version angeboten. die gelbe stammt dann aus den oberen Schichten. **Verwendung:** Als „Lausitzer Granit“ für Pflaster, Gehwegplatten, Kantsteine, Bordsteine, Treppenstufen, Brunnen, Postsäulen, Grenzsteine, Mauerquadern, Kaimauern, Schleusen und Brücken in Hamburg, Wilhelmshafen und Holland. Aus der DDR wurde der Stein auch nach Moskau und Prag exportiert. Als „Lausitzer Granit“ wurden auch echte Granite gehandelt: „Kamenzer Granit“, „Königsbrücker Granit“, „Arnsdorfer Granit“.

Beispiel aus dem Bayerischen Wald: Hötzendorfer Zweiglimmer-Granodiorit („Hötzendorfer Granit“)

Gemengteile: 44 % Quarz, Feldspat 42 % (33 % Plagioklas, 9 % Alkalifeldspat), 8 % Biotit, 4 % Muskovit. Wegen des Überwiegens der Plagioklase ein Granodiorit, der aber im Handel als Granit bezeichnet wird. **Farbe:** Hellgrau. **Gefüge**: Feinkörnig. **Entstehung:** In der Karbonzeit während der Gebirgsbildung aufgeschmolzenes Gestein. **Vorkommen**: Bayerischer Wald. Der Hötzendorfer ist einer von mehreren ähnlichen Granitoiden aus dem großen Tittlinger Granitgebiet im Bayerischen Wald. **Verwendung:** Gebäude, Brücken in ganz Deutschland, Pflaster und Splitt. **Besonderheit:** Im Freiluftmuseum Tittling werden Bauernhäuser und Gegenstände bäuerlicher Haushalte gezeigt, die aus Granit hergestellt wurden.

123

(123) Mauer aus Bruchsteinen im Freiluftmuseum Tittling

124

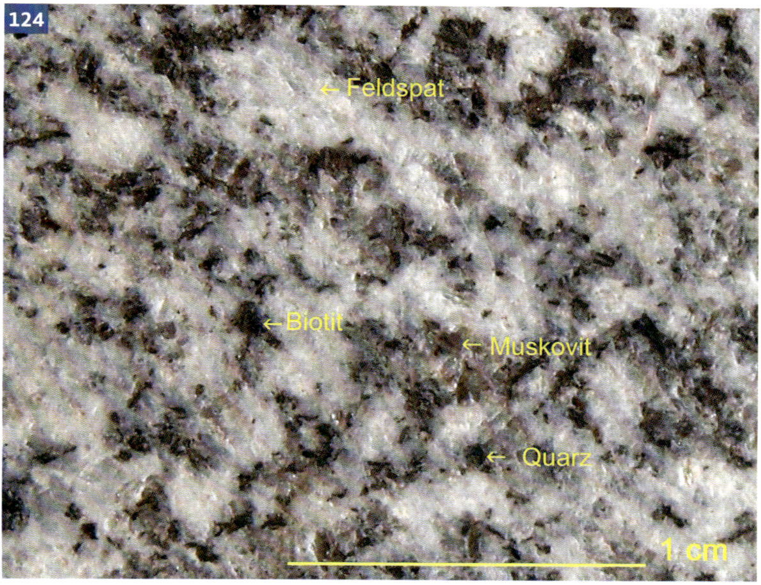

(124) Spaltstück vom Hötzendorfer Granodiorit, vergrößert

125

(125) Tröge im Freilichtmuseum Tittling (Bayer. Wald)

Tiefengesteine – Tonalit

Tonalit (Quarzdiorit, hier Variation Redwitzit)

Ein Gestein, äußerlich mit dem Granit zu verwechseln (Quarzanteil von 20--60 %, wie Granit). Es enthält aber als Feldspat ausschließlich Plagioklas. Im Fichtelgebirge (Marktredwitz) kommt die besondere Variante Redwitzit eines Tonalit vor.

126

127

(126) Tonalit (Spessart)
(127) Findlinge von Redwitzit in Wollsackverwitterung, die beim Autobahnbau gefunden wurden. (Parkplatz Markt Redwitz Süd)

Tiefengesteine – Diorit

Diorit

Gemengteile: Wenig oder kein Quarz, viel Plagioklas, kaum Alkalifeldspat. (Bei den ähnlichen Syeniten überwiegt Kalifeldspat.) Da die rote Farbe meist an Alkalifeldspäte gebunden ist, sind Diorite grau, schwarzgrün oder schwarz. Viele dunkle Bestandteile (Biotit, Augit, Hornblende) und damit mehr Eisen und Magnesium. **Farbe:** Dunkelgrau, schwarz. **Gefüge:** Mittel bis grobkörnig. **Entsprechendes Vulkangestein:** Andesit. **Entstehung:** Im Präkambrium (vor etwa 500 Mill. Jahren) während einer Gebirgsbildung aufgeschmolzenes Gestein oder aus der Tiefe aufgestiegene Schmelze. Die Zusammensetzung deutet auf das Aufsteigen aus größerer Tiefe hin. **Vorkommen:** Harz, Kyffhäuser, Thüringer Wald, Odenwald und Bayerischer Wald. **Verwendung:** Diorit wird im Bereich Fürstenstein-Nammering/Bayerischer Wald und in Modautal-Herchenrode/Odenwald abgebaut. Er findet Verwendung für Grabsteine, Bodenbeläge, z. B. zur Herstellung von Schachbrettmustern, als Bordstein und bei Bildhauerarbeiten. **Geschichte:** Ägyptische Götter und Pharaonen wurden bereits in Diorit verewigt. Etwa 50 Diorit-Sorten (oft ganz schwarz) aus 10 Ländern werden im Steinhandel angeboten. Bei vielen schwarzen Grabsteinen, die eine kristalline Struktur aufweisen, dürfte es sich um Diorite handeln. Noch größer ist allerdings das Angebot an Gabbro-Sorten aus aller Welt. Ohne chemische Analyse wird man diese aber nicht von den Dioriten unterscheiden können.
Besonderheit: Der Diorit im Odenwald verwitterte seit dem Paläogen tiefgründig (Wollsackverwitterung). Die Wollsäcke bilden das Felsenmeer im Lautertal. Von hier bezogen bereits die Römer Stein. Sie sprengten mit Keilen die Findlinge. Eine unfertige Säule ließen sie dort liegen.

128

129

(128) Vielleicht wurde dieser Stein bereits in römischer Zeit gespalten (Lautertal).
(129) Römische Säule im Felsenmeer Lautertal/Odenwald

Beispiel: Fürstensteiner Diorit

Gemengteile: Quarz 7 %, Plagioklas 37 %, Alkalifeldspat 6 %, Hornblende 36 %, Muskovit 5 %, Chlorit 5 %. **Farbe:** Dunkelgrau. **Gefüge:** Feinkörnig. Mit einem Porenvolumen von 1,36 % ist er besonders dicht. **Entstehung:** Im Oberkarbon während einer Gebirgsbildung aufgeschmolzenes Gestein. In der Schmelze befand sich nur wenig Silizium, dennoch konnten sich Feldspäte bilden. Aber nur noch ein kleiner Rest blieb zur Bildung von freiem Quarz übrig.

(130) Diorit von Fürstenstein (Bayerischer Wald)
(131) Diorit-Geschiebe vom Brodtner Ufer (Travemünde), Herkunft Schweden. Man sieht, dass Diorite auch heller sein können. Die dunklen Bestandteile verwittern schneller, der Stein ist dadurch narbig.

Tiefengesteine – Granit und Diorit

Diorit und Granit

(132) Steinbruch Fürstenstein (Bayerischer Wald)

Besonderheit: In einem Steinbruch in Fürstenstein werden wir „Zeuge" des erdgeschichtlichen Geschehens. Im Oberkarbon während der Gebirgsbildung aufgeschmolzenes Gestein, eine helle Granitschmelze, dringt in einen dunklen Diorit ein (Intrusion). Der Diorit ist zwar nicht viel älter, aber offenbar bereits fest. Das dunkelgraue Gestein wird gesprengt, aufgeschmolzen und in den Granit integriert. **Gemengteile des Diorits:** Plagioklas 37 %, Kalifeldspat 6 %, Hornblende 38 %, 7 % Quarz, 5 % Muskovit, 5 %, Chlorit. **Farbe:** Dunkelgrau und hellgrau. **Gefüge:** Feinkörnig. **Verwendung:** Der Fürstensteiner Diorit findet Verwendung als Grabsteine, Bodenbelage, Bordstein und bei Bildhauerarbeiten.

133

(133) Der Steinbruch Fürstenstein gibt einen einmaligen Einblick in das heiße Geschehen innerhalb eines Plutons. Der Besuch lohnt sich: N 48° 42' 27", E 13° 19' 35".

Tiefengesteine – Gabbro

Gabbro

Gemengteile: Viele dunkle Minerale: Biotit, Augit und Hornblende, nur wenig Plagioklas, kein Quarz. Die chemische Zusammensetzung entspricht der des Basaltes. Das Material kommt aus der tiefen Kruste. **Farbe**: Schwarz, schwarzgrau. **Gefüge:** Feinkörnig. **Entsprechendes Vulkangestein:** Basalt. **Entstehung:** Harzburger Gabbro entstand im Oberkarbon während einer Gebirgsbildung durch aufgeschmolzenes Gestein, vielleicht Basalt. **Vorkommen:** Gabbros kommen in Deutschland nur vereinzelt vor: Harz, Odenwald, Bayerischer Wald. **Verwendung:** Gabbros wurden selten abgebaut. In Deutschland findet kein Abbau für Werkstein mehr statt. Im internationalen Steinhandel werden 100 Sorten aus allen Erdteilen angeboten, die wir oft auf Friedhöfen sehen.

134

135

136

(134) „Star Galaxie", ein Gabbro aus Indien mit glänzenden Schuppen aus Bronzit, einem Magnesiumsilikat, ist häufig auf Friedhöfen zu sehen.
(135) „Harzburger Gabbro"
(136) „Impala", ein Gabbro aus Südafrika, wird gern in Schachbrettfußböden verlegt.

Tiefengesteine – Syenit

Unübersehbarer Import: Larvikit (ein Syenit)

Gemengteile: Syenit ist ein granitähnliches Gestein, bestehend aus wenig Quarz und fast ausschließlich Alkalifeldspäten. Es kommt in kleinen **Vorkommen** zusammen mit anderen granitischen Plutonen: Schwarzwald, Odenwald, Fichtelgebirge. **Entsprechendes Vulkangestein:** Trachyt. **Larvikit** findet man in Deutschland als Geschiebe am Ostseestrand, man kennt ihn aber auch in jeder Stadt als auffälligen und geheimnisvollen Stein an vielen Gebäuden. **Gemengteile:** Gut ausgebildete große Feldspatkristalle. Dieser Feldspat, Oligoklas, ist besonders: Es ist ein Alkalifeldspat (daher die Zuordnung zu den Syeniten), der auch Kalzium enthält. **Besonderheit:** Ein optischer Effekt, dem Labradorisieren, einem auffälligen farbigen Schimmern (daher auch Labradorit genannt). Das Licht wird zum einen von der Oberfläche und zugleich von einer nur wenig tiefer liegenden Schicht im Kristall reflektiert. Beide Reflexe überlagern sich. Wenn sich Lichtwellen phasenverschoben überlagern, vereinigen sie sich zu einer neuen Wellenlänge, die wir als Farbe wahrnehmen. **Farbe:** Hell-silber, grau, blau, fast schwarz. **Gefüge:** Grobkörnig. **Entstehung:** In der Karbon-Zeit im Oslogebiet.

137

138

(137) Hausfassade, graue Variante, geschliffen
(138) Man findet in jeder Stadt ein Gebäude mitdiesem dekorativen Gestein

2. Ganggesteine

Ganggesteine – Gänge

Gänge

Gänge sind Füllungen von Spalten im Gestein. Spalten reißen auf, wenn sich die Kruste bewegt. Auch Basalt, eigentlich ein typisches Vulkangestein, kann als Ganggestein auftreten, wenn die Lava stecken bleibt. Schmale Gänge bleiben oft unentdeckt, weil eine dichte Decke von Verwitterungsschutt, Erde und Pflanzen den Untergrund verhüllt. Die eigentlichen Ganggesteine sind **Pegmatit, Lamprophyr**, **Granitporphyr und Aplit**. Sie kommen nur in Gängen vor. Sie ähneln Tiefengesteinen, sind aber schneller abgekühlt als diese und daher feinkörniger, jedoch nicht so dicht wie Vulkanite. **Hydrothermale Minerale** gehören eigentlich nicht zu den Gesteinen, werden aber oft in Gängen gefunden, so weisen wir hier auch auf sie hin.

139

140

(139) Quarz-Gang „Eschbacher Klippe", Usingen (Taunus)
(140) Basalt-Gang in loser Tephra, Nikenich (Laacher-See-Gebiet)

„Adern“: Die alten Bergleute nannten Erz führende Gänge Adern. Stießen sie im Berg auf einen Gang aus dem ihnen Wasser entgegenschlug, dann war dies eine „Wasserader“. Die „Wasseradern“ der Geomystiker sind Fiktionen.

Ganggesteine – Pegmatit

Pegmatit

Gemengteile: Große Feldspäte, Quarze, Muskovit, Biotit und andere Minerale. **Gefüge:** Regellos, sehr große Mineralaggregate. **Farbe**: Bunt. **Entstehung:** Pegmatite sind Magmagesteine. Sie entstehen, wenn sich im Randbereich von erkaltenden Magmakörpern Stoffe sammeln, die nicht in die Kristallstruktur der üblichen Minerale passen, auch wenn dort besondere Temperatur- und Druckbedingungen herrschen. Manchmal wachsen hier die Feldspäte und Quarze besonders groß (bis metergroß), manchmal sammeln sich besondere Stoffe an (Lithium, Seltene Erden). Der Pegmatit von Königsbrück z. B. entstand im Oberkarbon während einer Gebirgsbildung am Rande eines Granitplutons. **Vorkommen:** Kleine Vorkommen sind in allen Granitgebieten möglich. Auch als Geschiebe sind Pegmatite nicht selten. **Verwendung:** Größere Vorkommen von Pegmatit werden abgebaut zur Gewinnung seltener Stoffe.

141

142

(141) Pegmatit dem Granit-Steinbruch in Königsbrück (Lausitz)
(142) Geschiebe (Ostseeküste)

Ganggesteine – Aplit

Aplit

Eigenschaften: Aplite sind meist helle, sehr feinkörnige Gesteine, die als Gänge in Granitgebieten in enger Verbindung zu den Graniten, bzw. in den Graniten vorkommen. Im Mineralbestand führen sie mehr Feldspäte als die Mutter-Granite. **Entstehung:** In dem langen Zeitraum, den ein Pluton zum Erkalten braucht, sondern sich Teile der Schmelze ab und dringen in Spalten ein. Diese sind meist saurer als das Stammmagma, also reicher an Quarz und Felspaten (daher heller), ärmer an Biotit, Augit und Hornblende. **Vorkommen:** In allen Granit-, Granodiorit, Syenit- oder Diorit-Gebieten kann es zu solchen Abkömmlingen des Stamm-Magmas kommen.

143

144

(143) Aplitgang im Granodiorit, Tittling-Stützerdorf (Bayerischer Wald)
(144) Man erkennt, dass das helle Gestein jünger ist, es umspielt das dunkle. Bruchstücke des Granodiorits schwimmen wie Xenolithe im hellen Aplit.

Ganggesteine – Lamprophyr

Lamprophyr

Eigenschaften: Feinkörniges grün-schwarzes Gestein. Es besteht aus 40 % Plagioklas, viel Biotit, Augit und Hornblende, kein Quarz, alles SiO_2 ist im Feldspat gebunden. Rostige Flecken kommen von kleinen Mengen Pyrit (FeS_2), das sich zersetzt. Die grüne

145

146

(145) Lamprophyr von Sora bei Bautzen (Oberlausitz)
(146) Pflasterstein in Bautzen

Farbe kommt von den Magnesium-Eisen-Silikaten Chlorit und Serpentin. Die chemische Zusammensetzung entspricht dem Gabbro, Lamprophyr wird daher auch als Mikrogabbro bezeichnet. **Entstehung:** Das Gestein drang aus großer Tiefe in das umgebende Gestein ein. **Vorkommen:** Spessart (Spessartit), Fichtelgebirge, Odenwald, südlicher Schwarzwald, Oberlausitz. **Verwendung:** Der Lausitzer Lamprophyr („Lausitzer Diabas", „Lausitzer Syenit") wird immer noch gewonnen. Er wird als Schotter, Splitt und Pflaster verwendet. **Bauten**: Stadthalle Cottbus, Fußboden im Bahnhof Magdeburg, Treppe im Roten Rathaus Berlin, Fußboden im Zeughaus und in der Kassenhalle der Staatsoper. Weil er keinen Quarz hat, ist er leichter zu bearbeiten als Granit, deshalb für Bildhauerarbeiten beliebt. Am Ochsenkopf im Fichtelgebirge (dort Proterobas genannt) wurde er in Glashütten geschmolzen zu schwarzem Glas, aus dem z. B. Knöpfe hergestellt wurden. Spessartit fand Verwendung als Pflasterstein.

Ganggesteine – Granitporphyr

Granit oder Porphyr? Das Gestein ist irgendwo zwischen dem Tiefengestein Granit und dem Vulkangestein mit porphyrischen Gefüge Porphyr einzuordnen. Nach der Terminologie ist es ein porphyrischer Mikrogranit, als Granit also ein Tiefengestein. Herkömmlich wird es Granitporphyr genannt. Das Beispiel zeigt die Schwierigkeit, Gesteine eindeutig zu klassifizieren, weil die Grenzen fließen. Wir ordnen es hier den Ganggesteinen zu, weil tatsächlich eine Serie von Gängen dieses Gesteins das Osterzgebirge durchzieht.

Granitporphyr von Frauenstein (Porphyrischer Mikrogranit)

[Oberkarbon oder Rotliegendes]

147

(147) Felsen unter der Burg Frauenstein, die gänzlich aus diesem Stein erbaut wurde (Erzgebirge).

Eigenschaften: In dunkler feinkörniger Grundmasse schwimmen, ähnlich wie in einem Porphyr, große, intensiv rote Kalifeldspäte. Anders als beim klassischen porphyrischen Gefüge lassen sich auch in der Grundmasse Quarz und Biotit unterscheiden. **Entstehung:** Bei Frauenstein ziehen sich durch das Osterzgebirge mehrere parallele Spalten, die mit diesem Gestein gefüllt sind. Die Abkühlung erfolgte nicht so rasch wie beim Beuchaer Granitporphyr, der ein deutliches porphyrisches Gefüge zeigt. Beim Frauensteiner Granitporphyr lässt sich die Grundmasse auch makroskopisch noch in kleine Minerale auflösen. **Vorkommen:** Osterzgebirge. **Verwendung:** Das Gestein wird als lokales Baumaterial, Schotter und Splitt abgebaut. Die Burg Frauenstein steht auf dem Gestein und wurde aus ihm errichtet.

Granitporphyr von Beucha (Porphyrischer Mikrogranit) *[Rotliegendes]*

148

Gemengteile: Kalifeldspat, Plagioklase und Chlorit in der mikrokristallinen Grundmasse. **Farbe:** Rot oder grau. **Gefüge:** Grundmasse mit Einsprenglingen (porphyrisch). **Entstehung:** Vulkanische Ergüsse im Rotliegenden, die z. T. im Aufstieg stecken blieben. **Vorkommen:** Beucha (Nordwestsachsen). **Verwendung:** Völkerschlachtdenkmal, Hauptbahnhof Universität und Neues Gewandhaus in Leipzig, Pergamonmuseum in Berlin, Feldherrnhalle in Nürnberg, Kleine-Alster-Mauer und Hapag-Lloyd-Haus Hamburg. „Beuchaer Granitporphyr" ist heute noch als Werkstein im Handel. **Besonderheit:** Beim Aufstieg im Vulkanschlot hat das Magma Fremdgestein (Xenolithe) in sich aufgenommen und mitgeführt.

149

(148) Granitporphyr von Beucha
(149) Ein Schiefergestein und ein Diorit sind als Xenolithe in der grauen Variante des Beuchaer Granitporphyrs auszumachen.

Ganggesteine – Quarz

Quarz (Gangquarz)

Der Bayerische Pfahl ist ein Quarzgang im Bayerischen Wald, der auf einer Länge von 150 km zu verfolgen ist. Oft ragt das harte Gestein als Klippe aus dem Gelände. Die Breite des Ganges beträgt bis zu 100 m. Diese Mächtigkeit entstand nicht auf einen Schlag. Über viele Millionen Jahre bewegten sich hier große Krustenschollen immer wieder gegeneinander. Jedes Mal, wenn sich die Spannung durch Bewegung löste (Erdbeben), wurden neue Spalten geöffnet für neue Stoffzufuhr. **Quarzklippen:** Bekannte Quarzklippen sind: „Eschbacher Klippen“ bei Usingen (Taunus), der „Spitze Stein“ bei Wiesbaden, die „Buttertöpfe“ bei Frauenstein (Erzgebirge), der „Weiße Stein“ bei Oberschöna (Lausitz). Der große Quarzfelsen von Pleystein (Oberpfalz) ist kein Gang, er gehört zu einem größeren Pegmatitvorkommen. **Verwendung:** Der Quarz des Pfahles wurde an vielen Stellen abgebaut als Rohstoff für die Herstellung von Glas, weil er rein ist (Zwiesel). **Quarz als Gangart:** In Erzgängen ist zum Leidwesen der Bergleute oft mehr Quarz als Erz vorhanden. Solche unwillkommenen Erz-Begleiter werden von den Bergleuten als Gangart bezeichnet.

(150) Quarz vom Stadtfelsen in Pleystein (Oberpfalz)
(151) Bayrischer Pfahl bei Burgruine Weißenstein (Regen, Niederbayern)

Gangmineral – Schwerspat

„Spat" nannten die Bergleute spätige Minerale, das heißt solche, die sich gut spalten lassen: Flussspat (Fluorit, CaF_2), Schwerspat (Baryt, $BaSO_4$), Kalkspat ($CaCO_3$) Eisenspat (Siderit, $FeCO_3$).

Schwerspat (Baryt)

Eigenschaften: Das Gestein besteht nur aus einem Mineral: Schwerspat (Bariumsulfat, $BaSO_4$). Es ist weiß, kann aber durch Beimengungen verschiedene Farben annehmen (Ba wiegt 3,62 g/ccm, Kalzium zum Vergleich nur 1,55 g/ccm). **Entstehung:** Hydrothermal, d. h. heißes Wasser brachte aus der Tiefe das Material mit dem seltenen Alkalimetall in gelöster Form mit, das sich an den Wänden von Spalten absetzte, oft zusammen mit Flussspat, Quarz, Kalkspat, Bleiglanz und Zinkblende. **Vorkommen:** Fast überall, wo Erzführende Gänge auftreten, kann Schwerspat dabei sein. Oft wurden Bergwerke nach Einstellung der Erzförderung auf Schwerspat weiterbetrieben. **Verwendung:** Das Einbringen von Schwerspat-Bohrschlamm in Bohrlöcher bewirkt, dass das leichtere Erbohrte aufschwimmt, Füllmittel für Papier, Plastik, Farbe, Kontrastmittel beim Röntgen und als Strahlen absorbierenden Anstrich. **Schwerspatbergwerke zur Besichtigung:** Grube Gustaf in Meißner-Abterode (Hessen), Besucherbergwerk Hühn (Trusetal, Thüringer Wald), Schaubergwerk „Volle Rose" (Schortetal bei Ilmenau, Thüringen), Besucherbergwerk Wenzel (Oberwolfach, Schwarzwald), Gewerkschaft Aurora Erbstollen (Dorfhain, Sachsen). Bei Schriesheim (Odenwald) kann ein abgebauter Gang, die „Schwerspatschlucht", besucht werden.

152

(152) Schwerspat aus Brunndöbra (Vogtland)

Gangmineral – Spateisenstein

Spateisenstein (Siderit, Eisenspat)

153

(153) Eisenspat und Quarz

Eigenschaften: Das Eisenkarbonat ($FeCO_3$) bildet gelbliche oder braune Kristalle, die gut spaltbar sind, Härte 4 bis 4,5. **Entstehung:** Eisenspat entsteht durch Auskristallisation in Gängen aus heißem Wasser (hydrothermal), das in Spalten das Gestein durchwandert. Das geschieht während einer Gebirgsbildung. Aber auch, dass heißes mineralreiches Wasser in Kalk oder Dolomit eindringt und dort das Kalzium oder Magnesium durch Eisen ersetzt (Metasomatose). **Vor-**

kommen: In Deutschland liegen die größten Vorkommen auf Gängen im Siegerland und im Westerwald, wo sie die Grundlage des dortigen Bergbaus bildeten. Neben dem Eisen brachten diese Gänge auch Kupfer, Blei, Zink, Kobalt und Nickel. Im Harz und im Erzgebirge wurde Eisenspat in vielen Erzrevieren gefunden, deren Bedeutung aber im Vorkommen anderer Metalle lag. Eisen wurde nur nebenbei gefördert. **Besonderheit:** Bergwerke, in denen Eisenspat abgebaut wurde, die heute als Besucherbergwerke zugänglich sind: Im **Siegerland** Grube Georg (Willroth), Grube Bindweide (Steinebach), Stahlberger Erbstollen (Hilchenbach-Müsen), Grube Altenberg (Kreuztal-Littfeld), Reinhold-Forster-Erbstollen (Siegen-Eiserfeld); im **Westerwald** Grube Edelstein (Luckenbach); in **Oberfranken** Friedrich-Wilhelm-Stollen (Lichtenberg). In **Thüringen** (Kamsdorf) wurde ein Kalk metasomatisch imprägniert (Tagebau und Besucher-Bergwerk). Fast überall basierte auf den Vorkommen eine lebhafte eisenverarbeitende Industrie. Diese Industrie existiert immer noch, aber kein Bergwerk in Deutschland fördert noch Eisenerz zum Zwecke der Verhüttung.

Gangmineral – Flussspat

Flussspat (Fluorit)

Eigenschaften: Das Gestein besteht nur aus einem Mineral (Kalziumfluorid, CaF2). Es ist weiß, kann aber durch Beimengungen gelb bis braun sein. **Entstehung:** Hydrothermal, d. h. heißes Wasser brachte aus der Tiefe das Material in gelöster Form mit, das sich an den Wänden von Spalten absetzte, oft zusammen mit Schwerspat, Quarz, Kalkspat, Bleiglanz und Zinkblende. **Vorkommen:** Fast überall, wo Erzführende Gänge auftreten, kann Flussspat vorkommen: Harz, Erzgebirge, Thüringer Wald, Sauerland, Siegerland, Odenwald, Schwarzwald, Fichtelgebirge, Oberpfälzer Wald und Bayerischer Wald. Oft wurden Bergwerke nach Einstellung der Erzförderung auf Flussspat weitergeführt. **Verwendung:** Von alters her ist der Flussspat, wie sein Name sagt, ein Flussmittel. Er dient in der Metallindustrie dazu, Schlacken flüssig zu machen. In der Aluminiumindustrie hilft er, das Ausgangsmaterial (Aluminiumoxid) zu schmelzen, um es elektrolytisch spalten zu können. Man braucht ihn in der Industrie als Bestandteil von Keramik und Spezialgläsern. **Flussspatbergwerke zur Besichtigung:** Schaubergwerk „Volle Rose" im Schortetal bei Ilmenau/Thüringen, Reichard-Schacht in Stulln/Oberpfälzer Wald, Finstergrund in Wieden und Teufelsgrund im Münstertal/Schwarzwald, Friedrich-Wilhelm-Stollen in Lichtenberg/Oberfranken, Besucherbergwerk Hühn im Trusetal/Thüringer Wald, Gewerkschaft Aurora Erbstollen in Dorfhain/Sachsen.

(154) Schönbrunn (Vogtland)
(155) Schwarzer Flussspatgang in Wölsen (Oberpfälzer Wald)

Gangmineral – Gangerz

Flussspat mit Buntkupfererz

Entstehung: Buntkupfererz, Bornit (Cu_5FeS_4) entstand hydrothermal. Heißes Wasser brachte aus der Tiefe das Material, das sich an den Wänden von Klüften oder anderen Hohlräumen auskristallisierte. **Vorkommen:** Gänge mit Quarz, Flussspat, Schwerspat und diversen Erzmineralien kommen in allen Erz-Bergbaugebieten vor: Harz, Erzgebirge, Thüringer Wald, Sauerland, Siegerland, Odenwald, Schwarzwald, Fichtelgebirge, Ober-

156

157

(156) Mineralienhalde bei der Grube Clara in Wolfach (Schwarzwald)
(157) Lila Flussspat

pfälzer Wald, Bayerischer Wald. **Mineralienhalde Wolfach:** Aus der Grube Caroline in Wolfach werden regelmäßig Wagenladungen mit Gangmaterial für Sammler abgeladen. Gegen Entgelt können ganze Familien Werkzeug leihen und gefahrlos klopfen. Öffnungszeiten: www.mineralienhalde.de

Erze, die sehr oft in Gängen („Erzadern") gefunden werden

Diese Minerale gehören nicht eigentlich zu den Gesteinen, daher hier nur ein Hinweis.

Aus Tiefen, wo Magmakörper erkalten, steigen Gase und Dämpfe hoch, wenn es „kühler" wird auch heißes mineralreiches Wasser (hydrothermale Vererzung). Sie transportieren seltene Stoffe, die im Pluton keinen Platz fanden und schlagen sich an den Wänden der Klüfte nieder. Oft werden diese damit voll ausgefüllt. Früh wurden die Menschen auf diese seltenen Erscheinungen aufmerksam. Hier fanden sie begehrte Stoffe: Gold, Erze von Silber, Kupfer, Blei, Zinn und andere nützliche Minerale. Kristalle, die sich in eine offene Spalte hineinwachsend frei entwickeln konnten, sind begehrte Sammlerstücke.

158

159

160

(158) Bleiglanz (Galenit, PbS) als Spaltstück
(159) Bleiglanz als Kristall
(160) Schwefelkies (Pyrit (FeS_2)

161

162

(161) Eisenspat (Siderit, $FeCO_3$)
(162) Erzgesellschaft: In der Regel finden sich in den Erzgängen bestimmte Mineralgesellschaften zusammen. Pyrit, Bleiglanz, Zinkblende und Quarz bilden im Harzer Bergbau „Standartausrüstung". Jede Ganggeneration hat aber ihre eigene charakteristische Zusammensetzung.

3. Vulkangesteine (Vulkanite)

3.1 Ausgeflossene Vulkanite (Effusiva)

Deutschland ist ein Land der Vulkane.
Es gibt sogar noch einen aktiven Vulkan. Sein wassergefüllter Krater heißt Laacher See. In seiner Umgebung steigt noch vulkanisches Gas (CO_2) nach oben. Der letzte Ausbruch erfolgte in einem Frühjahr vor etwa 12.900 Jahren, im Ausgang der letzten Kaltzeit. Auch Menschen waren davon betroffen. Als Protokoll der ersten 10 Tage des Ausbruchs liegen die 40 m mächtigen Auswürfe am Wingertsberg bei Mendig aufgeschichtet. Sie sind aufgeschlossen und für Besucher zugänglich.

163

(163) Geotop Wingertsberg-Wand N 50° 23' 30", E 7° 16' 30"

Vulkanische Aktivität hinterließ vier Mal ihre Spur in Deutschland.

- Im **Devon** traten Laven untermeerisch aus, die heute metamorph verändert als Diabase in den Schiefergebirgen vorliegen. (Hier als Metamorphit beschrieben.)
- Im **Rotliegenden** im Nachgang zur Variskischen Gebirgsbildung förderten Vulkane Lava und Tuff. Diese finden wir am südlichen Harzrand, im Thüringer Wald,

- im mittelsächsischen Becken, bei Halle, im Flechtinger Höhenzug, im Saar-Nahe-Gebiet, im Pfälzer Bergland, im Odenwald. Es sind kieselsäurereiche Auswürfe: Rhyolith, Dazit, Andesit und Tuffe.
- Seit dem **Paläogen** trat im Zusammenhang mit der Alpenauffaltung wieder Vulkanismus auf. Die Zeugnisse finden wir massiv im Siebengebirge, im Westerwald, in der Eifel, am Vogelsberg, im Habichtswald, am Meißner, in der Rhön, am Kaiserstuhl und im Hegau. Dazu kommen verstreut weiter Zeugnisse in Baden-Württemberg, Franken und Sachsen, Basalthärtlinge, Reste von Basaltdecken, herausgewitterte Schlote. Basalt, Phonolith, Tephrit und loses Material von explosiven Ausbrüchen (Tephra).
- Im **Quartär** trat im Zusammenhang mit dem Aufstieg des Rheinischen Schiefergebirges vor etwa 650.000 Jahren erneut Vulkanismus auf. Zunächst in der Westeifel, später in der Osteifel. Rund um den Laacher See standen etwa 100 Vulkane. Der jüngste deutsche Vulkan (10.500 Jahre) ist das Ulmener Maar.

Eine **Einteilung der Vulkangesteine** erfolgt nach ihrem Gehalt an SiO_2.
- Reichlich SiO_2, beide Arten Feldspat: Rhyolith, Dacit (im Rotliegenden häufig).
- Gesättigt mit SiO_2, vorwiegend Alkalifeldspäte: Trachyte (Paläogen und Neogen).
- Gesättigt mit SiO_2, vorwiegend Plagioklase: Andesite, Basalte (im Rotliegenden und Paläogen bis Quartär).
- Untersättigt mit SiO_2, vorwiegend Alkalireiche Feldspatvertreter: Phonolithe (Paläogen, Neogen)
- Untersättigt mit SiO_2, vorwiegend Ca-, Na-reiche Feldspatvertreter: Tephrite (Paläogen, Neogen)

Vulkangesteine – Rhyolith

Rhyolith (früher Quarzporphyr) *[Rotliegendes]*

Gemengteile: Rote Kalifeldspäte, weiße Plagioklase, kleine Quarze, die im Bild dunkelrot bis schwarz wirken, aber eigentlich glasklar sind. Sie geben die Farbe der Grundmasse wieder, weil sie transparent sind, aber nur wenig Licht als Reflex von ihrer Unterseite zurückgeben. In seiner Zusammensetzung entsprich der Rhyolith dem Granit. **Gefüge:** Grundmasse mit Einsprenglingen (porphyrisch). **Entstehung:** Die deutschen Rhyolithe entstanden alle durch vulkanische Ergüsse im Rotliegenden. **Vorkommen:** Halle, Flechtinger Höhenzug, Thüringer Wald, Südharz, Odenwald, Saar-Nahe-Gebiet, Schwarzwald. **Abbau**: Löbejün bei Halle, Dornreichenbach bei Grimma, „Leisberg-Porphyr" Baden-Baden, „Traisener Quarzporphyr" Bad Kreuznach, „Tambacher Rhyolith" Thür. Wald. **Verwendung:** Viele Gebäude in Halle, Staatsratsgebäude in Berlin, Portal des Slomanhauses in Hamburg, Autobahnbrücken nördlich Halle, auch die roten Seitenstreifen der Autobahn bei Halle werden durch Rhyolith-Splitt gefärbt.

164

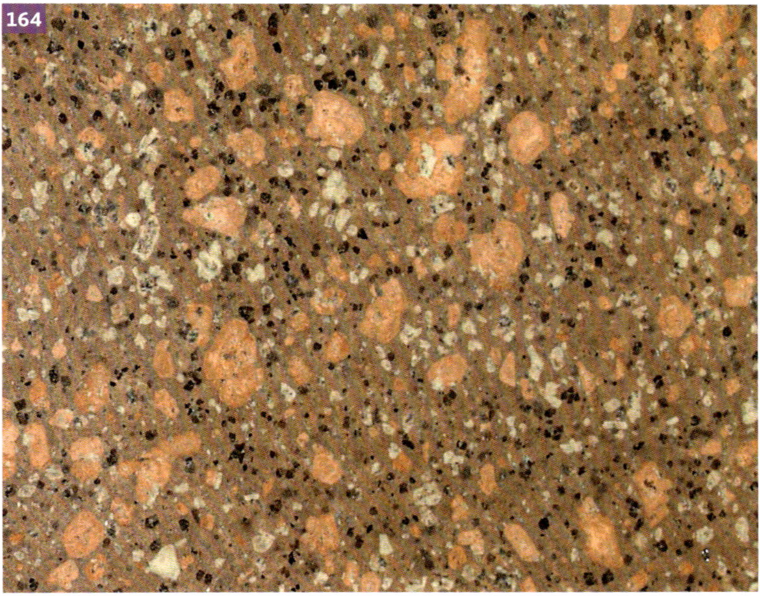

165

(164) Geschliffene Platte, Löbejün bei Halle
(165) St. Petrus auf dem Petersberg bei Halle. Für die Ecksteine, Bögen und Friese wurde ein Sandstein verwendet. Der Rhyolith ist als Werkstein nicht geeignet.

Porphyrisches Gefüge: Porphyre nannte man früher alle Gesteine mit einem bestimmten Gefüge, ohne Berücksichtigung ihrer chemischen Zusammensetzung. Heute gibt es in diesem Sinne keine „Porphyre“ mehr, nur noch ein bestimmtes Gefüge. In einer einheitlichen Grundmasse (Matrix) schwimmen als isolierte Einsprenglinge kleine oder große Kristalle, die oft gut ausgebildet sind. Unter dem Mikroskop erkennt man, dass die Grundmasse auch aus kleinen Kristallen besteht. **Entstehung:** Porphyrische Gesteine entstehen durch vulkanische Ergüsse, bei denen die Abkühlung so verzögert stattfindet, dass sich in der Schmelze (vielleicht bereits beim Aufstieg) Kristalle ausbilden können.

166

(166) Rhyolith vom Giebichenstein, dem Burgberg in Halle

Vulkangesteine – Rhyolith

Beispiel: Inselberg-Rhyolith *[Rotliegendes]*

167

(167) Rhyolith mit Dendriten, Steinbruch am Rennsteig

Gemengteile: Kalifeldspat, Grundmasse. **Farbe:** Lila-rot, rot. **Gefüge:** Grundmasse mit kleinen Einsprenglingen von Feldspäten. **Entstehung:** Vulkanische Ergüsse im Rotliegenden. **Vorkommen:** Thüringer Wald. **Besonderheit:** Im vorliegenden Bild scheinen Pflanzen im Vulkangestein zu wachsen. Es sind aber Dendriten, mineralische Bildungen. In feine Klüfte ist mit Eisen und Mangan angereichertes Wasser eingedrungen. Dort sind die feinen Figuren aus Eisen- und Mangansalzen gewachsen.

Rhyolith in der Landschaft

Rhyolith bildet gelegentlich markante Felsen aus, Beispiele: Felsen am Ufer der Saale in Halle, die bekannte Klippengruppe „Bruchhauser Steine“ im Hochsauerland (N 51° 19' 21", E 8° 32' 35"), der Scharfenstein im Münstertal im Südschwarzwald (N 47° 51' 59", E 7° 51' 15") oder der Hachelstein in Schmalkalden (N 50° 43' 54", E 10° 29' 59").

168

169

(168) Der Rotenfels über der Nahe, größte außeralpine Felswand in Deutschland. (Bad Münster am Stein)
(169) „Porphyrfächer“ Mohorn, Tharanther Wald (Sachsen, N 50° 59' 55", E 13° 28' 58")

Geschiebe-Beispiel: Småland-Rhyolith [*Präkambrium*]

Name: Aus dem mittelschwedischen Småland stammen 1,8 Milliarden Jahre alte Rhyolithe. **Gemengteile:** Kalifeldspat, die Feldspäte sind gerundet und zoniert, manchmal Quarz. **Farbe:** Rot bis schwarzgrau. **Gefüge:** Grundmasse mit Einsprenglingen (porphyrisch). **Entstehung:** Vulkanische Ergüsse im Präkambrium. **Vorkommen:** Strand der Ostsee, Steinhaufen an Feldern von Niedersachsen und Mecklenburg-Vorpommern, im Kopfsteinpflaster, an Dorfkirchen. **Weitere Geschiebe-Rhyolithe**: Aus dem Oslogebiet stammende Ergussgesteine, auch jüngere, in den Geschieben zeigen eine große Vielfalt. Die Strandstein-Bücher verzeichnen allein ca. 35 Rhyolithe und „Porphyre“, wobei die „Porphyre“ auch Andesite sein können. Diese „Porphyre“ haben oft sehr markante Merkmale und werden gern gesammelt.

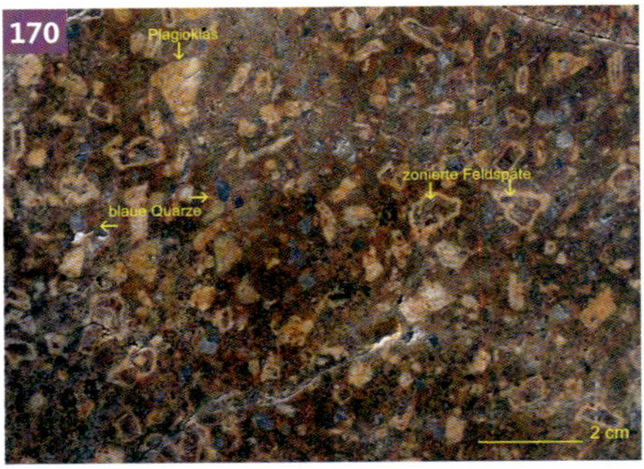

(170) Geschiebe von Småland-Rhyolith

Vulkangesteine – Dazit

Dazit (Dacit, früher Quarzporphyrit) [*Rotliegendes*]

(171) Dazit vom Lemberg bei Oberhausen (Nahe)

Gemengteile: Dazit ist dem Rhyolith ähnlich, aber dunkler, er ist ärmer an SiO_2. Sein vergleichbares Tiefengestein ist Granodiorit. Im porphyrischen Gefüge kommen kleine Einsprenglinge von Quarz, Feldspäten und dunklen Mineralien vor. **Vorkommen**: Im Bereich des Rotliegend-Vulkanismus der Saar-Nahe-Mulde, Donnersberg, selten. Aus dem aufgelassenen Steinbruch am Karrenberg bei Reichweiler (LK Kusel) werden noch Achate angeboten.

172

(172) Variante Porphyrischer Dazit Weiselbergit, Steinerner Schrank bei St. Wendel (Saarland)

Vulkangesteine – Trachyt

Trachyt *[Paläogen und Neogen]*

Eigenschaften: Porphyrisches Gefüge, in einer grauen Grundmasse liegen große Einsprenglinge von Kalifeldspat, kleine von Hornblende, manchmal auch Quarz. Die chemische Zusammensetzung entspricht dem Syenit. Unterschied zum Rhyolith: Weniger SiO_2, aber noch sauer, Unterschied zum Basalt: Dieser enthält als Feldspäte auch Plagioklase (Kalk-Natrium-Feldspäte) und weniger SiO_2. **Farbe:** Hier grau, Trachyte kommen aber auch weiß bis rötlich vor. **Entstehung:** Vulkanische Ergüsse. Trachytische Lava ist sauer, also sehr zähflüssig. **Vorkommen:** Siebengebirge (Drachenfels), Westerwald (Selters), Eifel, Vogelsberg. **Verwendung:** Große Teile des Kölner Domes wurden

173

(173) Der Drachenfels am Rhein ist ein alter Steinbruch.

aus dem Trachyt des Drachenfelsen gebaut. Dort kann heute kein Gestein mehr abgebaut werden. Für die Restaurierung der Bauten aus Siebengebirgs-Trachyt wird der Weidenhahner Trachyt verwendet. In den „Ofenkaulen“ (Stollen) von Königswinter wurde Trachyt für den Bau von Backöfen gewonnen.

174

(174) Trachyt von Weidenhahn (Selters/Westerwald)

Probleme denkmalgerechte Restaurierung: Ursprünglich war Trachyt aus dem Siebengebirge beim Bau des Domes eingesetzt worden. Im Laufe der Jahre kamen ohne Anpassung an den Trachyt gelber Sandstein und Muschelkalk dazu. Das Bewusstsein für eine einheitliche und denkmalgerechte Materialwahl war noch nicht entwickelt. Der Trachyt erwies sich auf die Dauer als nicht haltbar.

175

(175) Ein festes Team von Architekten und Steinmetzen in der Dombauhütte ist ständig dabei, den Dom vor dem Verfall zu retten.

Vulkangesteine – Phonolith

Phonolith, Klingstein *[Paläogen und Neogen]*

Gemengteile: Kalifeldspat, dunkle Minerale. Unterschied zum Basalt: Basalt enthält mehr Plagioklase, Phonolith mehr Kalifeldspäte und Feldspatvertreter, da er weniger SiO_2 enthält. **Farbe:** Grünlich grau, grau. **Gefüge:** Homogen, oft mit hellen Einsprenglingen des Kalifeldspats Sanidin (porphyrisches Gefüge). Das Gestein zerfällt leicht in dünnen Platten. **Entstehung:** Vulkanische Ergüsse. Phonolithische Lava ist sehr zähflüssig. Daher sind die Laven oft in Gängen oder Schloten unter der Oberfläche stecken geblieben. Mit dem Phonolith des Katzenbuckel (626 m) im Odenwald begann vor 66 Mio. Jahren die neue bis heute anhaltende Vulkan-Zeit in Deutschland. **Vorkommen:** Hegau, Kaiserstuhl, Vulkaneifel, Rhön, Odenwald, Erzgebirge. **Verwendung:** Ähnlich wie Basalt, für Schotter und Splitt. Da er relativ leicht ist, wird er gern als Zuschlag für Beton verwen-

176

177

(176) Phonolith, helle Einsprenglinge des Feldspates Sanidin, dunkle des Feldspatvertreters Leuzit (Gebäude Hamburg)
(177) Phonolithfelsen Teufelsstein (Hessische Rhön)

178

(178) Baustein an der Festung Hohentwiel (Hegau)

det. Als kaliumhaltiges Gesteinsmehl dient er zur Düngung. Auf dem Hohentwiel im Hegau wurde die Festung aus Phonolith gebaut. **Besonderheit:** Schlägt man dünne Platten des Gesteins an, geben sie einen Ton von sich. Mit entsprechend ausgesuchten oder nach Größe und Stärke bearbeiteten Platten lässt sich ein kleines Musikinstrument improvisieren. Die Platten sollen möglichst nur an zwei Punkten locker aufliegen.

Vulkangesteine – Andesit

Andesit (früher Porphyrit) *[Rotliegendes]*

Gemengteile: Vorwiegend Plagioklase, wenig bis 20 % Quarz, reichlich dunkle Minerale (Hornblende, Augit), porphyrisches Gefüge, auch feinkörnig und dicht. Mit seinem SiO_2-Gehalt liegt er zwischen dem „sauren" Rhyolith und dem „basischen" Basalt, also „intermediär". **Entstehung**: Vulkanische Ergüsse im Perm. **Vorkommen**: Nicht selten, Gebiet Halle, Flechtinger Höhenzug, Döhlener Senke, Elbtalzone und im Bereich Saar/Nahe. Im Saarländischen Freisen erreicht man über den „Achatweg" die Andesit-Rose am Hellerberg. Im Andesit des Steinbruchs Juchem (Niederwörresbach) können Sammler zu bestimmten Zeiten nach Achat-Geoden suchen.

(179) Andesit im Steinbruch Juchem
(180) Andesit-Splitt färbt im Thüringer Wald viele Straßen rot, Farbvarianten des Splittes aus dem Steinbruch von Tabarz.

Vulkangesteine – Latit

Latit *[Neogen]*

Eigenschaften: Latit ist ein feinkörniges graues Gestein, das Feldspäte und dunkle Minerale gleichermaßen enthält, kein Quarz. **Entstehung:** Vulkanischer Erguss im Neogen. **Vorkommen**: Siebengebirge und Pfalz, dort auch Kuselit genannt.

(181) Die Klosterkirche in Heisterbach/Königswinter ist aus dem leicht zu bearbeitenden Gestein gebaut.

(182) Stenzelberg (Siebengebirge)
(183) Latit

Vulkangesteine – Basalt

Basalt *[Paläogen, Neogen]*

Eigenschaften: Basalt ist ein hartes, dunkles, oft schwarzes Gestein mit einer einheitlichen Grundmasse. Nur selten gibt es sichtbare Einsprenglinge. Unter dem Mikroskop erkennt man aber, dass die Grundmasse aus kleinen meist schwarzen Kristallen besteht. Es sind dunkle, eisen- und magnesiumreiche Silikate und nur wenige Feldspäte. Im Basalt kommen keine Quarze vor, er ist ein basischer Vulkanit. In der chemischen Zusammensetzung gleicht Basalt dem Tiefengestein Gabbro. **Variationen**: Basalte können unterschiedliche chemische Zusammensetzung haben, ohne makroskopisch unterscheidbar zu sein. Das häufigste Gestein der Erdkruste (incl. Ozeane) überhaupt ist der **tholeiitische Basalt** (SiO_2-gesättigter Plagioklas-Basalt), weniger verbreitet ist der **Alkalibasalt**. Manche als „Basalte“ oder „Basaltlava“ bekannte Gesteine werden heute anders eingeordnet. **Spilit** ist ein basaltartiges Gestein mit erhöhtem Na-Gehalt bei verminderten Ca- und Mg-Gehalten, wobei eine Spilitisierung (Ozeanbodenmetamorphose) angenommen wird. Das ist eine Na-Metasomatose, Na wird dabei dem Meerwasser entnommen und gegen Ca und Mg getauscht.

184

(184) Alte Straßenpflaster aus Basalt wurden meist mit Asphaltdecken überwalzt, weil die Autos auf nassem Basalt leicht rutschen.

Entstehung: Im Devon entstanden Basalte, die aber durch Metamorphose zu Diabas wurden. Alle Basalte in Deutschland entstanden als vulkanische Ergüsse vom Paläogen bis ins Quartär. (Der Vulkanismus im Rotliegenden brachte vorwiegend saure Laven, Rhyolith, etc.) Als sich die Alpen auftürmten, zerbrach unter dem Druck von Süden das Land in Schollen. An den Bruchzonen konnte Lava aus tieferen Zonen der Erdkruste aufsteigen. Basaltische (basische) Schmelzen, arm an Kieselsäure, sind dünnflüssiger als rhyolithische (saure) Schmelzen. Manchmal gelangte ein Basalt nicht bis an die Oberfläche, die Lava blieb im Schlot stecken. Solche herauspräparierte Schlote können markante Berge bilden, die Quellkuppen genannt werden.

Basaltsäulen

Beim Säulenbasalt handelt es sich nicht um eine besondere Art des Gesteins, nur um eine bestimmte Form der Lagerung. Die Säulenform ist nicht auf Basalte beschränkt. **Wie kommt es dazu?** Wenn die Lava sich in einer Hohlform, See oder Tal, angesammelt hat, dann dauert die Abkühlung einige tausend Jahre. Sie beginnt an der Oberfläche. Ähnlich wie bei Eis auf dem Wasser bildet sich oben eine feste Schicht. Da das Material beim Erkalten stark zusammenschrumpft, reißt diese Schicht auf, ähnlich wie Trockenrisse in Lehm. Mit dem weiteren Erkalten setzen sich die Risse als Klüfte in die Tiefe

(185) Durch Steinbruchsbetrieb freigelegte Säulen unter Burg Stolpen (Lausitz)
(186) Meilerstellung, Druidenstein bei Kirchen an der Sieg

fort. Die Säulen haben einen mehr oder minder perfekten Sechseck-Querschnitt. Mit Sechsecken lässt sich eine Fläche restlos aufteilen. Säulen entstehen auch, wenn der Basalt nicht bis zur Oberfläche kam und sich seinen Raum in einer waagerechten Fuge zwischen zwei Schichten gesucht hat. Saubere senkrechte Säulen (Scheibenberg) oder solche in besonderen Stellungen (Hoher Parkstein, Oberpfalz) erregten schon immer die Aufmerksamkeit, auch die Basaltfächer von Hirtstein bei Satzung (Erzgebirge) und Feldstein bei Themar (Süd-Thüringen).

Olivinbasalt

Eigenschaften: Im Mikrobereich sind in der Grundmasse aller Basalte Feldspat, dunkle Minerale und oft auch Olivin. Bei gut sichtbaren Einsprenglingen von Olivinen spricht man von Olivinbasalt. In unserem Klima verwittern diese schnell, dann sehen die Einsprenglinge rostbraun aus (Limonit). Olivin ist ein Eisen-Mangan-Magnesium-Silikat. Ähnliche Minerale der Olivingruppe, Peridot und Chrysolith, werden als Schmucksteine verwendet. **Entstehung:** Vulkanische Ergüsse. **Vorkommen:** Vogelsberg, Hoher Meißner, Rhön. **Verwendung:** Olivinbasalt wird verbaut, wie einfacher Basalt.

(187) Olivinbasalt am Kloster Kreuzberg (Rhön)

Beispiel: Basalt mit Blasenbahnen („Londorfer Basaltlava", „Londorfer Lungstein")

Eigenschaften: Der Basalt von Londorf hat blasige Bänder. Es sind Bahnen, an denen Gas in der dünnflüssigen Lava nach oben gewandert ist. Der Stein kann Einsprenglinge von Olivin enthalten. **Entstehung:** Die Londorfer „Basaltlava" ist 30 Mio. Jahre älter als die Mendiger und Mayener „Basaltlaven", die weniger SiO_2 enthalten und daher nicht als Basalte sondern Tephrite zu klassifizieren sind. Die Ergüsse fanden im Miozän statt. **Vorkommen:** Das Abbaugebiet nordöstlich von Gießen gehört zum größten zusammenhängenden Vulkangebiet Deutschlands, dem Vogelsberg. **Verwendung:** Werkstein aus dieser Lava wird für die Restaurierung des Kölner Domes herangezogen.

188

(188) Wandplatten an der Kölner Dombauhütte mit den typischen Blasenbahnen.

Basalt als Landschaftsbildner

Riesige Basaltergüsse, wie sie in Sibirien und Indien klimaverändernd auftraten, gab es in Deutschland nicht. Hier handelt es sich um geringere Dimensionen. Von manchen Basalteruptionen sind oft nur die **Schlote** mit ihren Füllungen erhalten. Manche gelten als Quellkuppen, dann nimmt man an, dass es nicht zum Ausbruch kam. Sie bilden markante Kuppen, oft umgeben von Sedimenten. **Flächige Basaltergüsse**, die zur Zeit ihrer Entstehung Senken in einer flach welligen Landschaft füllten, bilden heute hoch gelegene Bergrücken, wie z. B. die Hohe Rhön oder den Meißner in Nordhessen. Seit ihrer Bildung wurde das umliegende Land abgetragen. Der Höhenunterschied zwischen der Hohen Rhön und den Tälern der Fulda, Werra und Fränkischen Saale, rund um die Rhön beträgt etwa 700 m, ähnlich der Höhenunterschied zwischen Hohem Meißner und Werratal. Damit wird ersichtlich, wie viel in den letzten 20 Mio. Jahren abgetragen wurde. Die Basaltdecken blieben erhalten und konservieren damit die alte Landoberfläche. Da sich die Lava in Senken sammelte, wurden oft Moore bedeckt. So finden sich heute unter dem Basalt des Hohen Meisner und der Rhön Braunkohlen-Lagerstätten, die auch abgebaut wurden.

Basalt-Verwendung

Die Burgen auf Basaltbergen sind immer aus diesem idealen Material gebaut. Die Säulen wurden hier waagerecht eingesetzt. Die Niederländer befestigen ihre Seedeiche an den meistgefährdeten Stellen mit Basaltsäulen, die hier senkrecht zur Deichoberfläche in „Naturstellung" eingesetzt werden. Säulen in Naturform werden als Denkmale und Grabsteine eingesetzt. Die Außenflächen der Säulen haben oft eine rostbraune Farbe. Eingedrungenes Wasser hat schwarze Minerale zerstört. In großen Mengen wird Basalt für den Straßenbau abgebaut. Bei der Verwendung als Split im Asphalt müssen immer hellere Splitte zugemischt werden, damit nicht total schwarze Straßen entstehen, die nachts zu wenig Licht reflektieren. Bei 1400 °C geschmolzener Basalt wird durch Düsen gepresst zu Fasern, die als Verstärker in Kunststoffprodukten oder als Steinwolle verwendet werden.

189

190

(189) Waagerecht liegend verbaute Basaltsäulen, Burg Stolpen
(190) Basalt für den Straßenbau (Bramburg bei Göttingen)

Geschiebe: Rectangel-„Porphyr“ *[Perm]*

Eigenschaften: Ein schwarzes dichtes Gestein mit genau rechteckigen Plagioklas-Kristallen, nicht häufig aber unverkennbar, durch die er charakterisiert ist. Nur eine einzige Lavadecke im Oslogebiet liefert diese Variante. Chemisch ein Basalt, wird er aber traditionell wegen seiner Struktur Porphyr genannt.

(191) Rectangel-Porphyr, angeschliffen, Findlingspark Nochten (Lausitz)

Geschiebe: Kinne-Basalt

(192) Findling am Strand von Hiddensee.
(193) Schwarzer Schonen-Basalt ähnelt den deutschen Basalten. (Brodtner Ufer / Travemünde)

Name: Das Gestein wurde unter dem Namen Kinne-Diabas bekannt. Nach seiner chemischen Zusammensetzung gehört es aber zu den Basalten. Die Bezeichnung Diabas würde eine Veränderung (Metamorphose) vermuten lassen, die hier aber nicht vorliegt. **Eigenschaften:** In einer dunkel-grünlich grauen Grundmasse liegen Nester von miteinander verzahnten Feldspäten und Biotiten. **Entstehung:** Vulkanische Ergüsse in Südschweden in der Permzeit, einer Zeit, in der auch in Deutschland Vulkane tätig waren. **Besonderheit**: Der vorliegende Block am Strand von Hiddensee weist Gletscherschrammen auf. **Vorkommen:** Häufiges und gut zu erkennendes Geschiebe an der Ostseeküste. Da der Basalt verwitterungsbeständig ist, kann er auch im gesamten norddeutschen Binnenland gefunden werden. Als nordische Geschiebe kommen noch andere Basalte aus Norwegen und Südschweden vor, die z. T. ebenfalls in der Permzeit entstanden sind, aber auch in der Jurazeit.

Basalt-und Vulkanmuseen: Deutsches Vulkanmuseum Mendig (Lavadome/Lavakeller), Eifel-Vulkanmuseum Daun, Maarmuseum Manderscheid, Römerbergwerk Kretz, Wingertsbergwand, Basaltpark Bad Marienberg, Stöffelpark Enspel (beide Westerwaldkreis), Basaltmuseum Parkstein (Oberpfalz, LK Neustadt), Basaltmuseum Oberaula (Schwalm-Eder-Kreis, Nordhessen), Basaltmuseum Baruth.

Vulkangesteine – Tephrit

Tephrit (Tephritlava, „Mayener-, Mendiger Basaltlava") *[Quartär]*

Gemengteile: Nur im Mikrobereich sind Feldspäte und dunkle Minerale sichtbar, einzelne Plagioklase auch makroskopisch. Die „Basalte" von Mendig und Mayen (gleiches Alter) sind nach petrographischer Einordnung Tephrite, da sie weniger Kieselsäure enthalten als Basalt. **Farbe:** Schwarz, dunkelgrau. **Gefüge:** Homogen mit Blasen. **Entstehung:** Vulkanische Ergüsse in der Quartärzeit, vor 200.000 Jahren. **Vorkommen:** Vulkaneifel (Mendig, Mayen). **Verwendung:** Die Basaltlaven von Mendig und Mayen wurden bereits in der Römerzeit abgebaut. Mühlsteine, Kirchen, Brücken und Bürgerhäuser. Auf dem Rhein gelangte das Gestein schnell nach Köln und in die Niederlande. Bei vielen Gebäuden dient es als Sockel. Oft wird der Stein dazu verwendet, einem Bau schwarze Konturen zu verleihen.

Mit modernen Diamantsägen wird die Lava heute zu Platten gesägt, die für Fußböden und Fassaden eingesetzt werden. Als Schotter und Splitt dient sie zum Straßenbau und zur Herstellung von Betonfertigteilen. **Besonderheit:** Der Tephrit von Mendig wurde unter Tage abgebaut, da der Lavastrom später durch die Bimsauswürfe des Laacher-See-

194

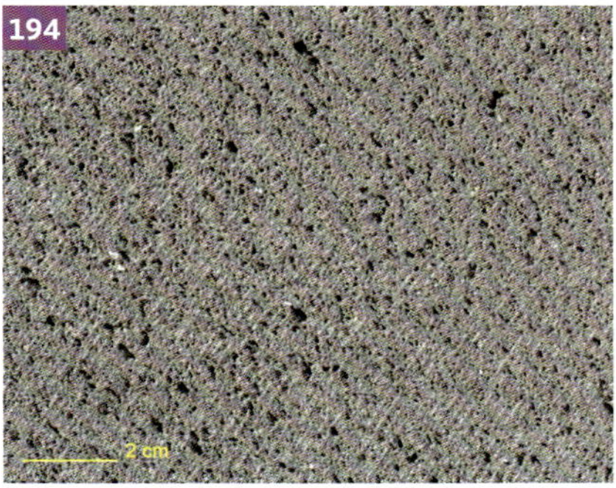

(194) Werkstein aus Mendig, man sieht die Sägespuren

Vulkans überdeckt wurde. Das alte Bergwerk (genannt Lavakeller) kann im Rahmen des „Lava-Dom“, einem Vulkanmuseum der Vulkaneifel besucht werden.

195

(195) Schwarze Lava und heller Tuff bilden einen Kontrast an der romanischen Klosterkirche Maria Laach.

Mühlstein aus Tephrit

196

(196) Mühlstein aus Mendig im Freiluftmuseum Tittling (Bayerischer Wald). Der granitreiche Bayerische Wald liefert keine Mühlsteine.

Verwendung: Die weiteste Verbreitung findet Tephrit von Mendig als Mühlstein. Mühlsteine müssen rau sein. Die Blasen des Mendiger Steins führen dazu, dass das Mehl gekühlt wird. Es erhitzt sich durch den Mahlvorgang. Wenn die Wärme nicht abgeführt wird, nimmt das Mehl Schaden. Der Abrieb vom Stein besteht aus nicht sehr harten Mineralen (Quarz fehlt), wodurch das Mehl die Zähne nicht schädigt, was bei Quarz-Sandsteinen möglich ist. Als Baustein, Werkstein, Material für Industriewalzen und dergleichen ist dieser Tephrit beliebt, da er sich gut bearbeiten lässt.

197

(197) Mahlsteine aus Mendig repräsentieren die Region am Autobahnparkplatz.

Vulkangesteine – Basanit

Basanit (hier Limburgit)

Aussehen: Basanit ist ein dunkler Vulkanit, der basischer als Basalt ist, Alkalifeldspäte führt und Olivin. **Vorkommen**: In Deutschland wurde an der Limburg bei Sasbach (Kaiserstuhl) ein Basanit beschrieben und Limburgit genannt. Ein Aufschluss ist zugänglich und wird mit Lehrpfad beschrieben.

198

199

(198) Limburgit mit verwitterten Olivinen, die braune Substanz ist Limonit (FeO(OH), Rost), die dunklen Einsprenglinge sind Augit.
(199) In einem anderen Handstück sind die Olivine herausgefallen, in Hohlräumen hat sich Kalzit eingelagert.

Vulkangesteine – Pikrit

Pikrit

Aussehen: Ein grau-schwarzes bis schwarzes Gestein mit hellen unscharfen Einsprenglingen (Olivin). Es ist reich an Magnesium und Eisen, arm an SiO_2. **Entstehung:** Untermeerische Ergüsse im Oberdevon und Unterkarbon. **Verwendung:** Pikrit wurde als Bau und Denkmalstein im Gladenbacher Bergland (östlich des Westerwaldes) abgebaut und als Diabas „Hessisch Neugrün“ gehandelt. Eine schwarze Variante stammt aus Seibis (Thüringer Schiefergebirge), daraus der Boden der Eingangshalle der neuen Oper Leipzig (1960).

200

(200) Pikrit von Gladenbach (Lk. Marburg-Biedenkopf)

201

(201)„Versunkener Riese“, Frauenplan Weimar

Vulkangesteine – Foidit

Foidolithe (Tiefengesteine ohne Feldspäte) gibt es in Deutschland nicht. Foidite (Vukanite ohne Feldspäte) aber doch. Sie werden nach den vorwiegenden Feldspatvertretern benannt: Leuzit, Nephelin, Melilith. Foidite kommen nur in den Vulkaniten des Paläogen-Neogenen Vulkanismus vor.

Beispiel: Leuzit-Nephelinit

Aussehen: Ein dunkelgraues Gestein mit Einsprenglingen von rechteckiger manchmal sechseckiger Form. In der Schmelze befand sich so wenig SiO_2, dass sich keine Feldspäte ausbilden konnten. Stattdessen bildeten sich Feldspatvertreter, die aber auch Silikate sind. Vorwiegend Nephelin ((Na,K)[$AlSiO_4$]) und Leuzit (K[$AlSi_2O_6$]). **Entstehung**: Am Ende der Oberkreide brach ein Vulkan aus, dessen herausgewitterte Schlotfüllung heute den Katzenbuckel, den höchsten Berg des Odenwaldes bildet. Mit diesem Ausbruch begann vor 66 Mio. Jahren nach einer langen Pause die neue Phase des Vulkanismus im deutschen Raum, die noch immer anhält. **Vorkommen:** Paläogene und Neogene Vulkangebiete: Nordhessen, Eifel, Vogelsberg, Katzenbuckel im Odenwald, Uracher Vulkangebiet und Hegau.

202

(202) Leuzit-Nephelinit, Üdersdorf (Vulkaneifel)

Vulkangesteine – Mandelstein

Mandelstein

Name: Mandelstein ist ein Sammelname für Gesteine mit mandelförmigen Einschlüssen. (Basaltmandelstein, Melaphyrmandelstein für ältere Vulkanite). **Gefüge:** Grundmasse mit mandelförmigen Hohlräumen (Drusen), die teilweise oder ganz gefüllt sind.
Entstehung: Vulkanische Gesteine mit offenen Gasblasen wurden von heißem Wasser (400 °C) durchdrungen, das gelöste Stoffe enthielt. In den Hohlräumen bildeten sich Minerale aus den Lösungen, oft Kalkspat, auch kleine Achate. Eventuell blieben Hohlräume zurück, die mit Wasser gefüllt sein können. **Vorkommen:** Thüringer Wald, Saar-Nahe-Gebiet, Pfalz. **Besonderheit:** Im Steinbruch Juchem (Fischbachtal-Niederwörresbach) dürfen gegen Gebühr Mineralien gesammelt werden.
Gemengteile: Füllung der Mandeln: Kalkspat, Quarz, Achat, möglich sind viele verschiedene Minerale. **Farbe:** Oft rot, auch grünlich, schwarz, grau.

203

(203) Mandelstein, Niederwörresbach (Nahegebiet)

Vulkangesteine – Obsidian

Obsidian (Vulkanisches Glas)

Gefüge: Ein Glas hat keine geordnete innere Struktur wie ein Kristall. Man kann es sich als eine Art Flüssigkeit vorstellen. Obsidian ist ein schwarzes oder rotes, hochglänzendes, muschelig brechendes Gestein. **Entstehung:** Glas entsteht, wenn eine Schmelze sehr schnell, also schlagartig abkühlt, sodass es keine Zeit für ein Kristall-Wachstum gibt. **Vorkommen:** In Deutschland ist Obsidian als massiver Stein sehr selten. Nicht selten sind aber die Klasten bei einem Vulkanausbruch aus Glas. **Verwendung:** In Regionen mit massiven Vorkommen wurden sehr feine Klingen und andere Werkzeuge daraus hergestellt.

(204) Obsidian in Tuff (Laacher-See-Gebiet)

Vulkangesteine – Pechstein

Pechstein *[Rotliegendes]*

Name: Pechstein ist ein alter Name, der sich auf den besonderen Glanz der Oberfläche bezieht. **Gemengteile:** Quarz, Feldspat, Augit, Hornblende. **Farbe:** Rot, grün, schwarz, fettiger Glanz. **Entstehung:** Pechstein ist verändertes vulkanisches Glas. Vulkanisches Glas ist instabil, unter Aufnahme von Wasser beginnt eine Umwandlung in Kristalle. Dieser Alterungsvorgang (Alteration) wird Entglasung genannt. **Vorkommen:** Im Südschwarzwald, bei Zwickau, im Triebischtal bei Meißen (Pechsteinfelsen Garsebach) und im Tharandter Wald. **Besonderheit**: Im Tharandter Wald/Sachsen befindet sich die berühmte Fundstelle des Kugelpechsteins, dessen Entstehung ungeklärt ist. Die Entnahme von Stücken ist dort verboten.

(205) Pechstein, Spechthausen (Tharandter Wald)
(206) Kugelpechstein, Spechthausen (Tharandter Wald)

Vulkangesteine – Kabonatit

Karbonatit (früher Urkalk)

Eigenschaften: 90% hellgraue Kalzitkristalle, untergeordnet auch andere Minerale. **Entstehung**: Das Seltsame an diesem Kalk-Gestein ist, dass es vulkanisch entstanden ist. Geschmolzener Kalkstein ist auf der Erdoberfläche aber undenkbar, denn Kalk zersetzt sich bereits ab einer Temperatur von 600°C. Wenn also eine Kalkschmelze sich hier

(207) Karbonatit, Vogtsburg
(208) In der Vergrößerung erkennt man die kristalline Struktur.

auskristallisieren konnte, dann muss der Kaiserstuhl sehr hoch gewesen sein, um die Stelle zu überdecken und dadurch die Zersetzungstemperatur zu erhöhen. Würde eine Kalkschmelze in die Nähe der Oberfläche kommen, müsste sie sich explosiv zersetzen. Möglicherweise sind Vulkanexplosionen tatsächlich auf diesen Effekt zurückzuführen. Andere Karbonat-Schmelzen mit überwiegend Natrium sind auch auf der Oberfläche stabil. **Vorkommen**: Nur bei Vogtsburg im Kaiserstuhl, im alten Steinbruch Badloch findet sich das einzige Vorkommen Mitteleuropas. Ein kleiner Gesteinskörper liegt hier umgeben von Tephrit und Tephrit-Tuff. **Verwendung**: Bei Vogtsburg wurde das Gestein versuchsweise abgebaut, weil es einen geringen Gehalt des Schwermetalls Niob hat. Dies ist begehrt als Zusatz zu Stahl und für zahlreiche andere Anwendungen im Hightech-Bereich.

3.2 Ausgeworfene Vulkanite (Pyroklastite)

Vulkangesteine – Pyroklastite

Die geologische Systematik ordnet diese Gesteine bei den klastischen Sedimenten ein. Wir halten den Platz bei den Vulkangesteinen hier für populärer. Pyroklastite finden sich stets im regionalen und erdgeschichtlichen Zusammenhang mit den echten Ergussgesteinen. Sie entsprechen diesen auch im Chemismus.

Pyroklastite (Pyroklastika)

Als Pyroklastite werden die Gesteine zusammengefasst, die bei einem Vulkanausbruch explosionsartig ausgestoßen und in die Luft geschleudert werden. In der Luft bilden sie unterschiedlich große Gebilde, Bomben und Blöcke (>7cm), Lapilli oder Asche (<2mm). Das herabgefallene Lockermaterial wird Tephra genannt, wenn es sich verfestigt hat Tuff. Bomben bilden im Inneren blasige Strukturen. Fein zerstäubtes Material erstarrt so schnell, dass sich keine Kristalle bilden können. Es erstarrt als Glas. (Wird Tephra durch Wasser, eventuell vermischt mit anderen Klasten, verfrachtet und abgelagert, dann ist das Ergebnis ein Tuffit, der den Sedimenten zugeordnet wird.)

Vulkangesteine – Tephra

Tephra (Vulkanasche)

Gemengteile: Alle Größen der in der Luft erstarrten Lava (Pyroklasten): Feinste Glaspartikel, blasige Körner, blasige Fladen und Kugeln (Bimsstein), bis hin zu tonnenschweren Bomben. Dazu kommen Trümmer des Gesteins rund um den Schlot (Xenolithe). **Farbe:** Grau bis braun. **Gefüge:** Lose. **Entstehung:** Wenn sich in der Tiefe Gase aus einem Magma lösen oder wenn dort eingedrungenes Wasser explosionsartig verdampft, entweichen die Gasmassen durch den Schlot und reißen flüssiges Material mit. Kleine Partikel werden in die Luft weit verweht. Grobes Material fällt in der Umgebung des

Kraters nieder. **Vorkommen:** Vulkaneifel, Neuwieder Becken und auch in geringerer Mächtigkeit östlich des Rheins. **Verwendung:** Tephra wird in der Eifel und am Rhein (Neuwied) abgebaut. Mit Kalk bindet man ihn zu „Rheinischem Schwemmstein", mit Zement zu Bims-Formsteinen und Bims-Platten.

209

210

211

(209) Tephra vom Ulmener Maar, dem jüngsten deutschen Vulkan
(210) Bimsstein an einer Hauswand
(211) Mauer aus dem „Rheinischen Schwemmstein"

Vulkangesteine – Tuff

Begriff Tuff: Das Wort Tuff wird zweifach verwendet. Besonders in Süddeutschland ist es üblich, den Süßwasserkalk Travertin als Tuff zu bezeichnen. Wir nennen hier ausschließlich den verfestigten vulkanischen Auswurf so, den sogenannten Kalktuff aber Sinterkalk oder Travertin.

Tuff (Tuffstein)

Eigenschaften: Feinkörnige Grundmasse, eventuell mit Blasen. Darin können schwimmen: Blasige Fladen, Bimsstein und Gesteinstrümmer, die aus dem Schlot des Vulkanes mitgerissen wurden, z. B. Schiefer, Sandstein, Gneis. Nur in der unmittelbaren Nähe des Schlotes kommen größere Bestandteile (Bomben) vor. Das Gestein ist leicht, weich und porös. Porenvolumen: bis 45 Vol.%, nimmt bis 20 Gew.% Wasser auf. **Entstehung:** Das Gestein entsteht aus Vulkanischer Asche (Tephra), die in die Luft geblasen und vom Wind verweht wurde. Zur Unterscheidung: Material, das noch glutflüssig vom Himmel fiel oder als glutflüssiger (pyroklastischer) Strom aus dem Vulkan brach, würde zunächst noch eine Schmelze bilden, erst später erkalten und einen viel dichteren Stein (Ignimbrit) bilden. **Vorkommen:** Tuff aus der Devonzeit, zu grünem Schalstein verändert, an der Lahn; roter Tuff aus der Permzeit in Sachsen; grauer und hellbrauner Tuff aus dem Neogen des Kaiserstuhls, im Siebengebirge, in der Rhön und im Vogelsberg-Gebiet; heller Tuff aus der jüngsten Vergangenheit in der Vulkaneifel.

(212) Bruchstückreicher Tuff des Kaiserstuhls, der am Münster zu Breisach (13. Jh.) eingesetzt wurde.

Historische Verwendung: Seit der Römerzeit wurde Tuff aus der Eifel abgebaut und überregional vertrieben. Bei Hollingstedt (Schleswig) wurde eine Kirche im 13. Jh. gebaut, deren Tuff über Rhein, Nordsee, Eider und Treene aus der Eifel herangeschafft wurde. Wahrscheinlich erreichte Tuff auf diesem Handelsweg über die Wikingerstadt Haitabu auch Dänemark. Am Kaiserdom zu Aachen wurde Tuff wegen seines geringen Gewichtes als Material für runde Bögen verwendet. Man verminderte damit die zur Seite drückenden Kräfte. **Moderne Verwendung**: Im **20. Jh.** wurde er in allen Großstädten für Bahnhöfe (Hauptbahnhof Hamburg) und Kaufhäuser (Karstadt Hamburg) verwendet. Bei neueren Bauten kam nur noch „Ettringer- und Weiberner Tuff“ zum Einsatz. Tuffe aus der Eifel, dem Westerwald, dem Siebengebirge und dem Vulkangebiet um Kassel wurden vielfach für den Bau von Backöfen abgebaut.

Beispiel: „Römer-Tuff“, (Phonolitischer Tuff) [*Quartär*]

Gemengteile: Ein graubraunes feinkörniges Gestein mit grauen und weißlichen Einschlüssen. Grundmasse: ca. 60 % des Ganzen, überwiegend Glas; Einschlüsse: überwiegend Glas, auch Basalt, Schiefer, Bimsstein und Sandstein. **Verwendung**: Bereits die Römer gewannen diesen Tuff als Baustein. Romanische Kirchen, (Münster von Bonn, Dom zu Utrecht), Burg von Leiden (11. Jh.). Schon seit der Römerzeit wurden Bausteine weit transportiert, wohl immer flussabwärts. In der Vulkaneifel wurde unter losen Bimssteinschichten ein Bergwerk aus der Römerzeit entdeckt. Ausgegraben, überdacht

213

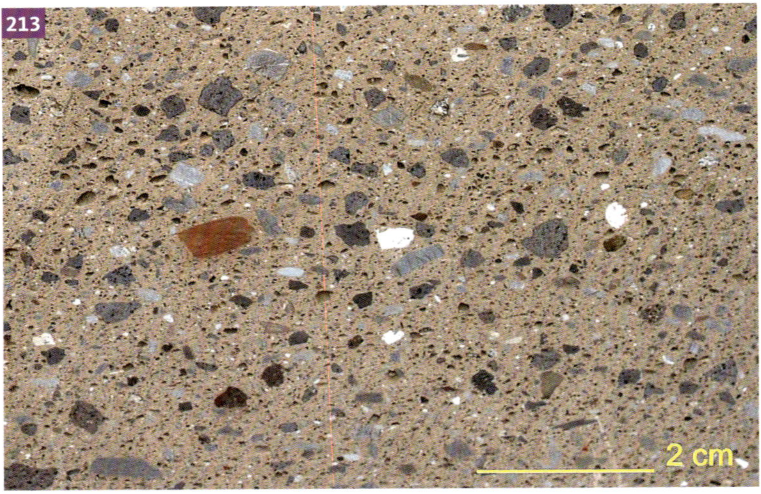

214

(213) Tuff vom Römerbergwerk Meurin in Kretz (Eifel)
(214) Bonner Münster

und als interessantes Museum gestaltet, ist es der Öffentlichkeit zugänglich. (Römerbergwerk Meurin, Nickenicher Straße, 56630 Kretz). „Römertuff" kann auch heute noch bezogen werden.

Beispiel: „Ettringer Tuff" (Leuzit-Phonolith-Tuff, Lapillireicher Tuff) *[Quartär]*

Eigenschaften: An seiner groben Struktur mit großen Trümmerbestandteilen ist der Ettringer Tuff zu erkennen. **Gemengteile**: Grundmasse ca. 59 %, Einsprenglinge bis 12 mm, Basalt, Schiefer, Sandstein.
Verwendung: Berlin: Gedächtniskirche (1875), Charlottenburger Tor (1908), Hamburg Landungsbrücken, Karstadt Mönckebergstraße.
Vorkommen: Osteifel.

215

216

(215) Ettringer Tuff, geschliffen
(216) Ettringer Tuff

Beispiel: Weiberner „Tuff" (Leuzit-Phonolith-Tuff, Aschereicher Tuff) *[Quartär]*

Eigenschaften: Der Weiberner Tuff ähnelt dem Ettringer, ist feinkörnig und arm an Trümmern. Die Minerale Leuzit und Nephelin zeigen die Untersättigung mit SiO_2 an. Es sind Feldspatvertreter. **Verwendung:** Abtei Maria Laach, auch feiner Bildhauerarbeiten sind mit dem feinkörnigen Tuff möglich.

217

(217) Weiberner Tuff

Vulkangesteine – Ignimbrit

Ignimbrit (Schmelztuff, Bimsstrom, Aschenstrom)

Eigenschaften: Glasig-harte, muschelig brechende Grundmasse von schwarzer bis dunkelroter Farbe. Einsprenglinge, die keine idealen Kristallformen haben, auch Fremdgestein (Xenolithe). In manchen Ignimbriten finden sich Lavafladen, die zu sogenannten Flammen ausgezogen sind. **Entstehung:** Ignimbrite (Schmelztuffe) sind die Ablagerungen von pyroklastischen Strömen. Diese entstehen, wenn Vulkane explosionsartig Mischungen von Gas, Lava, Asche und Schlotgestein auswerfen. Diese glühenden Wolken (800 °C bis 1000 °C) wälzen sich dann mit hoher Geschwindigkeit (300 km/h) hangabwärts. Pyroklastische Ströme bilden sich nicht mit der dünnflüssigen kieselsäurearmen (basaltischen) Lava. In dieser können frei werdende Gase gut entweichen. In der dickflüssigen kieselsäurereichen (rhyolithischen) Lava bleiben die Gase stecken, bis sich das Ganze explosiv entlädt. **Vorkommen:** Im Zusammenhang mit den vulkanischen Ergüssen des Rotliegenden und den dazugehörigen Tuffen kommen Ignimbrite vor: Vorerzgebirgs-Senke („Rochlitzer Porphyrtuff"), Halle/Saale (Petersberg) und am Flechtinger Höhenzug. Unter den nordischen Geschieben finden sich mehrere Ignimbrite.

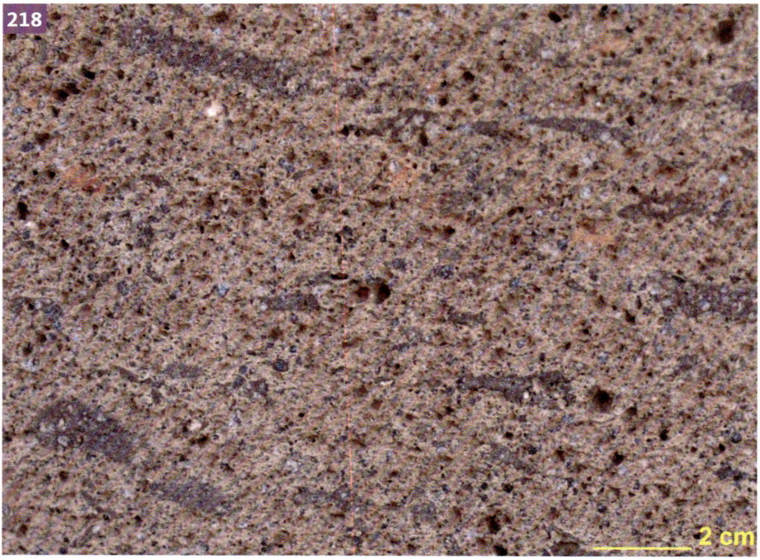

(218) „Rochlitzer Porphyrtuff" vom Rochlitzer Berg

Beispiel: Rhyolith-Ignimbrit („Rochlitzer Porphyrtuff" und „Zeisigwalder Porphyrtuff")

Eigenschaften: Raue Partikel, blasige dunklere Fladen aus Glas, kleine Quarze. **Farbe**: Rot, violett, braun. **Gefüge**: Gleichförmig mit Einsprenglingen, Fließstruktur möglich. **Entstehung:** Das früher als Tuff bezeichnete Gestein ist nicht als Asche aus der Luft niedergefallen. Es ist aus einer Glutwolke (pyroklastischer Strom) entstanden. Glutwolken entstehen aus Gemengen von Gas, Lava und Asche, die durch Gas aufgebläht, mit hoher Geschwindigkeit aus Vulkanen ausbrechen. **Vorkommen:** Rochlitzer Berg, Rüdingsdorf, Chemnitz (Zeisigwald: Farbigkeit etwas dunkler, violette Töne, helle Xenolithe). **Verwendung:** Romanische Klosterkirche Wechselburg/Mulde, Altes Rathaus Leipzig, Hamburger-Hochbahn-Überführungen. **Aktuell**: „Porphyrkies" für Sportplätze. **Besonderheit:** Ein Porphyrlehrpfad am Rochlitzer Berg führt durch die alten Steinbrüche.

219

(219) Detail an der romanischen Klosterkirche Wechselburg. (Zwickauer Mulde)

Vulkangesteine – Schlackenagglomerat

Basaltisches Schlackenagglomerat („Michelnauer Schlackenagglomerat", „Basalt-Rotlavatuff") *[Neogen]*

Eigenschaften: Ein leichter, poröser roter Stein mit rauer Oberfläche. **Entstehung:** Ein Vulkan warf in der Neogenzeit vornehmlich glühende Schlacken aus, die nahe am Schlot zu Boden fielen. Die ursprünglich basaltische, glasige Schmelze ist stark verändert. Kristalle von Zeolith (Natrium-Aluminium-Silikat) verbinden die Schlacken. Durch Verwitterung wurde Eisen freigesetzt, das zur Rot-Färbung führte. **Vorkommen:** Im Vogelsberg, dem größten Vulkangebiet Mitteleuropas, ist dieser Stein eine Besonderheit. Der Steinbruch Nidda-Michelnau, der bis 1990 betrieben wurde, ist als Geotop geschützt. **Historische Verwendung:** Im Vogelsberg-Gebiet findet man den Stein oft verbaut, z. B. in Schotten. Er war begehrt für das feine Maßwerk der gotischen Kirchen, wegen der Farbe und weil er leicht zu bearbeiten ist. Weil er porös ist, also Wasser aufsaugt, verwitterte er an ausgesetzten Stellen. Oft findet man ihn daher „aufgefrischt" durch einen Farbanstrich. **Moderne Verwendung:** Anbau am Kölner Rathaus.

220

221

(220) Angewitterte Oberfläche
(221) Steinbruch Nidda-Michelnau/Vogelsberg

4. Ablagerungsgesteine (Sedimentite)

4.1 Klastische Sedimentite (Klastite)

4.1.1 Grobkörnige Klastite

Klastische Sedimentite – Schotter

Klastische Sedimentite sind aus Körnern einzelner Mineralien oder Bruchstücken von Gesteinen zusammengesetzt. Meist handelt es sich um die Produkte der Verwitterung anderer Gesteine. Sind die Körner größer als 2 mm, werden sie Psephite genannt (Kies und Geröll), bei 0,02mm bis 2mm werden sie als Psammite klassifiziert (Sand), sind die Körner kleiner als 0,02 mm, spricht man von Peliten (Ton und Schluff).

Schotter (Schutt)

Eigenschaften: Ein grobklastisches Lockergestein, das einheitliches oder auch sehr unterschiedliches Material enthalten kann, das mehr oder weniger gerundet sein kann. Nur kantengerundetes Gestein weist auf einen kurzen Transport hin, außer, wenn es ein Transport durch Eis war. Langer Flusstransport führt zu einer Auswahl harter Gesteine (Quarz, Kieselschiefer) und gut gerundeten Komponenten.

222

223

(222) Alpine Gesteinsmischung in einem Bereich, der von Alpengletschern erreicht wurde. Die Steine wurden aber vom Fluss bereits gerundet.
(223) Schotter mit Sandeinlagen mit den Niströhren von Uferschwalben am Unterlauf der Iller

Vorkommen: Die größten Fundstellen für Schotter sind der Raum zwischen Alpen und Donau, die Oberrheinische Tiefebene, des Niederrheingebiet, der Leinetalgraben und einige Flussgebiete. Oft entstehen durch den massiven Abbau dort Seengebiete.

Klastische Sedimentite – Flussgeröll

Beispiel: Flussgeröll des Hochrhein

Eigenschaften: Die Gesteine der Schotter am Hochrhein stammen aus den höchsten Regionen der Alpen. Sie haben den größeren Teil der Reise mit dem Gletschereis gemacht. Ihre gute Rundung verrät aber, dass sie danach auch noch lange im Fluss transportiert und geformt wurden. Im Fluss finden wir naturgemäß nur Gesteine, die weiter oben in seinem Verlauf und dem seiner Nebenflüsse anstehen und Gesteine, die einem Transport im Wasser eine Weile widerstehen. Flussgerölle rollen und werden geschoben, sie bilden keine Walzen mit kreisförmigem Querschnitt, sondern bleiben abgeplattet. Gerölle am Meeresstrand werden in der Brandung etwas mehr gerollt. Sie bilden rundere Querschnitte aus. Der Unterschied ist allerdings nicht augenfällig. Er wurde durch Messungen und statistische Auswertungen ermittelt.

224

225

(224) Geotop: Kiesgrube Grenzach-Wyhlen, N 47° 32' 16", E 7° 41' 39"
(225) Sehr charakteristisch ist ein unverwechselbares Konglomerat aus dem Rotliegenden der Schweiz, dem „Glarner Verrucano".

226

Beispiel: Flussgeröll der Salzach

Iller, Lech, Isar, Inn und Salzach führen sehr ähnliche Gerölle. Immer sind Kalke vorherrschend, in allen Farben, grau überwiegt. Ihre Oberflächen sind glatt, aber matt. Manche sind kreuz und quer durchzogen von feinen verheilten Klüften. Hämatit färbt sie, er wurde nicht gelöst. In manchen Kalken lassen sich Muschelschalen oder Korallen finden. Quarze fallen durch ihr strahlendes Weiß auf, sie sind leicht durchscheinend.

227

228

229

(226) Dieser Kalk weist feine gezackte Linien auf, die durch Auflösung von Kalk unter Druck entstanden sind (Suturen, Stylolithen). Hämatit färbt sie, er wurde nicht gelöst.
(227) Flussgeröll bei Burghausen
(228) Die grüne Farbe des Gneises durch Chlorit weist auf Metamorphose hin. Er kommt aus den höchsten Regionen der Alpen.
(229) Ein widerstandsfähiges Geröll der Salzach findet sich im Pflaster von Burghausen wieder: Serpentinit.

Beispiel: Flusskies der Elbe

Die geringe Abrundung der Steine verrät, dass diese nicht lange im Fluss transportiert wurden. Die Mischung repräsentiert die skandinavische Gesteinswelt: Granit und Gneis, roter Sandstein bzw. Quarzit und Feuerstein aus der Kreide. Weicher Sandstein, Tonstein und Kalk sind ausgeschieden. Man findet kein Gestein, das vom Oberlauf des Flusses und seiner Nebenflüsse kommt. Der Fluss hat die Sandfraktion ausgewaschen und abtransportiert.

230

(230) Kiesfraktion am Elbstrand in Hamburg

231

(231) Pflaster der Burg Goseck zwischen Naumburg und Weißenfels an der Saale.

Beispiel: Flussgeröll der Saale

Die Saale, ein Nebenfluss der Elbe, entspringt im Fichtelgebirge, durchquert das Fränkisch-Thüringisch-Vogtländische Schiefergebirge und nimmt aus dem Thüringer Wald kommende Nebenflüsse auf. Nachdem sie etwa 100 km durch die Sand-, Kalk- und Tonsteine des Erdmittelalters geflossen ist, führt sie noch zwei Gesteine aus dem älteren Gebirge, die wirklich hart sind: **Quarz** und **Radiolarit** (Kieselschiefer). Burghöfe zeigen oft ein gutes Bild der Geröllführung der Flüsse, über die sich die Burgen erheben.

Beispiel: Flusskies der Weser am Waschbeton

Roten und gelben **Sandstein**, weißen **Kalk** und vielleicht Basalt brachte die Weser aus dem Weserbergland mit. Sie bilden den Hauptanteil. Kalk macht sich schon rar. Er löst sich schnell auf. Sandstein ist noch gut repräsentiert, Wesersandstein steht an den Ufern an. **Basalt** ist sparsam vertreten, es gibt im Weserbergland nur einzelne punktuelle Vorkommen. Oder hat die Werra ihn vom Meißner oder aus der Rhön mitgebracht? Auch die

(232) Waschbeton am Geomatikum (Hamburg)

Fulda hat ihre Quelle in der Rhön und außerdem Zuflüsse vom Vogelsberg. **Radiolarit** (Kieselschiefer) und **Gangquarz** müssen auch schon einen längeren Weg zurückgelegt haben. Sie könnten über die Flüsse Diemel, Eder und Schwalm aus dem Kellerwald oder dem Rothaargebirge gekommen sein. **Porphyr** nahm seinen Weg aus dem Thüringer Wald über die Werra in die Weser. Interessant ist das Vorhandensein von **Granit** und **Feuerstein.** Sie haben auch schon weite Wege zurückgelegt, kommen allerdings nicht aus dem Süden. Es sind Zugaben aus dem Norden. Die Kiesgrube, aus der das Material stammt, könnte im Bereich der Porta Westfalica (Bad Oeynhausen, Rinteln) liegen. Ein Vorstoß des nordischen Eises überwand hier einmal das Wesergebirge und lagerte im Wesertal seine skandinavische Fracht ab. Weiter oben im Wesertal würden sie fehlen. Ihr Anteil ist klein. In Kiesgruben nördlich der Porta dürfte der nordische Anteil höher sein. Die beiden nordischen Fremdlinge sind frische Bruchstücke. Sie sind wohl durch eine Brecher-Anlage gegangen, ehe sie der Waschbeton-Mischung zugefügt wurden.

Klastische Sedimentite – Konglomerat

Konglomerat

Eigenschaften: Ein Konglomerat ist ein Gestein, das aus gerundeten Steinen zusammengesetzt ist, die durch ein Bindemittel zusammengehalten werden. **Entstehung:** Der klassische Fall für die Bildung eines Konglomerates ist der Strand eines vorrückenden Meeres (Transgression), an dem das Gestein des Festlandes, das überschwemmt wird, zertrümmert, abgerollt und aufgearbeitet wird (Basiskonglomerat). Im weiteren Vorrücken des Meeres wird es durch Sandstein überlagert. Anhäufungen von Geröll entstehen aber auch bei der Abtragung von Gebirgen, Ablagerung von Flüssen. **Vorkommen:** Konglomerate aus der Karbonzeit: Piesberg/Osnabrück, Holzer Konglomerat/Saarland, Voralpen.

233

(233) Holzer Konglomerat (Saarland)

Beispiel: Holzer Konglomerat *[Karbon]*

Das Holzer Konglomerat besteht vorwiegend aus devonischem Quarzit aus dem Hunsrück, der sich über den Steinkohle führenden Schichten abgelagert hat.

Beispiel: Piesberg-Konglomerat *[Oberkarbon]*

Gemengteile: Im Piesberg-Konglomerat erkennt man gerundete Steine: Quarz, Grauwacke und Radiolarit, Gesteine, die im Rheinischen Schiefergebirge vorkommen. **Verwendung:** Das gut kieselig verkittete Material findet sich in vielen norddeutschen Städten als Straßenpflaster.

234

235

(234) Piesberg-Konglomerat am Hüggel (Osnabrück)
(235) Pflasterstein aus Minden

Beispiel: Rotliegend-Konglomerat *[Rotliegend]*

Eigenschaften: Die Komponenten dieses Konglomerats sind teilweise noch eckig oder nur kantengerundet. Einige Partien führen nur wenige größere Gerölle, hier würde man von einem konglomeratischen Sandstein sprechen. **Entstehung:** Nach dem Abklingen der Variskischen Gebirgsbildung wurde mehr oder minder verwittertes Material abgetragen und in innerkontinentalen Becken angehäuft. Die rote Farbe, Hämatit, weist auf tropische, festländische Bedingungen hin (Wüste). **Vorkommen:** Thüringer Wald (Eisenacher Konglomerat), Süd- und Nordrand des Harzes, Kyffhäuser, Nahegebiet, Pfälzer Bergland, Klippen über der Rur, Nideggen/ Nordeifel.

(236) Konglomerat vom Kyffhäuser
(237) Hettstedt (Südharz)
(238) Drachenschlucht im Eisenacher Konglomerat

236

237

238

Beispiel: „Brannenburger Nagelfluh" (Polymiktes Konglomerat)
[Paläogen bis Quartär]

239

240
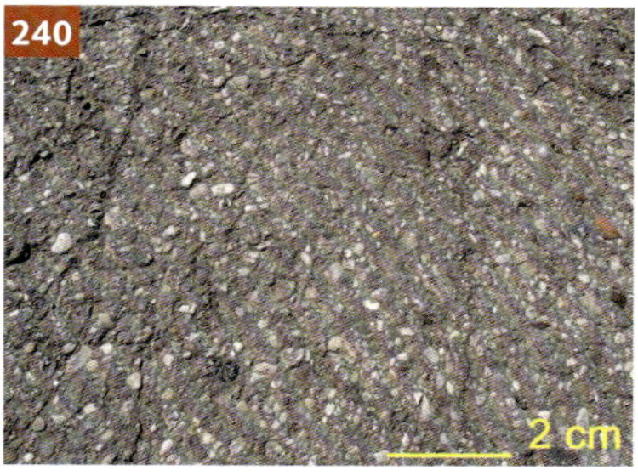

(239) Nagelfluh als Felsen
(240) „Nagelköpfe"

Eigenschaften: Durch Kalk gebundenes Konglomerat aus abgerollten Steinen aller Art. Bei der Verwitterung wird bevorzugt Kalk gelöst. Kleine unlösliche Gerölle bleiben erhaben stehen. Rundlich, wie Nagelköpfe aussehend, gaben sie den Namen (Fluh=Fels). **Entstehung:** Während des Aufstiegs der Alpen im Paläogen durch Flüsse ins Vorland transportiertes Geröll mit hohem Kalk-Anteil. Aus kalkhaltigem Wasser schied sich das Bindemittel aus. **Vorkommen:** Alpenvorland. Im Allgäu bildet Nagelfluh einen Bergzug (Nagelfluhkette bis 1834 m ü. NN). **Verwendung:** Rohe Blöcke aus Nagelfluh bilden die Sockelgeschosse von Bauernhäusern. Platten werden für Wände und Fußböden gesägt. Berlin: Olympiastadion. München: Brunnenanlage am Stachus, Techn. Uni., Bestelmeyer-Bau, Fassade der Bühnen Köln, Christuskirche Hamburg-Othmarschen.

241

(241) Nagelfluh von Brannenburg am Inn

Klastische Sedimentite – Brekzie

Brekzie

Eigenschaften: Eine Brekzie (auch „Breccie") besteht, wie ein Konglomerat, aus groben Einzel-Steinen. Diese sind allerdings nicht oder fast nicht abgerollt. Im nicht verfestigten Zustand würde man Schutt dazu sagen. **Entstehung:** Brekzien sind selten und entstehen durch unterschiedliche Vorgänge. **Tektonischen Brekzie:** Wenn gewaltige Schichtpakete bei der Gebirgsbildung gegeneinander bewegt wurden, lösten sich Steine, auf denen die Bewegung quasi abrollte. Auch die Kalkbrekzie vom Nebenhorn dürfte eine tektonische sein. Wenn das lösende Wasser nicht die Schichtung der einzelnen Kalkbrocken sichtbar gemacht hätte, würde man die Brekzie wohl gar nicht als solche erkennen. **Andere Brek-**

zien: Schutt über einem eingestürzten Hohlraum kann eine **Versturzbrekzie** bilden. Von Lava beim Ausbruch mitgerissenes Schlotgestein bildet eine **Schlotbrekzie**. **Riffkalkbrekzien** entstehen aus Riffschutt. Nach dem Meteoriteneinschlag zurückfallendes Gestein bildet eine **Rückfallbrekzie,** darüber im Abschnitt Metamorphite.

242

243

244

245

(242) Tektonische Kalkbrekzie (Untersberg)
(243) Kalkbrekzie-Imitat in Scagliola-Technik (Kloster Zwiefalten)
(244) Kalkbrekzie (Nebelhorngebiet)
(245) Brekzie im Flysch, Sigiswanger Horn (Allgäu)

Klastische Sedimentite – Tillit

Tillit (Geschiebemergel) [Quartär]

Eigenschaften: Tillit ist die verfestigte Grundmoräne, ein graues Gemisch von Geröll, Sand, Schluff, Ton und Kalk. **Entstehung:** Nach dem Abtauen des Inlandeises blieb diese unsortierte Mischung zurück. Sie enthält alle Größenordnungen und Gesteinsarten der nordischen Geschiebe. **Vorkommen:** Steilufer der Ostseeküste. Mergel trifft man allerdings nicht mehr an in der obersten Zone unter der Landoberfläche. Eingesickertes Regenwasser hat hier den Kalk gelöst,

246

(246) Von der Verformung des Mergels durch Eisdruck oder Hangrutschung künden Kreideschlieren im Geschiebemergel. (Hiddensee)

den ausgelaugten Rest nennt man dann Geschiebelehm. Nach starken Regenfällen kommt es zu Rutschungen, die Strandwanderer gefährden. **Verwendung:** Herstellung von Ziegelsteinen. **Fossilien**: In der Nähe der Steilufer können Sammler Kalkgeschiebe mit Fossilien finden.

247

(247) Brodtner Ufer (Travemünde)

Klastische Sedimentite – Trümmererz

Trümmererz *[Kreidezeit]*

248

249

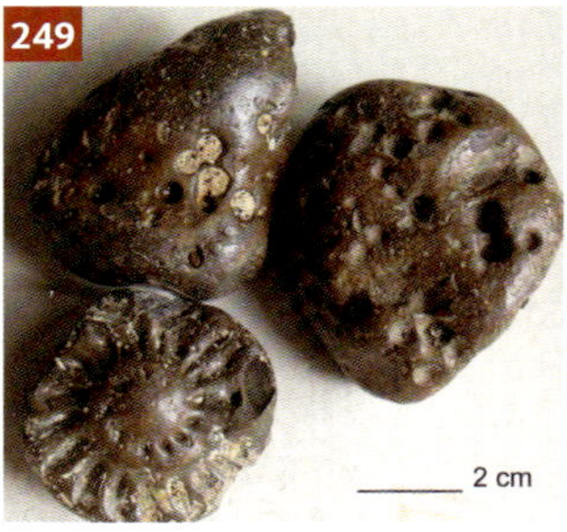

(248) Trümmererz vom Glockenberg bei Liebenburg-Dörnten (Harzvorland)
(249) Konkretionen aus dem Erz von Salzgitter mit dem Abdruck eines Ammoniten

Eigenschaften: Dunkelbraune, gerundete und eckige Trümmer verschiedener Größe liegen in einer helleren Grundmasse. **Entstehung:** Ein vorrückendes Meer am Anfang der Kreidezeit trug einen Lias-Tonschiefer mit Konkretionen von Toneisenstein ab. Der Ton wanderte als Trübe ins tiefere Wasser ab, die Toneisenstein-Konkretionen zerbrachen in der Brandung. Das Eisen liegt als Limonit vor. Einige Trümmer wurden in der Brandung gerundet, andere blieben eckig. Wo die Trümmer an Bohnen erinnerten, nannte man das Erz Bohnerz. **Vorkommen:** Harzvorland (Salzgitter) und in der Schwäbischen und Fränkischen Alb, wo aber eine Aufarbeitung durch die Brandung nicht stattgefunden hat. Dort verwitterte in der tropischen Neogen-Zeit Kalkstein, eisenhaltige Konkretionen blieben an Ort und Stelle liegen oder wurden in flache Senken oder Spalten eingetragen. **Verwendung:** Im Raum Salzgitter und in Süddeutschland wurden diese Erze im Tagebau abgebaut und verhüttet.

4.1.2 Sandsteine (Psammite)

Klastische Sedimentite – Sand

Sand

Eigenschaften: Das Lockergestein Sand kann in Material, Größe und Form der Körner sehr unterschiedlich aussehen.

Beispiel: Flusssand der Eiszeit (Fluvioglazialer Sand)

Eigenschaften: An der Sandgrubenwand auf dem Bild erkennt man Körner unterschiedlicher Größe, was auf geringe Sortierung, also kurze Transportwege schließen lässt. An der Schrägschichtung erkennt man die Ablagerung durch fließendes Wasser. **Entstehung:** Während der Saale-Kaltzeit strömte Schmelzwasser vom abschmelzenden Eis zum Urstromtal und nahm alle kleinen Teilchen (Sand, Schluff und Ton) mit sich. Während Schluff und Ton sich erst spät aus dem Wasser absetzen, wenn dieses in einem

250

(250) Fluvioglaziale Sande, Sandgrube Beckedorf bei Hamburg

See oder im Meer zur Ruhe gekommen ist, setzt sich Sand bereits ab, wenn die Kraft der Strömung nachlässt. **Vorkommen:** Von der Ostsee bis an die Mittelgebirge birgt der Untergrund Norddeutschlands gewaltige Mengen an Sand der Eiszeitflüsse (Urstromtäler). **Verwendung:** Während weltweit über Sandmangel geklagt wird, kann die deutsche Bauwirtschaft auf diese großen Vorräte zurückgreifen, der raue, kantige Körner hat. Sand ist neben Zement Hauptbestandteil des Betons. Der norddeutsche Sand muss allerdings gesiebt werden, um den Anteil Feinsand auszuscheiden.

Beispiel: Flusssand der Elbe

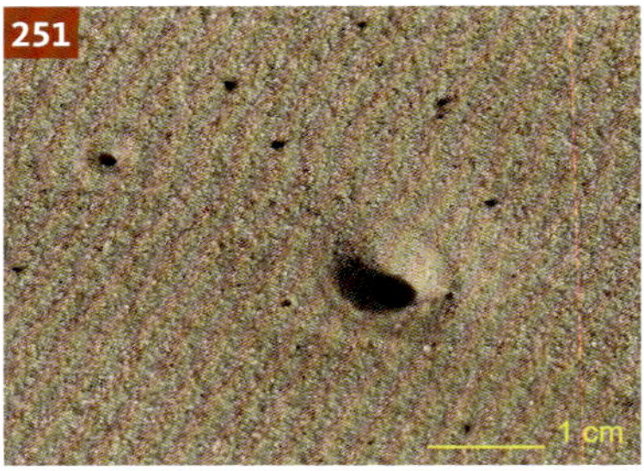

(251) Elbsand bei Hamburg

Eigenschaften: Die Körner dieses Sandes haben annähernd gleiche Größe. Während des Transportes hat der Fluss den Sand nach Korngrößen sortiert. Es sind durchweg Quarzkörner. Die bräunliche Farbe mancher Körner wird durch feine Überzüge von Eisenverbindungen hervorgerufen. Dunkle Spuren von organischer Substanz sind erkennbar, diese werden wohl von grabenden Bewohnern ausgefiltert. **Entstehung:** Die Elbe arbeitet die eiszeitlichen Sande ihres Urstromtales immer wieder erneut auf.

Beispiel: Dünensand

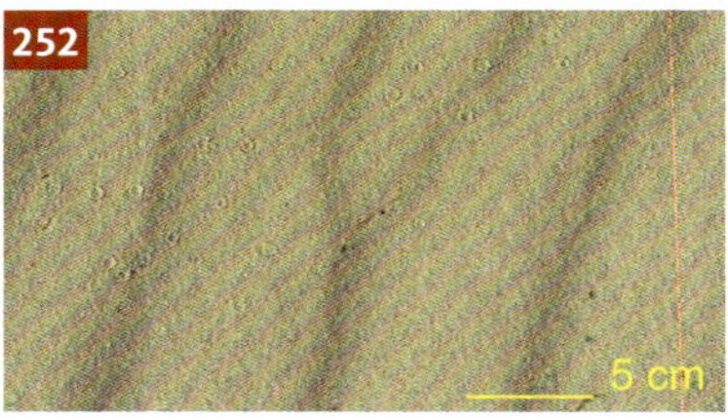

(252) Rindrippeln auf der Wanderdüne von Kleinschmölen im Urstromtal der Elbe bei Dömitz (Mecklenburg)

Eigenschaften: Dünensand ist fein. Die Körner sind klein, gleichmäßig und gut gerundet. Er fasst sich weich an und rieselt leicht. Die Binnendünen an deutschen Flüssen und die Dünen an Ost- und Nordsee bestehen aus Quarzsand. Im Bild sind 4–5 mm große Einschlagskrater von Regentropfen zu sehen. **Entstehung:** Wenn Sandflächen nicht bewachsen sind und trocken liegen, nimmt der Wind ihre kleinsten Bestandteile auf und trägt sie weg. Sand wird im Windschatten zur Düne. Schluff und Ton wandert weiter und wird als Löß abgelagert. An den Küsten bieten die Strände dem Wind immer neue Angriffsflächen. Im Binnenland lagen während der Eiszeit Sandflächen offen. **Vorkommen:** In Norddeutschland und in der Oberrheinischen Ebene entstanden ausgedehnte Dünengebiete, die heute meist Kiefernwälder tragen. An manchen Stellen gibt es auch noch wandernde Dünen.

Beispiel: Strandsand und Strandseifen

Ein Strand kann aus schwarzem Basalt, vulkanischer Asche, zerkleinerten Muschelschalen oder Korallentrümmern bestehen. An Ost- und Nordsee finden wir aber in der

Regel Quarzsande mit einem Anteil anderer Minerale. Sie sind das Produkt einer langen Auslese. Fast alle Körner waren einmal Teil von Tiefengesteinen, manche vielleicht uralt und schon mehrfach umgelagert. Der Strandsand der Ostsee enthält noch reichlich Körner anderer Minerale. Im Hin und Her der Brandung sortieren sich die Körner nach Gewicht. Es entstehen dunkle Streifen, in denen sich schwerere Minerale anreichern (Strandseifen, Schwermineralseifen). Dunkle Minerale z. B.: Zinnstein (Kassiterit, SnO_2), Titaneisen (Ilmenit, $FeTiO_3$), Magneteisen (Magnetit, Fe_3O_4). Einige davon lassen sich mit einem Magneten herausziehen.

Seifen sind Mineralanreicherungen durch bewegtes Wasser. Der leichte Quarz (2,65 g/cm^3) wird weitertransportiert, Gold (19,32 g/cm^3) oder Zinnstein (6,8–7,1 g/cm^3) bleiben zurück und reichern sich an. Seifen werden auch die Waschanlagen genannt, in denen nach den gleichen Prinzipien Minerale gewonnen werden. Fast überall im Erzgebirge wurden in früher Zeit einmal die Tal- und Hangsande durchgewaschen, hauptsächlich um Zinn zu gewinnen. Auch Gold wurde in Deutschland gewaschen. Im Rahmen des Tourismus werden heute Waschkurse angeboten.

Kaolinsand

Eigenschaften: Sehr weißer Quarzsand mit einem hohen Anteil des Tonminerals Kaolinit werden Kaolinsande genannt. Sie stechen deutlich von den gelblichen eiszeitlichen Ablagerungen und schmutzigen Talsanden ab. **Entstehung:** Die weiße Farbe ist auf Kaolinit zurückzuführen, das durch die Verwitterung von Feldspat unter feuchten tropischen Bedingungen

253

254

(253) Kaolinsand in Caminau (Lausitz)
(254) Schneeweiße Sandberge, wie hier in Ottendorf-Okrilla bei Dresden, lassen die Vermutung zu, dass es sich um solche im tropischen Klima gebleichte Sande handelt. Besonders reine Sande sind sehr begehrt als Rohstoff für die Herstellung von Glas.

entsteht. Solche Bedingungen herrschten im Paläogen und im Neogen. **Vorkommen:** Es handelt sich um kleinflächige Überreste von Sanden aus dem Paläogen und Neogen. Wir finden sie als Abraum über Braunkohlen und in natürlichen Aufschlüssen z. B. am Morsumkliff von Sylt, in Norddeutschland und bei Dresden.

Verwendung von Sand

In vielen Teilen der Welt ist **Bausand** heute knapp, auch Wüstenstaaten müssen ihn importieren. Dünen- und Wüstensand eignet sich nicht als Bausand. Das Korn ist zu glatt. Beton besteht zu 80 % aus Sand. In Deutschland haben wir aber unendlich große Vorräte an Sand und Kies, vornehmlich in Norddeutschland. Spezielle Aufgaben erfordern aber spezielle Sande. **Glassand**: Sande mit einem Quarzanteil von über 98 % und ohne Verunreinigungen durch färbende Eisenverbindungen sind als Rohstoff zur Glasherstellung begehrt. Heute braucht man sie auch um Silizium zu gewinnen für Computerchips und Solarpaneele. Unter dem Zweiten Lausitzer Braunkohlenflöz lagert ein solcher Sand. Im tropischen Klima des Miozän hatten die aggressiven Humussäuren die sonst unlöslichen Eisenverbindungen entfernt. Teile der tief liegenden Schicht hatte die Auflast des Gletschers der Elster-Kaltzeit nach oben gepresst. In Hohenbocka wird dieser Sand noch abgebaut, der früher der Lausitzer Glasindustrie zur Verfügung stand. Ebenfalls in Verbindung mit Braunkohlenflözen stehen die Glassande von Duingen (LK Hildesheim, Geotop Sandgrube). Unter eiszeitlichen Sanden baut man in Uhry (Könislutter) weißen Quarzsand ab.

255

(255) Geotop: Grube Gotthold Hohenleipisch, hier wurde die oberste Lage der Sande durch wandernde Kieselsäure zu einem Quarzit verfestigt. (Senftenberger Revier)

Künstliches Glas ist seit 1500 v. Chr. bekannt. Sein zentraler Grundstoff ist Quarz. Dieser allein schmilzt aber erst bei sehr hohen Temperaturen. Das so hergestellte Quarzglas ist sehr hochwertig, säurebeständig und kann für Prozesse bis 1300 °C eingesetzt werden. Die häufigste der heute hergestellten Glas-Sorten (ca. 500) ist Kalknatronglas, das aus einer Mischung von Quarz, Soda (Na_2CO_3) und Kalk ($CaCO_3$) bei 1200 °C hergestellt wird. Ca. 60 % des heutigen Flaschenglases wird aus Altglas hergestellt.

Historische Sandgrube: Fundort des Homo heidelbergensis

Eine der bekanntesten Sandgruben Deutschlands, obwohl hier schon lange kein Sand des ehemaligen Neckarlaufes abgebaut wird. Hier legt man die steile Wand immer wieder frei, weil im Jahr 1907 ein Unterkiefer gefunden wurde, der als „Homo heidelbergensis" in die Geschichte der Paläoanthropologie einging. Dieser Unterkiefer ist das älteste Fossil der Gattung Homo, das in Deutschland gefunden wurde.

(256) Geotop-Sandgrube in Mauer bei Heidelberg

Klastische Sedimentite – Sandstein

Sandsteine (Psammite)

Bestandteile: Sandsteine bestehen aus den kleinen Trümmern anderer Gesteine. In der Praxis widerstehen aber nur sehr wenige den physischen und chemischen Angriffen eines langen Transportweges. Am stabilsten ist Quarz. **Bindemittel:** Die Körner eines Sandsteines müssen verbunden sein. Dies kann durch eine Masse von Kalkschlamm, Ton oder Schluff geschehen, die zusammen mit den Körnern zur Ablagerung kam. Man spricht dann von einer Matrix. Oft findet aber eine Bindung erst später durch gelöste Stoffe statt, die in das Porenvolumen des Sandes eingedrungen sind und dort ausgefällt wurden. Sie kristallisierten aus und banden damit die Körner. Das kann Kieselsäure (SiO_2), Kalkspat ($CaCO_3$), Gips ($CaSO_4$) oder Limonit (FeO(OH)) sein. Man spricht bei diesem kristallisierten Bindungsmaterial von Zement. **Vorkommen:** In den Schiefergebirgen Grauwacke und Ruhrsandstein; in den Berg- und Hügelländern außerhalb der Mittelgebirge: rote Steine der Buntsandstein-Zeit, gelbe und graue der Keuper-Zeit, gelbe und grüne Sandsteine der Kreidezeit liefert das Münsterländer Becken, Teutoburger Wald und ein Meeresgebiet bei Regensburg. Jüngste Sandsteine entstanden im Molassebecken vor den Alpen.

Wirtschaftliche Bedeutung von Sandstein: Sandstein im Untergrund hat wegen seines Porenvolumens von bis zu 25 Vol.% eine sehr große Bedeutung als Wasserspeicher, aber auch als Speichergestein für Erdöl und Erdgas, wenn diese Stoffe durch dichte Deckschichten am Aufstieg gehindert werden. In Zukunft wird es an Bedeutung gewinnen, wenn die Geothermie mehr und mehr unseren Heizbedarf decken soll.

Historische Verwendung: Sandstein war der bevorzugte Baustein neben Backstein. In Regionen mit Ton, Sand, Gneis, Granit und Schiefer transportierte man ihn für Tür und Fensterstürze, Säulen und Pfeiler. **Moderne Verwendung**: Heute werden gesägte Platten für Fassaden verwendet.

257

258

259

(257) Schweinstaler Sandstein (Pfalz)
(258) Porta Nigra (Trier), die schwarze Farbe rührt von der Verschmutzung her.
(259) Klosterruine Paulinzella (Thüringen)

Klastische Sedimentite – Sandsteine des Erdaltertums

Beispiel: „Ibbenbürener Sandstein" (Sandstein mit Gesteinsbruchstücken) *[Oberkarbon]*

Dieser Sandstein ist im Material besser sortiert als der Ruhrsandstein. Er hat mehr Quarz und ist kieselig gebunden. Er entstand in der Karbonzeit wie der Ruhrsandstein, aber nicht unmittelbar an der Küste, sondern weiter nördlich im Meer. Er ist leicht zu erkennen an den dekorativen Limonit-Ausfällungen in Form von konzentrischen Ringen (Liesegangsche Fällungsringe). Vordringendes Porenwasser enthielt lösliches zweiwertiges Eisen, das zu unlöslichem Limonit oxidierte. **Verwendung:** Als Werkstein, z. B. am Dom und Stadthaus zu Osnabrück.
Der ähnliche Piesberg-Sandstein fand keine Verwendung als Werkstein, dafür aber eine weite Verbreitung als Straßenpflaster.

260

261

(260) Ibbenbürener Sandstein
(261) Dom von Osnabrück, Seitenportal

Beispiel: Ruhrsandstein (Sandstein mit Gesteinsbruchstücken) *[Oberkarbon]*

Eigenschaften: Ruhrsandstein ist ein grau-gelblich-rötlicher, kieselig gebundener Quarzsandstein, der auch Gesteinstrümmer und Feldspat enthält. Er ist feinkörnig und dicht, nimmt nur wenig Wasser auf. **Vorkommen:** Der Stein kommt dort vor, wo Kohle abgebaut wird. Flüsse brachten das Material in der Oberkarbonzeit aus dem südlich gelegenen Gebirge. Der Stein ähnelt der Grauwacke, das Material ist aber stärker verwittert. **Eigenschaften:** Der Stein bekommt im Außenbereich durch die Verwitterung eine raue Oberfläche. Im Innenbereich zeigt er gesägt und angeschliffen seine Gesteinskomponenten. Er ist wegen seiner Dichte als einziger Sandstein schleifbar. **Historische Verwendung:** Seine Druck- und Abriebfestigkeit ist hoch (fast wie Granit). Daher kommt er sogar als Pflasterstein vor (ungewöhnlich für Sandsteine). Für historische Bauten wurde der Stein im Rhein-Ruhr-Gebiet eingesetzt. **Moderne Verwendung**: Durch die moderne Säge- und Schleiftechnik findet er Verwendung als Boden- und Wandplatte, Küchenplatte oder Treppenstufe. Der Vorplatz des Kölner Doms wurde mit Herdecker Ruhrsandstein neu gestaltet. Heute wird er in den Bereichen Bochum, Herdecke, Hagen und Syburg gefördert.

262

263

264

(262) Geschliffener Ruhrsandstein aus dem Steinbruch Grandi. (Herdecke)
(263) Ruhrsandstein mit Pflanzenrest am Schloss Werdringen in Hagen/Ruhr.
(264) Münster Essen

Konglomeratischer Sandstein *[Rotliegendes]*

Eigenschaften: Bruchstücke von Tiefengestein und Quarz liegen in einer rotbraunen Grundmasse aus gebundenem Sand. **Entstehung:** Das „Eisenacher Konglomerat" und

265

ähnliche Sandsteine entstanden im Unteren Perm (Rotliegendes) in einem Wüstengebiet aus dem Schutt des Variskischen Gebirges. Das bindende Eisen ist Hämatit (Fe_2O_3). **Vorkommen:** Thüringer Wald, Nahetal, Südharz, Kyffhäuser. **Verwendung:** Wartburg, Kyffhäuserburg, Kaiser-Wilhelm-Denkmal Kyffhäuser.

(265) Mühlsteine aus dem Kyffhäuser-Sandstein (Tilleda)
(266) Eisenacher Konglomerat unter der Wartburg in Thüringen
(267) Detail der Wartburg aus dem Konglomerat des Berges und Keupersandstein des Thüringer Beckens

Beispiel: „Cornberger Sandstein" (Feldspat führender Sandstein mit Gesteinsbruchstücken) *[Rotliegendes]*

Eigenschaften: Cornberger Sandstein ist grobsandig, gelb bis grau, 60 % Quarz, der Rest Gesteinsbruchstücke. **Entstehung:** Das gemischte Material stammt aus dem noch nicht völlig abgetragenen Variskischen Gebirge. **Verwendung:** Der sehr dichte Stein wurde bei Sontra (Bad Hersfeld) lange Zeit abgebaut. Man kann ihn, selten bei Sandstein, polieren. Seine Härte macht ihn auch für Schleifsteine brauchbar. **Besonderheit:** Man kann den Steinbruch besuchen und dort eine Fläche mit Tritt-, Lauf- und Schleifspuren von frühen Sauriern sehen. Ähnliche kommen auch im Grand Canyon und in Südafrika vor, die Kontinente bildeten damals noch gemeinsam den Großkontinent Pangäa. Beim Steinbruch: Sandstein-Museum im ehemaligen Benediktinerinnen-Kloster.

Ähnliche Sandsteine **aus dem Rotliegenden:** Zeitgleich entstanden im Saar-Nahe Becken rote und helle Sandsteine, die als „Flonheimer Sandstein", „Finkenbach-Gersweiler Sandstein", „Obersulzbacher Sandstein" und „Olsbrücker Sandstein" nicht nur lokal verbreitet wurden und werden. Beispiele: Dom zu Worms, Apostelkirche Kaiserslautern. Im Thüringer Wald wird noch der „Tambacher Sandstein" abgebaut.

(268) Ein früher Saurier hat im Cornberger Sandstein seine Spur hinterlassen.
(269) Dom zu Worms

Klastische Sedimentite – Sandstein der Buntsandsteinzeit

Begriff „Buntsandstein“: Rote Sandsteine sind von Helgoland bis zum Hochrhein zu finden. Sie weisen verschiedene Qualitäten auf, aber sie stammen alle aus dem gleichen Zeitraum. Dieser Zeitraum wird in Deutschland Buntsandstein genannt, abweichend von der internationalen Zeitskala. Er umfasst ca. 10 Millionen Jahre im System der Trias. Es kommen darin auch gelbe Sandsteine vor und daneben auch Ton, Mergel, Gips und Steinsalz.

Sandstein der Buntsandsteinzeit

270

(270) Dom zu Fulda

In der Buntsandstein-Zeit wurden in einem großen (im Zentrum des Großkontinentes Pangäa gelegenen) Wüstengebiet Sandmassen zusammengeweht und zusammengeschwemmt. Im Wüstenklima verbanden sich die Spuren von Eisen, die aus der Verwitterung der umliegenden Gebirge stammten, zum Eisenoxid Hämatit. Dünne Häutchen davon hefteten sich an die Quarzkörner, wodurch der Stein seine Farbe bekam. Je nach Eintrag von Kalk oder Ton als Bindemittel entstanden verschiedene Qualitäten.

Beispiel: „Schweinstaler Sandstein“ *[Buntsandstein]*

Der **Schweinstaler Sandstein** besteht aus Körnern, die wohlgerundet sind, obwohl sie sicherlich ursprünglich als eckige Kristalle in einem Tiefengestein gewachsen sind. Alles deutet auf maximale Verwitterung und lange Transportwege hin, man spricht auch von einem „reifen“ Sandstein. **Vorkommen:** Pfalz. **Verwendung**: Der Pfälzer Stein wurde wegen seiner besonderen Qualität zur Herstellung von Schleifsteinen für die Edelsteinschleiferei (Idar-Oberstein) geschätzt. Heute dient er Bau- und Kunstzwecken.

271

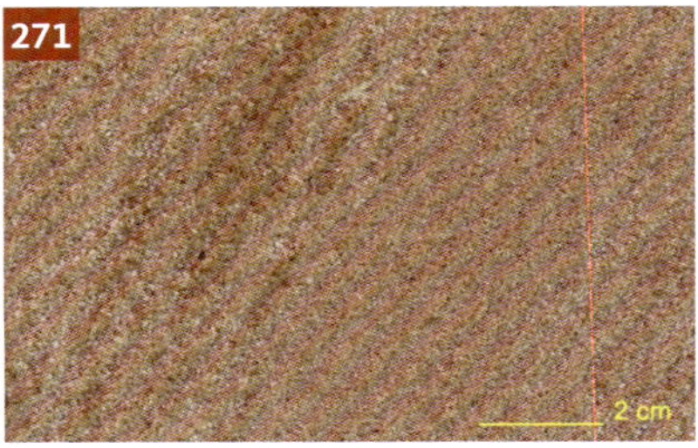

272

(271) Schweinstaler Sandstein (Pfalz)
(272) Schleifsteine für die Edelsteinschleiferei aus Schweinstaler Sandstein

Beispiel: Dünnplattiger Sandstein („Sollingplatten“) *[Buntsandstein]*

273

Eigenschaften: Der dichte Stein lässt sich leicht in Platten zerlegen. Auf den Spaltflächen blinken Plättchen von hellem Glimmer. Im Sägeschnitt ist schwach eine Schichtung zu erkennen. **Entstehung:** Aus der Verwitterungsmasse ferner Gebirge wurde heller Glimmer (Muskovit) eingetragen, vielleicht vom Wind. Heller Glimmer ist zwar weich, aber sehr widerstandsfähig gegenüber der Verwitterung. Der Glimmer legte sich gut eingeregelt ab und ermöglichte die Spaltung. **Verwendung:** Die gesägten Platten mit der natürlichen Oberfläche sind beliebte Platten für den Außenbereich. Im Solling wurden in der Vergangenheit Platten so dünn gespalten, dass sie wie Dachschiefer zum Decken von Dächern und Bekleiden von Wänden verwendet werden konnten.

274

275

(273) Sollingplatten, die wie Dachschiefer verarbeitet wurden (Uslar)
(274) Wesersandstein aus Stadtoldendorf
(275) Feinschichtung im Sägeschnitt

Beispiel: Feinsandig-tonig-schluffiger Sandstein in Helgoland *[Buntsandstein]*

In Helgoland sind die Sandsteine der Buntsandsteinzeit feinsandig-tonig-schluffig. Das Gestein der berühmten Felsennadel und der ganzen Insel ist als Baustein ungeeignet. Dieses Material würde im Binnenland auch keine Klippen bilden, allenfalls dort, wo der Prallhang eines Flusses ständig für den Abtransport des Schuttes sorgen würde. Das Material bildet im Binnenland nur sanfte Hänge. Hier aber räumt das Meer die Schutthalde immer wieder ab und nagt weiter an der Insel. Man verhindert dieses Abnagen durch Schutzmauern, um die Insel zu erhalten. Dadurch wächst ein Gürtel von grünen Böschungen um den Felsen, die Insel wird schließlich zum grünen Hügel werden. Die Helgoländer bauten ihre Häuser vor der Zerstörung aus Holz. Weiße Lagen, die dicksten davon nennen die Helgoländer „Katersand“, sind Flugsand. Dieser wird ausgeblasen, sodass es zu Absätzen kommt, die als Nistplatz dienen.

(276) Lange Anna (Helgoland)

Entstehung der Insel: Salz der Zechsteinzeit, ein leichtes, plastisches-mobiles Material ist aus der Tiefe unter dem Buntsandstein zu einem Salzstock aufgestiegen und hat dabei überdeckende Schichten (auch Muschelkalk und Kreide) mit nach oben gepresst.
Zwischen der Insel und dem ersten Auftauchen der roten Steine im Weserbergland sind diese Schichten durchaus vorhanden, aber in der Tiefe. Man kennt sie aus Bohrungen. Bei Uelzen wurden sie z. B. im Rahmen einer Geothermie-Bohrung in der Tiefe von 3.600 bis 3.800 m angetroffen, wo das eingebrachte Wasser zu einer Temperatur von 140°C erwärmt werden kann.

Sedimentstruktur: Trockenrissen im tonigen Sandstein [*Buntsandstein*]

(277) Platte von Helgoland

Sand mit einem hohen Anteil Ton ist in einer trocknen Zeit geschrumpft, Trockenrisse taten sich auf, die später von einem andersfarbigen Material gefüllt wurden. Der Wechsel von wüstenhafter Trockenheit mit feuchten Zeiten wird in diesen Steinen dokumentiert. **Verwendung:** Sandsteine mit einem hohen Tonanteil werden in der Regel nicht verwendet. Auch auf der Felseninsel Helgoland wurde der dortige sehr tonige Sandstein nicht zum Bauen verwendet.

Sedimentstruktur: Rippelmarken im Sandstein [*Buntsandstein*]

(278) „Wesersandstein“ aus Karlshafen (Weser)

Sandstein, der sich in Platten zerlegen lässt, weist oft das charakteristische Muster von Wellenrippeln auf. **Entstehung:** Während der Buntsandsteinzeit gab es offenbar, zumindest zeitweilig, fließendes Wasser, das vom Wind bewegt oder strömend diese Formen schuf. Damit sie uns erhalten blieben, müssen in einer späteren stillen Phase Tonteilchen oder Glimmer eingetragen worden sein, die sich auf die Rippeln legten. Später darauf geschichtete Sande lassen sich heute dadurch trennen. **Verwendung:** Auf alten Fußweg-Platten lassen sich diese Rippeln manchmal noch erkennen.

Sedimentstruktur: Schrägschichtung im Buntsandstein *[Buntsandstein]*

Eigenschaften: Schichtspuren im Winkel zur Waagerechten, die sich an Steilwänden oder an Gebäudequadern zeigen. **Entstehung:** Flüsse transportieren Sand, indem sie Sandkörper vor sich her schieben. Auf einer ebenen Fläche wandert der Sand vorwärts und rutscht dann an der Vorderkante auf einer Schrägen nach unten, ähnlich wie der Sand auf der Lee-Seite einer Düne. **Verwendung:** Die Flusssande der Buntsandstein-Zeit liefern gute Bausteine. Daher findet man Quader mit Schrägschichtung oft an Bauwerken. Schrägschichtungskörper im waagerechten Sägeanschnitt bieten ein besonderes Bild.

(279) Baustein mit Schrägschichtung, Plassenburg (Kulmbach)
(280) Waagerechter Sägeanschnitt von Schrägschichtungskörpern (Odenwald)

Sedimentstruktur: Rutschbewegung im Sandstein *[Buntsandstein]*

Farbwechsel zeigen an, dass, vielleicht am Ufer eines Flusses oder Prieles, ein weiches Sedimentpaket ins Rutschen geraten ist. Der Steinquader ist sicherlich auf dem Rhein nach Koblenz gekommen und stammt aus einem Steinbruch an Main oder Neckar.

(281) Baustein am Oberlandesgericht Koblenz

Sedimentstruktur: Einschlüsse im Sandstein *[Buntsandstein]*

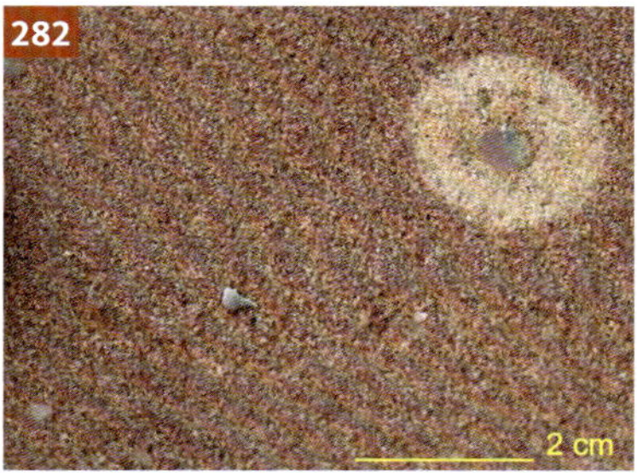

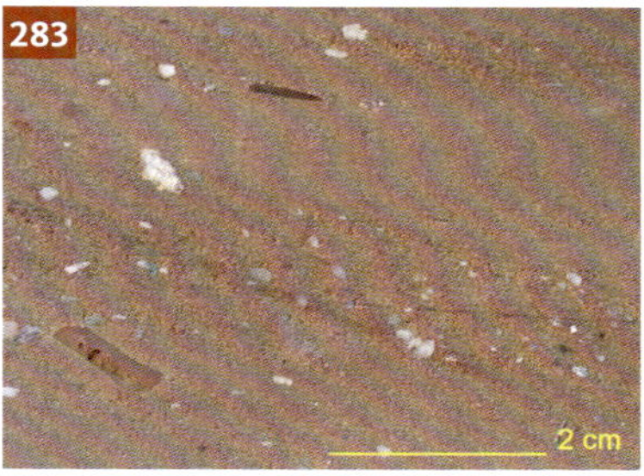

(282) Strahlender Einschluss mit Bleichungszone
(283) Ton- und Quarzeinschlüsse

Ein mineralischer Einschluss von etwa 5 mm Querschnitt hat um sich einen Entfärbungshof geschaffen. Das Hämatit (Fe_2O_3) wurde zerstört, zugunsten einer Eisenverbindung, in der das Eisen zweiwertig ist. Solche Höfe können durch chemische Einwirkung (hier wäre es eine Reduktion) oder durch die Strahlung eines radioaktiven Minerals entstehen. Neben eckigen und abgerollten Einschlüssen, die sicherlich die Verwitterungsprodukte ferner Gesteine sind, können auch Tongerölle eingeschlossen sein. Irgendwo in der Nähe hat es ein flaches Becken mit tonigen Ablagerungen gegeben, das bei Umlagerungen abgetragen wurde.

Buntsandstein in der Landschaft

Buntsandstein ist zwischen Helgoland und Hochrhein zu finden. Der verwitternde Sandstein bildet nur mineralarme Böden, wo oft ausgedehnte Wälder stehen. Jeweils die Ostseiten von Schwarzwald, Odenwald und Spessart sind damit bedeckt. Die Weser und Fulda fließen weitgehend durch Buntsandstein, der Main bei Miltenberg, der Neckar bei Hirschhorn. Er erweist sich nur selten als Klippenbildner. Ausnahmen: FFH-Gebiet „Buntsandsteinfelsen im Rurtal“ (Nordeifel), Hochburg bei Kordel (Region Trier). Die Südpfalz ist mit dem Teufelstisch und zahlreichen anderen roten Klippen und „Fels-Wanderwegen“ eine Hochburg des Buntsandsteins.

284

(284) Einhardsbasilika Michelstadt, Grabstätte eines Vertrauten v. Karl d. Großen. (Odenwald)

Abbau und Verwendung („Mainsandstein“, „Wesersandstein“ u.v.a.)

[Buntsandstein]

Abbau: Der Stein wurde an dutzenden Stellen in Deutschland abgebaut. Heute existieren davon immer noch 15: „Wesersandstein“ (Niedersachsen), „Nebraer S.“ (Sachsen-Anhalt), „Eichsfeld-S.“, Kraftsdorfer S.“ (Thüringen), „Friedewalder S.“, „Niederweimarer S.“, „Odenwälder S.“, „Wolfshäuser S.“, „Werdaer S.“, „Eiterfelder S.“, „Züschener S.“, Külter S.“ (Hessen), „Nideggener S.“, „Wrexener S.“ (NRW), „Britter S.“, (Saarland), „Schweinstaler S.“, „Kyllburger S.“, „Neustadt-Haardter S.“, Bergzaberner S.“, „Neustadt-Haardter S.“, „Kordeler S.“ (Rheinland-Pfalz), „Mainsandstein“, „Wüstenzeller S.“, „Kronacher S.“ (Bayern), „Ebenheiser S.“, „Lahrer S.“, „Neckartäler S.“, „Lossburger S.“ (Baden-Württemberg).

Verwendung: Überall in Deutschland findet man Bauten:

- Römerbauten: Porta Nigra (Trier),
- Dome (Fulda, Speyer, Worms, Mainz), Kirchen (Paulskirche Frankfurt, Münster Freiburg, Stiftskirche Kaiserslautern),

- Klöster (Bad Hersfeld, Lippoldsberg, Paulinzella, Klosterreichenbach),
- Schlösser (Heidelberg, Bischofsresidenz Mainz),
- Burgen (Hanstein, Kulmbach),
- Rathäuser (Römer Frankfurt, Rotes Rathaus Berlin),
- Brücken (Miltenberg, Heidelberg, Moltkebrücke Berlin),
- Hotels (Hamburger Hof, Hamburg).
- Ganze **Städte** sind von dem Stein geprägt: Miltenberg am Main, Hirschhorn am Neckar.
- Das Schwarzwälder **Freilichtmuseum „Vogtsbauernhof"** in Gutach zeigt zahlreiche bäuerliche Gegenstände und Bauten aus dem roten Sandstein, z. B. Flachsbrechen, Öfen und Tröge.

285

286

287

(285) Bienenstand
(286) Milchhäusle
(287) Auch Mühlsteine wurden lokal aus dem Stein gefertigt, obwohl der Quarzabrieb vom Stein im Brot den Zähnen geschadet hat.

Klastische Sedimentite – Sandstein der Keuperzeit

Keuperzeit: Über einen Zeitraum von etwa 25 Millionen Jahren brachten Flüsse das Material aus Skandinavien bis nach Süddeutschland, füllten Flussrinnen aus und bildeten große Schwemmfächer. Durch Verlagerung der Flussläufe wurden an wechselnden Stellen Sandsteinkörper ausgebildet: Der grünliche Schilfsandstein, der weniger feste Stubensandstein, zuletzt der gelbe Rhätsandstein. In Seen zwischen den Flussläufen und Schwemmfächern kamen Tone, Mergel, durch Austrocknung auch Gips zur Ablagerung. Die Sandsteinbänke sind in solche Weichgesteine eingebettet.

Vorkommen: Sandstein der Keuperzeit bildet in der Süddeutschen Schichtstufenlandschaft waldige Höhen: Hassberge, Steigerwald, Frankenhöhe im Osten, Löwensteiner Berge, Stromberg, Heuchelberg, Schönbuch, Rammert und Kleiner Heuberg im Westen. Im Thüringer Becken, um Osnabrück und im nördlichen Harzvorland stehen ebenfalls Keuper-Sandsteine an. Die Schichten sind hier niemals steil aufgestellt, sie liegen meist waagerecht. Wo sich Täler eingeschnitten haben, bildet der Sandstein die bewaldeten

Höhen, Mergelhänge führen in die Täler, oft mit Weinreben bepflanzt. Sind die Schichten geneigt, bilden sie Schichtstufen in der Landschaft.

288

(288) Main bei Volkach: Bewaldeter Sandstein krönt die Mergelhänge mit Weinreben.

289

(289) Jakobskirche in Rotenburg o. d. Tauber

Sandstein des unteren Keuper

[Unterer Keuper]

Handelsnamen: „Freudenbacher S.", (bei Creglingen/Baden-Württemberg), „Neuensteiner S." (Baden-Württemberg), „Schleeriether S." (Bayer. Rhön).

Schilfsandstein [Mittlerer Keuper]

Eigenschaften: Feinkörnige Sandsteine aus Quarzkörnern, untergeordnet auch Feldspäte und Glimmer. Schilfsandstein führt zerkleinerte Reste von Schachtelhalmen. **Entstehung:** Flussablagerung. Handelsnamen: „Neubrunner S.", „Heilbronner S.", „Mühlbacher S.", „Renfrizhausener S.", „Maulbronner S.", „Weiler S." (Kraichgau/Baden-Württemberg), „Sander S." (Franken), „Schötmarer Schilfsandstein", „Meller Sandstein" (Osnabrücker Land).

290

291

(290) Schilfsandstein an der Festung Hohenasperg
(291) Weiler Schilfsandstein, Dammtorbahnhof (Hamburg).

Stubensandstein, Bausandstein [Mittlerer Keuper]

Eigenschaften: Teilweise ein hoher Anteil an Feldspäten. **Handelsnamen:** „Schlaidtdorfer S.", „Schönbuchsandstein", (Baden-Württemberg), „Weißer Mainsandstein", „Schönbrunner S.", „Coburger S." (Franken), „Meller S." (Wiehengebirge/Niedersachsen), **noch im Abbau:** „Pliezhausener S." (Schönbuch/Baden-Württemberg),

Burgsandstein [Mittlerer Keuper]

Eigenschaften: Der fein- bis mittelkörnige **Burgsandstein** besteht aus Quarzkörnern, einem hohen Anteil an Gesteinsbruchstücken und enthält Eisen. Eine Schichtung ist nur zu erkennen, wenn man nach Unterschieden der Korngröße sucht. Manchmal folgt aber der Farbwechsel auch den Schichten. Die braunlila Ausfällungs-Verfärbungen entsprechen aber meist nicht der Schichtung. **Entstehung:** Von einer Landmasse im Bereich Böhmen brachten in der Keuper-Zeit Flüsse das Material und lagerten es im Tiefland am

292

293

(292) Burgsandstein an Gebäude (Nürnberg)
(293) Burgfelsen Nürnberg mit Trittspuren von Menschen

Ufer des Meeres ab. Holzstücke und Saurierspuren zeigen, dass es kein Meeressediment ist. **Verbreitung:** In Nürnberg, nördlich und südlich von Nürnberg. **Verwendung:** Nürnberg und die Städte seiner Umgebung sind von diesem Stein geprägt. Wo die kieselige Bindung schwächer ist, zerfällt der Stein und wird als Sand abgebaut. Im Worzeldorfer Steinbruch wird der Stein heute noch für Restaurationszwecke gewonnen.

Worzeldorfer Sandstein *[Mittlerer Keuper]*

Eigenschaften: Eine besonders harte Variante des Burgsandsteins entstand, als an einer Spalte aus der Tiefe SiO_2-reiche Wässer aufstiegen und in die Poren des Sandsteins eindrangen. Die harte Partie entlang der Spalte bildet den kleinen Höhenzug Wendelstein-Worzeldorf südlich von Nürnberg. Der Worzeldorfer konnte sogar als Pflasterstein verwendet werden.

Rhätsandstein *[Oberer Keuper]*

Eigenschaften: Hoher Quarzanteil (80-90 %), gute Kornbindung, **Verwendung:** In den Regionen aber auch in Hamburg und Berlin. **Handelsnamen:** „Velpker S.", „Hildesheimer Rhätsandstein", „Helmstedter S." (Niedersachsen), „Pfrondorfer-, Tübinger S." (Baden-Württemberg), „Burgpreppacher S.", „Bucher S.", „Heilgersdorfer S.", (Haßberge/Franken), **noch im Abbau**: „Neubrunner S." (Franken), „Seeberger S." (Gotha/Thüringen).
Besonderheit: In Velpke liegt der Sandstein unter eiszeitlichen Sanden. Beim Abbau fand man auf der Oberfläche des Sandsteins Gletscherschrammen. Das Gebiet ist jetzt das Naherholungsgebiet „Velpker Schweiz".

294

295

(294) „Velpker Schweiz", man sieht die Einbettung des Sandsteins in weiche Mergelschichten.
(295) Romanische Kirche Obermerzbach, verschiedene Farbvarianten des Sandsteines

Keuper-Sandstein Verwendung

Historische Gebäude:

- Klöster: Maulbronn, Bebenhausen
- Dome: Bamberg, Köln
- Rathaus Hamburg, Naturkundemuseum und Reichstag Berlin
- Schlösser und Burgen: Wartburg, Würzburg, Tübingen, Erlangen, Bamberg, Nürnberg

296

(296) Refektorium des Klosters Bebenhausen (Baden-Württemberg)

Klastische Sedimentite – Sandstein des Mittleren Jura

Bräunlich gelber ungeschichteter Eisensandstein („Lauchheimer Eisensandstein“) *[Mitterer Jura]*

297

298

Eigenschaften: Fein- bis mittelkörniger Kalk-Sandstein, der durch Limonit braun gefärbt ist. Ein Teil der Körner sind Kalk-Ooide. Der Kalk fungiert auch als Bindemittel für die Sandkörner. **Entstehung:** Während der Dogger-Zeit war Deutschland von einem flachen Meer bedeckt, dessen Küstenlinien sich aber oft veränderten. Fluss-Sande, Tone, Mergel und Kalksandsteine mit Ooiden entstanden in dieser Zeit. Die Ooide bestehen aus Kalk, der im flachen, bewegten Wasser um Kristallisationskerne herum konzentrisch gewachsen ist. Der abgebildete Kalk-Sandstein entstand in einem Meeresbereich, wie die Muschelreste bezeugen. **Verwendung:** Örtlich als Baustein. Etwa 200 km südwestlich in Lauchheim (Ostalbkreis) wird solcher Stein heute noch abgebaut.

(297) Handstück mit Ooiden und Muscheln, Hesselberg (Mittelfranken).
(298) Kirche von Stublang, nordöstlich von Bamberg
(299) Limonitringe: Vielleicht verwandelte Reste eines Ammoniten (im Querschnitt), zunächst Austausch des Kalks gegen Pyrit, später Oxidation des Pyrits zu Limonit.
(300) Muscheln oder Brachiopoden sind hier als Limonit schattenhaft erhalten.

299

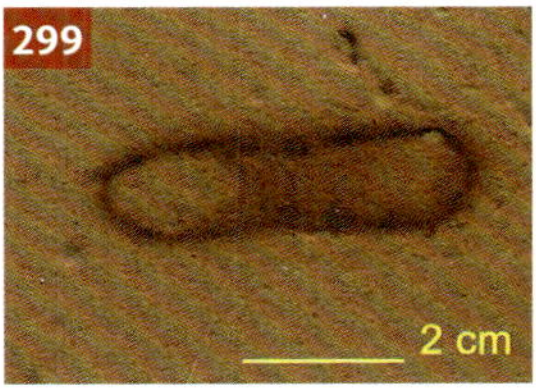

300

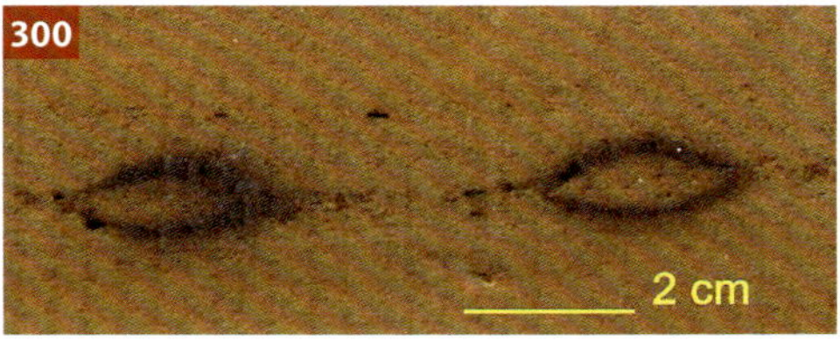

Eisensandstein mit Schrägschichtung *[Mitterer Jura]*

Eigenschaften: Feinkörniger Quarzsandstein mit etwas Muskovit, parallel- und schräggeschichtet. Die Bindung ist kieselig. Auch Limonit, das die Braunfärbung bringt, dürfte bei der Bindung mithelfen. **Entstehung:** Die Schrägschichtung weist auf eine Ablagerung durch Flüsse hin. Die Entstehungszeit, eine Abteilung der Jurazeit, wird auch „Dogger“ genannt (in Süddeutschland „Brauner Jura“). Sande und Sandsteine dieser Zeit sind alle durch Eisen als Mineral Limonit (FeO(OH), Rost) gefärbt. Wenn Eisen in dieser Form auftritt, kann man auf ein feuchtes Klima schließen. **Verwendung:** Aus dem braunen Sandstein wurde das Kloster Banz, die Wallfahrtskirche Vierzehnheiligen und das Ulmer Münster erbaut. Er ist allerdings nicht sehr witterungsbeständig und wird daher nicht mehr verwendet.

301

302

(300 und 301) Klosterruine Gnadenberg, Neumarkt (Oberpfalz)

303

304

Grobsandiger eisenschüssiger Sandstein (Portasandstein) *[Mitterer Jura]*

Eigenschaften: Der Portasandstein ist ein grobkörniger Kalk-Sandstein (mit 14%k Kalk), vorwiegend limonit-gebunden, mit auffälligen dunkelbraunen Lagen, die der Verwitterung besser widerstehen und an Gebäuden plastisch hervortreten. Hier ist der Sand durch Eisenverbindungen verkittet. **Entstehung:** Während der Dogger-Zeit war nur ein kleiner Teil Deutschlands von einem flachen Meer bedeckt. Von einem der umliegenden Festländer muss Eisen eingebracht worden sein, das sich zusammen mit dem Quarzsand und dem Bindemittel Kalk abgesetzt hat. **Vorkommen:** Der Sandstein bildet im Weser-Wiehengebirge eine etwa 40 Meter mächtige Schicht, die zusammen mit anderen Gesteinen nach Norden einfällt und unter die eiszeitlichen Ablagerungen abtaucht. Das harte Schichtpaket bildet die lange Gebirgskette. Wo die Weser dieses Gebirge durchbricht, der Porta Westfalica, ist der Sandstein aufgeschlossen. **Verwendung:** Kaiser-Wilhelm-Denkmal an der Porta Westfalica, Dom zu Bremen, alte Hauptpost Hamburg (Sockel).

(303) Dom aus Portasandstein gebaut, Minden (Westfalen)

(304) Älteste Eisenbahnbrücke über die Süderelbe Harburg (Hamburg)

Klastische Sedimentite – Sandsteine der Kreidezeit

Quarzsandstein (Wealdensandstein, „Obernkirchener-, Bückeburger Sandstein" u. a.) *[Untere Kreide]*

Alter: In der Zeit der Unterkreide lagerten sich in verschiedenen Regionen und nicht gleichzeitig Sandkomplexe ab, die hier zusammengefasst werden.
Eigenschaften: Ca. 80 % Quarz in feinen und gleichmäßigen Körnern, die kieselig verbunden sind und z. T. durch Berührung miteinander punktuell „verschweißt" sind, was die besondere Qualität ausmacht. **Entstehung:** Flüsse brachten den Sand von weit her. Dadurch ist er sehr rein und gleichförmig große Körner blieben zurück. Der Sand wurde am Rande eines großen Meeres, das Nordeuropa bedeckte, abgelagert. Muscheln und Wellenrippeln zeigen ein flaches Meer an, Saurierspuren zeugen aber auch von

305

306
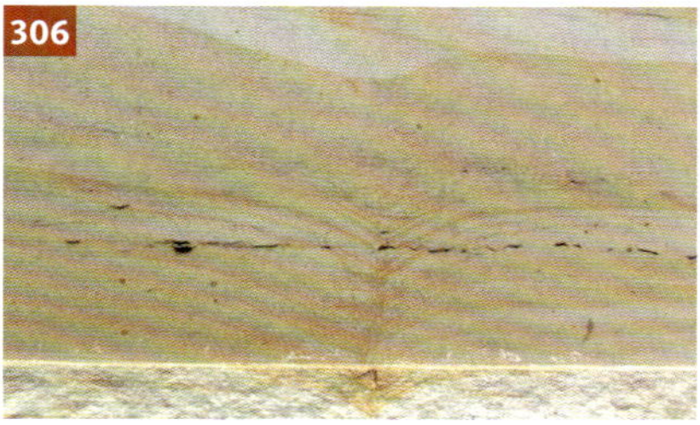

307

(305) Saurier-Trittspur
(306) Obernkirchener Sandstein mit Limonit-Fällungsringen an einer feinen Kluft
(307) Schloss Bentheim aus und auf Bentheimer Sandstein

trockenen Zeiten. **Vorkommen:** Osterwald, Deister, Süntel, Bückeberge. **Verwendung:** Obernkirchener Sandstein wurde und wird in der weiteren Umgebung verbaut: Bremer Rathaus, Hamburger Börse, Siegessäule Berlin, Berliner Dom. Zunächst als Ballast geladen, gelangte er nach Amerika und wurde dort als „Bremer Stein" gehandelt. Er wurde z. B. beim Bau des Weißen Hauses verwendet. Der Stein wird heute noch in Obernkirchen abgebaut. Im Dinopark Münchehagen sieht man eine große zusammenhängende Fläche mit Originalfährten von Sauriern.

Quarzsandstein (Teutoburger-Wald-Sandstein, „Osningsandstein")

[Untere Kreide]

Alter: Etwas jünger als der Wealdensandstein.
Eigenschaften: 80 bis 95 % Quarz in feinen und gleichmäßigen Körnern, die tonig, kieselig oder auch limonitisch verbunden sind. **Entstehung:** Flüsse brachten den Sand von weit her. Dadurch ist er sehr rein und gleichförmig große Körner blieben zurück. Der Sand wurde am Rande eines großen Meeres, das Nordeuropa bedeckte, abgelagert. Muscheln und Wellenrippeln zeigen ein flaches Meer an, Saurierspuren zeugen aber auch von trockenen Zeiten. **Vorkommen: Teutoburger Wald und** Eggegebirge. Er bildet als tektonisch senkrecht gestellte Schicht die mittleren Kämme des Teutoburger Waldes und Klippen (Externsteine, Dörenther Klippen). **Verwendung:** Wie Wealdensandstein. Er wurde bei Bevergern, Riesenbeck, Gravenhorst, Dörenberg, Bielefeld, Detmold und Horn-Bad Meinberg abgebaut, heute nicht mehr. Bauten in Osnabrück, Bielefeld.

308

(3087) Dörenther Klippen
(309) Am Rathaus von Osnabrück. Für die feinen Figuren verwendete man den Baumberger Sandstein.
(310) Torhaus „Römer", 13. Jh. Lengerich

Quarzsandstein (Elbsandstein, „Postaer-, Cottaer- Reinhardsdorfer Sandstein") *[Obere Kreide]*

Eigenschaften: Gelblicher, fein- bis mittelkörniger Sandstein mit gleichmäßiger Körnung. Durch Limonitausfällungen sind oft die Lebensspuren von Würmern oder Krabben zu sehen. **Entstehung:** Von einem südlichen Festland (Böhmen) her brachten Flüsse gut

(311) Das Elbsandsteingebirge gehört mit seinen Tafelbergen, Felstürmen und Schluchten wohl zu den schönsten Wandergebieten in Deutschland.

312

(312) Hausfassade in Magdeburg

sortiertes Verwitterungsmaterial. Feldspäte und Glimmer kommen darin wenig oder in verwitterter Form als Kaolinit vor. Die Quarzkörner sind gerundet. Man unterscheidet in der Verwendung den Cottaer-, Postaer- und den Reinhardtsdorfer Typ. In einem Becken im Bereich einer Ur-Elbe kamen diese Sande in einer deltaähnlichen Landschaft zur Ablagerung. **Vorkommen:** Elbsandsteingebirge und Zittauer Gebirge. **Verwendung:** Nicht nur in Dresden, entlang der Elbe bis Hamburg ist der Sandstein oft und an prachtvollen Gebäuden zu sehen. **Besonderheit:** In Jonsdorf (Zittauer Gebirge) wurde der Sandstein im Neogen durch heiße Phonolith-Lava eines Vulkanes gefrittet. Die Quarzkörner wurden an ihren Berührungspunkten miteinander verschweißt, der Stein behielt aber seine Porosität und Rauigkeit, was ihn als Mühlstein brauchbar machte. Die alten Mühlsteinbrüche sind für Besucher gut erschlossen.

Grünsandstein (Grünstein „Rüthener Grünsandstein“) *[Obere Kreide]*

Eigenschaften: Der Rüthener Grünsandstein besteht zu 77 % aus Quarz. Dazu kommt Kalk als Bindemittel und 13 % Glaukonit. Das grüne Mineral Glaukonit ist ein glimmerähnliches Silikat mit Kalium, Natrium, Magnesium, Aluminium und viel Eisen, das unter tropischen Bedingungen im Flachwasser (oder im Gestein nach seiner Ablagerung) entsteht. Man erkennt keine Glaukonit-Körner, da sich das Mineral als Häutchen um die Quarzkörner legt. **Entstehung:** Der Stein lagerte sich am südlichen Rand eines Meeres ab, während nicht weit davon in tieferem Wasser der Anröchter Kalksandstein entstand. **Vorkommen:** Ein ähnlicher Sandstein, der weniger Quarz und mehr Kalk führt, wird in der Umgebung von Regensburg gefunden. Er wurde als Regensburger Grünsandstein

313

(313) Rüthener Sandstein

(Grüner Donausandstein) bekannt. Die Alpenflüsse führen Gerölle eines ähnlichen Sandsteins. **Verwendung:** Der Rüthener prägt die kleine Stadt Rüthen und wird noch abgebaut. Regensburger Sandstein ist wesentlich für Regensburgs alte Kirchen und Brücken.

Regensburger Grünsandstein („Ihrlersteiner Grünsandstein")
[Oberkreide]

Grüner bis brauner Sandstein z. T. auch Kalksandstein. **Verwendung:** Dom zu Regensburg, Alte Pinakothek München, Befreiungshalle Kelheim.

314

315

(314) Detail vom Regensburger Dom
(315) Reste der St.-Georgs-Kapelle in Regensburg. Ein Brand hat den Grünsandstein gerötet. Das Eisen aus dem Glaukonit liegt jetzt als Hämatit vor.

Verkieselter Sandstein *[Obere Kreide]*

Eigenschaften: Sandstein, dessen Porenraum durch Kieselsäure gefüllt ist. Körner sind nicht mehr unterscheidbar, sandet nicht ab. **Entstehung:** In einen Sandstein ist wandernde Kieselsäure eingedrungen und fest geworden. Solche Sandsteine könnten auch als Quarzite bezeichnet werden (siehe: Knollenquarzit). **Vorkommen:** Lokal ist eine Verkieselung in allen Sandsteinen möglich. Kieselsäure kann z. B. aus abgelagerten Kieselalgen stammen, bei der Diagenese mobilisiert worden oder hydrothermal in Spalten

316

317

(316) Teufelsmauer bei Bad Blankenburg/Harz
(317) Wabenverwitterung am Sandstein der Teufelsmauer

aufgestiegen sein. Das dargestellte Beispiel stammt aus der Teufelsmauer, einer über 20 km langen Klippe. Eine Sandsteinschicht aus der Oberen Kreidezeit wurde beim Aufstieg des Harzes mitgeschleppt und steht nun senkrecht. **Besonderheit:** Kieselsäure, die sich verstärkt in Klüften niedergeschlagen hat, bildet nach der Verwitterung netzartige Strukturen.

Klastische Sedimentite – Sandsteine des Paläogen und Neogen

Sandstein der Molasse *[Obere Meeresmolasse, Miozän, Neogen]*

Eigenschaften: Der feinkörnige, grünlich graue Sandstein ist durch Kalk gebunden. Er nimmt wenig Wasser auf. **Entstehung:** Während der Auffaltung der Alpen senkte sich vor dem Gebirge ein Trog ein, der sich mit den Abtragungsmassen füllte. Flüsse sortierten die Schuttmassen und lagerten in Schuttfächern Geröll, Sande, Kalk und Mergel ab. Mehrfach hatte dieser Trog eine Verbindung mit dem Meer. Die Gesamtheit dieser Schichten wird Molasse genannt (weicher Stein). **Vorkommen:** Im ganzen Vorland der Alpen. **Landschaft**: Die Marienschlucht bei Bodman führt durch dieses Gestein. **Verwendung:** Der leicht zu bearbeitende Stein wurde für Bauzwecke abgebaut, in der Region stehen andere Gesteine nicht zur Verfügung. Regenwasser führte oft zur Auflösung des Kalkes, wonach der Wind den feinen Sand leicht abblasen konnte. Im Lechtal wurde „Lechbrucker Sandstein", „Lechbrucker Molassesandstein" abgebaut, der am Augsburger Dom (Südportal) und am Bayer. Staatsarchiv eingesetzt wurde.

318

(318) Aufschluss im Molassesandstein bei Sipplingen (Bodensee). Kalk, der sich aus dem Kalksandstein gelöst hatte, hat sich hier wieder in Sinterkrusten abgelagert.

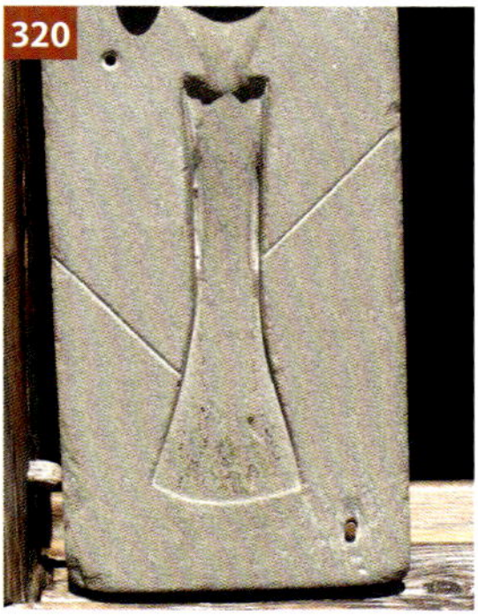

(319) Burg Laubenbergerstein (Allgäu)
(320) Gussform aus der Bronzezeit im Pfahlbaumuseum Unteruhldingen

Klastische Sedimentite – Sandsteine des Quartär

Konglomeratischer Sandstein durch Limonit gebunden [*Quartär*]

Eigenschaften: Bruchstücke und Sand sind in eine braune Grundmasse eingebettet. Die Bruchstücke lassen sich als nordische Geschiebe identifizieren (Feuerstein). **Entstehung:** Quellwasser führt oft gelöstes Eisen mit sich. Beim Austritt wird dieses zweiwertige Eisen von Bakterien in eine dreiwertige Form überführt (oxidiert). Die Bakterien leben vom Energieunterschied. Das Stoffwechselprodukt der Bakterien ist Limonit ((FeO(OH), Rost). Dieses ist auf der Wasseroberfläche als Molekül-dünne **schillernde Schicht** zu beobachten. Später sinkt es zu Boden und bildet rostige Schlämme. Verfestigte Schlämme werden zu Raseneisenerz, das bereits in der Eisenzeit verhüttet wurde. Hier wurde durch Limonit grober Kies zu Sandstein verbunden. Sandsteine mit Körnern über 2 mm Durchmesser gelten als konglomeratisch. **Vorkommen:** Kleine Vorkommen in Flusstälern Norddeutschlands. **Verwendung:** Lokal als Baustein. Die Seitenmauern der Kirche von Hänigsen wurden aus diesem Konglomerat gebaut.

(321) Kirche von Hänigsen (Niedersachsen)

Klastische Sedimentite – Sandsteine als Geschiebe

Jotnischer Sandstein [*Geschiebe -Präkambrium*]

Eigenschaften: Fester, fast quarzitischer Sandstein mit rot-violetten und weißen als Schichtung erkennbaren Streifen. Oft treten Bleichungsflecken auf. **Entstehung:** In der Zeit vor dem Kambrium vor 1,3 Milliarden Jahren (Jotnium) wurde der Sand zu diesem

(322) Geschiebe am Strand von Rügen auf Feuersteinen

Stein abgelagert. **Vorkommen:** Diese Steine gehören zu den ältesten Ablagerungsgesteinen Schwedens. Dort stehen sie in Dalarna (Mittelschweden) an. Sie werden nach ihrer Herkunft auch Dala-Sandstein genannt. Die Geschiebe am Ostseestrand und in Norddeutschland können aber auch aus dem Bereich der mittleren und nördlichen Ostsee stammen. **Verwendung:** Die dauerhaften Geschiebe können auch noch am Rand der Mittelgebirge gefunden werden, verbaut an Dorfkirchen oder im Kopfsteinpflaster.

(323) Grauer, glimmerreicher Sandstein mit Graptolithen, den Charakterfossilien der Silurzeit

Feingeschichteter Sandstein

[Geschiebe -Silur]

Graue, rostbraune, gelbliche, grünliche, rosa und rote Sandsteine aus Skandinavien, die 1,3 Milliarden oder nur 20 Millionen Jahre alt sind, hat das Eis mitgebracht. Man erkennt sie in der Regel an der Schichtung. Manche lassen sich auch an den Schichtflächen zerteilen. Man kann auch Fossilien in ihnen finden. Manche sind sehr hart, ihre Körner sind miteinander verschweißt, dann werden sie als Quarzite den Metamorphiten zugerechnet.

Grüngestreifter Kalmarsund-Sandstein *[Geschiebe-Kambrium]*

Eigenschaften: Fein- und gleichkörniger Sandstein mit deutlich ausgeprägter Schichtung, oft heller Glimmer auf der Schichtfläche, wodurch der Sandstein sich leicht spalten lässt. Manchmal ist er insgesamt grünlich, meist aber schichtweise wechselnd weiß, grau

(324) Kalmarsund-Sandstein mit Schrägschichtung
(325) Wie Höhenlinien auf der Landkarte zeichnen sich Schichten am gerundeten Stein ab.

und grün. Die grüne Farbe bekommt er vom Mineral Glaukonit, einem glimmerähnlichen Silikat (Kalium, Natrium, Magnesium, Aluminium, Eisen), das im Flachwasser tropischer Meere entsteht. **Herkunft:** Dieser Sandstein aus dem Kambrium steht am Kalmarsund an, der Meerenge zwischen Südschweden und der Insel Öland.

Klastische Sedimentite – Grauwacke

Grauwacke (feldspatführender Sandstein) *[Devon, Karbon]*

Eigenschaften: Grauwacke (Harzer Bergmannsausdruck) ist ein rauer, grau bis grünlicher, mittelkörniger Sandstein mit gröberen Partien. Einzelne Körner sind schwer zu erkennen. Selten ist eine Schichtung zu erkennen. Oft gibt es eine graue, tonige Grundmasse (Matrix), wodurch der Stein sehr dicht ist. Die Körner bestehen aus Quarz, Feldspäten und Glimmer. Er tritt in massigen Bänken auf, die durch Tonschiefer-Zwischenlagen getrennt sind.

Entstehung: Grauwacke wurde in einem Meer abgelagert, in das rasch große Massen nur schwach verwitterter Zerfallsprodukte von Gesteinen eingetragen wur-

326

327

(326) Bergische Grauwacke als Kleinpflaster, 7 x 7cm (Hamburg)
(327) Falte in Grauwacke-Bänken im Sormitztal (Thüringen). Dünne, tonige Lagen trennen die Bänke und bilden ein Gleitmittel, das die Faltung erleichtert hat.

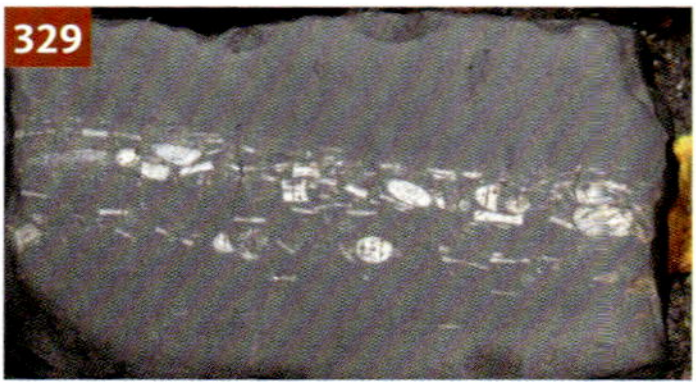

(328) Bergische Grauwacke, Abschlag vom Pflasterstein
(329) Pflaster mit Seelilienstielgliedern

den. Es sind die Schuttmassen des noch jungen Variskischen Gebirges aus der Zeit des Unterkarbons. **Verbreitung:** Harz, Fränkisch-Thüringisch-Vogtländisches Schiefergebirge, Bergisches Land, Sauerland. **Verwendung:** Das zähe Gestein wurde massenhaft zu Eisenbahn- und Straßenschotter verarbeitet. Eine feinkörnige Variante wurde zu Kleinpflaster. Durch seine Dichte eignet sich der Stein zur Herstellung von Pflaster, andere Sandsteine sind in der Regel nicht dafür brauchbar. Durch ihre Dichte, das Fehlen erkennbarer Schichtung, erkennt man die Grauwacke als Pflaster oft nicht, denkt eher an einen Vulkanit. Hin und wieder aber findet man Seelilienstielglieder. **Werkstein**: Becker Grauwacke (Nordeifel), Lindlarer Grauwacke (Bergisches Land) und Edersee-Grauwacke (Hessen) (Ederseetalsperre).

Turbidite sind Gesteine, die durch eine gewaltige untermeerische Hangrutschung entstanden sind. Tubiditströme fließen an steilen Hängen, wenn sie durch Erdbeben ausgelöst werden. Steile Hänge finden sich an den Grenzen der Kontinente zur ozeanischen Platte hin. Bei der Kollision von Platten werden durch Einfaltung Gräben im Meer gebildet, die steile Abhänge haben. Zugleich bringt die Gebirgsbildung Erdbeben mit sich. So treten Turbidite im Zusammenhang mit Gebirgsbildungen auf. Die Zusammensetzung von Turbiditen ist abhängig von den Verwitterungsprodukten des liefernden Gebirges.

Grauwacke mit gradierter Schichtung – ein Turbidit

[Devon, Karbon]

(330) Gradierten Schichtung, Geröll Innerstetal (Harz)
(331) Druckmarken von Turbidit-Strömen, Steinbruch beim Zechenhaus „Untere Innerste" (Harz)

Eigenschaften: Grobe und feine Körner sind im Stein vertreten: rosa Feldspat, grauer Quarz und dunkler Diabas. Alle „schwimmen" in einer feinen Grundmasse. Im unteren Bereich sind die groben Steinchen versammelt, oben sehen wir nur noch kleine bzw. Grundmasse. Zwischen beiden Bereichen ist aber keine Fuge, die kleine Bank ist in einem Vorgang entstanden. **Entstehung:** Diese Verteilung wird so gedeutet: Der ganze Inhalt der Bank ist als Trübe- oder Schlammstrom (Turbiditstrom) an seinen Platz gelangt. Dort haben sich die groben Bestandteile gesetzt.

Klastische Sedimentite – Arkose

Arkose *[Rotliegendes]*

Beschreibung: Eine Arkose ist ein grobkörniger Sandstein mit mehr als 25 % Feldspat, neben Quarz.
Sie ist meist graubraun oder rot. Sie wird von Flüssen abgelagert, aber ohne, dass das Material weit transportiert und sortiert wurde („unreifes Gestein"), ein Flyschgestein. Vom Aussehen her kann sie mit Granit verwechselt werden. **Vorkommen:** In allen Regionen mit klastischen Ablagerungen der Rotliegenzeit, die aus dem Abtragungsschutt des variskischen Gebirges hervorgingen: Saar-Nahe-Gebiet, Schwarzwald, Flechtinger Höhenzug. Bestimmte Teile des Nürnberger Burgsandsteins werden als „Dolomitische Arkosen" angesprochen.

332

(332) Arkose aus dem Rotliegenden Bebertal am Flechtinger Höhenzug (Sachsen-Anhalt)

Kaolinisierte Arkose (Kaolinreicher Quarzsand) *[Buntsandstein-Paläogen]*

Eigenschaften: Das monomineralische Lockergestein Kaolinit liegt hier vermischt mit Quarz vor. **Entstehung:** Das Mineral entsteht durch Verwitterung von Feldspat unter tropisch-feuchten Bedingungen. Ausgangsgesteine können Granit, Rhyolith, Arkose oder vulkanisches Glas sein. Reines Kaolinit entsteht durch die Abtrennung und Umlagerung des Minerals. Bei den Vorkommen in Deutschland handelt es sich um Kaolin, das noch

333

(333) Die Schwerter aus dem Landeswappen wurden zum Zeichen des Meißner Porzellans. Die Ausfuhr des Kaolins war dort ein Kapitalverbrechen.

am Ort seiner Entstehung liegt, also noch vermischt ist mit anderen Bestandteilen des Ausgangsgesteines, vor allem Quarz, also kaolinreicher Quarzsand. Die Verwitterung der Ausgangsgesteine erfolgte im Paläogen und im Neogen. **Vorkommen**: Im Beispiel (Hirschau in der Oberpfalz) war eine Arkose (Buntsandstein) das Ausgangsgestein. **Andere Vorkommen**: Aue (Erzgebirge), hier war ein Granit im Inneren des Berges durch zirkulierendes heißes Wasser (hydrothermal) kaolinisiert worden. Aus der hier gefundenen „Weißen Erde" wurde das erste Meißner Porzellan hergestellt, das der kostbaren chinesischen Ware Konkurrenz machte. Daher wurde Kaolin auch „Weißes Gold" genannt, bei Meißen (Sachsen) verwitterte Rhyolith, in Caminau (Lausitz) verwitterte Granodiorit. **Verwendung:** Kaolin benötigt man zur Herstellung von weißem Porzellan, in der Kosmetik (Puder) und als Füllstoff für Kunststoffe, Papier, Farben und Lacke. Der „Monte Kaolino" in Hirschau, auf dem Sandski gefahren wird, besteht aus dem Restsand nach dem Auswaschen des Kaolins.

334

(334) Kaolinsandgrube Hirschau/Oberpfalz

4.1.3 Tonsteine und Schluffsteine (Pelite)

Klastische Sedimentite – Schluffstein

Pelite: Aus Gründen der Systematik heißen alle feinkörnigen klastischen Sedimentite Pelite. Gemenge aus Quarz oder Gesteinsmaterial heißen Silte oder Schluffe, die meisten Pelite bestehen aus Ton, es sind Tonsteine.

Schluffstein (Löß) *[Quartär]*

Eigenschaften: Schwach verfestigter Stein, der in dünner manchmal auch mehrere Meter dicker Schicht auf anderen Gesteinen aufliegt. Oft enthält er auch Kalk. Die Festigkeit reicht zur Erhaltung senkrechter Wände von Hohlwegen, auch Kellerräume können in den Löß gegraben werden. Er besteht aus feinsten Gesteinskörnern aller Art: Schluff (Silt). Die Korngröße von Schluff ist kleiner als 0,06 mm (ein zwanzigstel mm). Wenn er zwischen den Zähnen knirscht, enthält er Sand. Wenn er sich feucht kneten lässt und glitschig wird, enthält er Ton, dann spricht man von Lößlehm. **Entstehung:** Winde bliesen das Material in den Kaltzeiten des Eiszeitalters aus den schwach bewachsenen Tundren vor dem Eis heraus und trugen es nach Süden. Wichtige Lößgebiete in Asien entstanden durch den Wintermonsun, wenn der Wind aus den zentralen Wüstengebieten zur

335

(335) In der Lößwand dokumentieren helle und dunkle Zonen die eiszeitliche Klimageschichte. Helles entstand in einer Kaltzeit, Dunkles zeigt Bodenbildungen in einer Warmzeit an. Riegel (Kaiserstuhl)

Küste bläst. **Vorkommen:** Überall in Deutschland, oft liegt er vor Bergen, die den Wind abbremsten und damit seine Transportfähigkeit verminderten: Südliche Begrenzung des Norddeutschen Tieflands bei Minden und Braunschweig, westlich von Magdeburg, bei Halle, um Leipzig, in Nordsachsen und in der Oberlausitz, im Münsterland, rund um Köln, bei Frankfurt, um Würzburg, Heilbronn, am Kaiserstuhl, südlich der Donau bei Straubing. **Verwendung:** Auf Löß bilden sich die besten Böden. Das gemischte Gesteinsmaterial bringt viele chemische Elemente mit. Die feinen Körner bieten eine große Oberfläche als Angriffsfläche für die Verwitterung, wodurch die Elemente als natürlicher Dünger für die Pflanzen freigesetzt werden.

Klastische Sedimentite – Ton

Ton

Eigenschaften: Ton ist ein unverfestigtes Gestein, das aus plättchenförmigen Teilchen besteht. Diese sind so klein, dass man sie mit einem Lichtmikroskop nicht sichtbar machen kann. Er knirscht nicht zwischen den Zähnen. Wird er angefeuchtet, wird er klitschig und lässt sich kneten. Er nimmt intensiv Wasser auf, lässt sich in Wasser aufschwemmen und setzt sich nur langsam wieder ab. **Farbe:** Je nach Spuren-Anteilen an Eisen, Mangan oder organischer Substanz sieht Ton weiß, gelb, braun oder schwarz aus. **Mischungen:** Die Mischung Ton-Sand wird als **Lehm** bezeichnet, Ton-Kalk als **Mergel**. **Entstehung:** Tonminerale sind Aluminiumsilikate, z. T. mit Magnesium, die durch die Verwitterung von Silikaten entstehen (Feldspat, Glimmer, Augit, Hornblende etc.). Als Schwebeteilchen (Trübe) gelangt der Ton dann mit den Flüssen in Binnenseen oder ins Meer. Auch hier wandert er noch mit den Strömungen. Erst im Stillwasser setzt er sich ab. Auch der Wind kann große Mengen verfrachten. Es gibt aber auch Tone, die an Ort und Stelle, wo sie durch Verwitterung entstehen, liegen bleiben. Das geschieht im tropischen Klima mit reichlichen Niederschlägen. Hier verwittern die Gesteine tiefgründig durch einsickerndes Wasser. Die Tone des Westerwaldes sind von dieser Art. Hier verwitterten im Paläogen und Neogen die Schiefer, Diabase und Schalsteine aus der Devonzeit. **Vorkommen:** Tonschichten setzten sich in tieferem Wasser oder in Binnenseen ab. Wo sie metamorph zu Schiefer wurden, entstand durch Verwitterung oft daraus wieder Ton. Solche Tone wurden im Westerwald durch vulkanische Decken vor der Abtragung geschützt. Oft setzte sich zusammen mit dem Ton auch Kalk ab. Dieser Mergel ist ab einem gewissen Kalkgehalt nicht mehr brauchbar. Oft wurde aber das Material durch einsickerndes Grundwasser entkalkt. Ton und Mergel fallen im Gelände nicht auf.

336

(336) Waldweg im Deister (Unterkreide)

Ton Verwendung:

Ton ist ein wichtiges Material, um die Seedeiche an unseren Küsten abzudecken, da die Kerne der Deiche mangels anderen Materials aus Sand bestehen. Teiche, Kanäle und oft auch Mülldeponien werden damit abgedichtet. Tonschichten der Lias-Zeit sind im Auswahlverfahren für ein Atommülllager. Aus luftgetrockneten Ziegeln aus einem Ton-Sand-Gemisch wurden schon im alten Ägypten große Bauten errichtet.

Backstein, der aus einer Ton-Sand-Mischung gebrannt wird, ist der Baustein Norddeutschlands. Hier entwickelte sich in der Gotik daraus die Bautradition „Backstein-Gotik". Die rote Farbe erscheint beim Brennen, weil der Eisenanteil im Ton, der bei der Ablagerung in meist schwarzen Verbindungen vorlag, zu Hämatit (Fe_2O_3) oxidiert. Gelbe Steine entstehen aus kalkreichen, eisenarmen Tonen. Bei 900 °C entstehen weiche

337

338

339

(337) Stadttor Neubrandenburg (Mecklenburg)
(338) Lehmhaus in Schlitz (Hessen)
(339) Tonabbau in Boden bei Montabaur (Westerwald), dem „Kannebäcker-Ländle"

poröse Ziegelsteine, bei 1200°C sehr dichte und harte Klinker. Es gibt in Deutschland etwa 20 Ziegeleimuseen. Der Ton aus dem Westerwald wird als Rohstoff der keramischen Industrie geschätzt. Ganze Güterzüge mit dem Material fahren bis nach Italien.

Blähton: Moderne Backsteine haben möglichst große Hohlräume zur besseren Wärmedämmung. Blähton-Kugeln werden aus kalkarmem Ton mit organischen Einschlüssen in Drehrohröfen gebrannt. Die organischen Anteile verbrennen, das entstehende CO_2 bläht das Ganze auf. Mit einer Zementbindung werden aus Blähton leichte Bauplatten (Leichtbeton) hergestellt. Für Hydrokultur, Dachbegrünungen und als Filtermaterial für Gas und Wasser verwendet man Blähton.

Keramik: Das erste Objekt aus gebranntem Ton ist 30.000 Jahre alt. Seit 15.000 Jahren formen Menschen Vorrats- und Kochgefäße aus Ton und brennen sie. Sie formen Bausteine und Plastiken. Keramik ist der erste Kunststoff, den der Mensch herstellte. Bis heute hat kein anderer Kunststoff das Porzellan und das Steinzeug ersetzt. Heute spielen keramische Werkstoffe in vielen Bereichen der Technik eine große Rolle.

Tonablagerungen (Schlick) *[Gegenwart]*

Eigenschaften: Der Schlick der Nordseewatten, der Elbe, der Weser und der Ems besteht zum größten Teil aus Tonmineralien, etwas Sand und organischer Substanz. Die schwarze Farbe rührt von Eisen und organischer Substanz, die unter der Oberfläche wegen Sauerstoffmangels nicht abgebaut wird. **Entstehung:** Die Flüsse tragen Tonminerale zum Meer. Im Hin und Her der Gezeiten werden sie nicht weiter hinausgetragen, sondern kommen küstennah zur Ablagerung. **Vorkommen:** Schlick setzt sich und baut die Watten und die Marschen auf. **Verwendung:** In der Vergangenheit wurden von zahlreichen kleinen Ziegeleien die obersten Meter des Marschentons abgebaut und zu Ziegelsteinen (Backsteinen) verarbeitet. Die charakteristischen Backsteinbauten der Hansestädte wurden aus diesen Steinen aufgebaut. Beim Brennen des schwarzen Schlicks verbrennt die organische Substanz und das Eisen oxidiert zu Hämatit (Fe_2O_3), das den Steinen ihre rote Farbe gibt. Der Abbau des Schlicks erfolgte in vielen Fällen außerhalb der Deiche. Durch wiederholte Überflutungen setzte sich dort erneut Schlick ab.

340

341

(340) Elbschlick bei Haseldorf bei Niedrigwasser (Niederelbe)
(341) Im historischen Ringofen in Drochtersen (Niederelbe) werden Backsteine entnommen aus dem grauschwarzen Schlick der Elbmarsch.

342

(342) Im leicht verfestigten Schlick zeigt sich der Schichtaufbau durch Materialwechsel, z. B. der Sandeintrag durch Sturmflut.

Klastische Sedimentite – Schieferton

Schieferton *[Lias]*

Eigenschaften: Schieferton oder schiefriger Ton ist ein bröckeliges, feinkörniges Material, das sich langsam mit Wasser vollsaugt und plastisch wird. Eine schieferähnliche Parallelstruktur lässt sich nicht als Schichtung (Materialwechsel) deuten. Die Farbe ist meist schwarzgrau durch Einlagerung von organischer Substanz. Oft befinden sich Reste von Meerestieren und Kalkkonkretionen im Tonschiefer, ein Kalkanteil ist möglich. Bei einem höheren Kalkanteil spricht man von Mergel. **Entstehung:** Schieferton entsteht aus Ton. Unter dem Druck darüber lagernder Schichten wurde das Wasser ausgepresst. Die plättchenförmigen Tonteilchen hatten sich bereits bei der Absetzung in paralleler Lage abgesetzt. Dies wurde beim Zusammenpressen noch verstärkt. Die Parallelstruktur hat nichts mit der echten Schieferung (s. Schiefer) zu tun. **Vorkommen:** Große Lager entstanden in der Zeit des Unteren Jura (Lias). Diese finden wir heute unterhalb des Steilabfalls der Schwäbischen und Fränkischen Alb. Schieferton gleichen Alters liegt in Norddeutschland im Raum Herford. **Verwendung:** Überall wurde der Schieferton zur Herstellung von Ziegelstein abgebaut.

343

(343) Aufgelassene Ziegeleigrube Marloffstein (Erlangen)

(344) Verwitterungsrinde von Toneisenstein
(345) Ammonitenbruch, Turmschnecke, Belemniten. Wenn in der Tongrube nicht mehr abgebaut wird, findet man nicht die schönen Ammoniten, aber doch eindeutige Zeugnisse des früheren Lebens.

Klastische Sedimentite – Tonstein

Tonstein mit Trockenrissen und Saurierspuren [Rotliegend]

Eigenschaften: Durch Hämatit rot gefärbter Tonstein. Die tonige Herkunft ist an den Trockenrissen zu erkennen. Nur Tone schwinden beim Austrocknen so stark. **Entstehung:** In einem flachen Becken im Zentrum des Großkontinentes Pangäa lagerten sich im Unteren Perm (Rotliegendes) im Wechsel ab: Ton, Silt und Feinsand. Nach Regenfällen trocknete das Becken rasch wieder aus. **Vorkommen:** In einem Steinbruch bei Tambach-Dietharz sind die Sandstein-Bänke durch dünne Tonsteinschichten getrennt. Hier wurden die Spuren früher Saurier gefunden. Sehr ähnliche Tonsteine, die aber auch in Bänke mit Sand und Kalk übergehen, findet man in den Ablagerungen der Buntsandsteinzeit. Die weichen Schichten sind selten so gut aufgeschlossen wie auf der Felseninsel Helgoland. Unter der Klippe findet man schöne Stücke mit Trockenrissen.

(346) Bromacker bei Tambach-Dietharz (Thüringer Wald)
(347) Helgoland, festere Mergelbänke geben etwas Halt. Weiße Sande bilden dünne, unverfestigte Zwischenlagen, die durch den Wind ausgeblasen werden. Hier liegen die besten Nistplätze.

Klastische Sedimentite – Kupferschiefer

Kupferschiefer *[Unterer Zechstein]*

Eigenschaften: Kupferschiefer ist kein echter Schiefer, kein metamorphes Gestein. Er ist ein schwarzer, plattiger Tonstein mit Kalkanteil (Ton-Mergelstein). Durch organische Substanz und fein verteilten Pyrit ist er schwarz. In feiner Verteilung enthält er Sulfide (Schwefelsalze) von Kupfer, Silber, Zink, Blei, Nickel, Kobalt, Molybdän, Palladium, Selen, Tellur, Gold und Uran. **Entstehung:** Nach einer langen Wüstenperiode drang das Meer am Ende des Unteren Perm (Rotliegendes) über Teile des großen Kontinentes Pangäa vor. Von umliegenden Festländern wurden Tonminerale und metallhaltige Lösungen eingeschwemmt. Das flache Meer hatte eine sauerstoffarme, lebensfeindliche Bodenzone, in der herabgesunkene Tierkadaver unverändert eingebettet wurden. **Vorkommen:** Unter den Kalken des Zechsteins erstreckt sich das dünne Kupferschieferflöz bis Polen

348

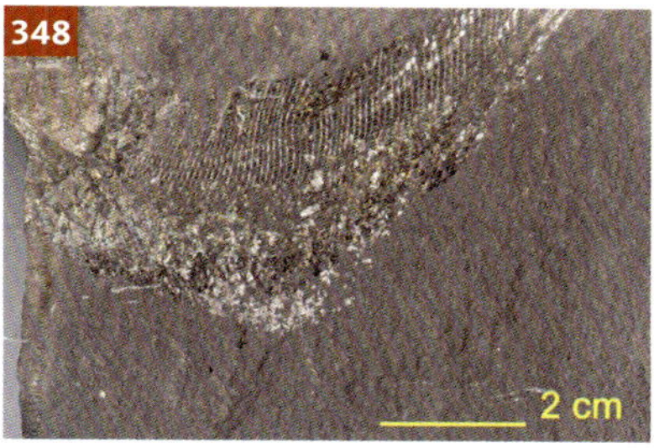

349

350

(348) Fischabdruck von einer Halde im Höllental (Hoher Meißner)
(349) Kupferschieferschlacke
(350) Kupferschieferhalde

und zur Nordsee. Das „Liegende" dieses Flözes (was die Bergleute unter der gesuchten Lage vorfanden, nannten sie „das Liegende") heißt Rotliegendes. Das „Hangende" (was über dem Stollen hängt) bilden die Kalke des Zechsteins. **Aufschlüsse und Bergbau:** Süd- und Westrand des Harzes, Mannsfelder Land, Südrand des Kyffhäuser, Nordrand des Thüringer Waldes, Höllental am Meißner, Richelsdorfer Gebirge und Sontra/Nordhessen, Bieber/nördlicher Spessart. **Verwendung:** Für die DDR war das schwierig abzubauende Flöz der einzige Kupferlieferant. Es gibt kaum Aufschlüsse, aber zahlreiche schwarze, meist nur spärlich bewachsene Halden locken die Sammler an. **Schaubergwerke:** Röhrigschacht in Sangerhausen-Wettelrode (Harz), Grube Gustaf am Meißner (Nordhessen).

Klastische Sedimentite – Ölschiefer

„Ölschiefer" (Bituminöser Tonstein) *[Paläogen]*

Eigenschaften: Kein echter Schiefer, sehr feinkörniges, wasserreiches Gestein mit einem Gehalt von Kerogen, einer Vorstufe von Erdöl. Es lässt sich mit einem Messer in sehr dünne Lagen zerlegen. Beim Austrocknen zerfällt es zu papierfeinen, silbrig glänzenden Lagen („Papierschiefer"), die sich leicht verbiegen. **Entstehung:** Der sogenannte Ölschiefer ist kein echter Schiefer. Seine feinlagige Struktur ist die Schichtung von Ton, Schluff und organischem Material in ruhigem Wasser. Der kleine See war ein Maar, Krater eines im Paläogen explodierten Vulkans. Wegen der Tiefe gelangte kein Sauerstoff an seinen Grund (reduzierende Bedingungen). Lebewesen konnten das absinkende organische Material nicht verwerten. Dadurch wurde die feine Schichtung nicht durch Sedimentfresser oder die Wohnbauten von Wasserfilterern zerstört. Nach etwa 300.000 Jahren deckte ein Vulkan das Ganze mit einem 100 m dicken Basalt zu. **Verwendung:** Der Ölschiefer von Stöffels wurde nicht wegen seines Ölgehaltes abgebaut. Er wurde unter dem Basalt zufällig entdeckt.

(351) Basalt über Ölschiefer

Messel: Der ebenfalls in einem Maar entstandene Ölschiefer von Messel wurde zur Gewinnung von Treibstoff bis 1971 gefördert. Beide Süßwasser-Ölschiefer sind heute geschützte Geotope (Messel ist Weltnaturerbe). In beiden wird noch weiter systematisch nach Fossilien gegraben. Es sind hochbedeutende Fundstätten von Landwirbeltieren und Insekten, die in hervorragender Erhaltung vorliegen (Museum Messel und Senckenberg Naturmuseum Frankfurt).

352

(352) Erlebnispark Stöffel (Westerwald)

Klastische Sedimentite – Posidonienschiefer

„Posidonienschiefer" (Bituminöser Tonstein) *[Lias]*

Name: Traditioneller Name, kein echter Schiefer! Namensgebend war die Muschel *Posidonia bronni*, sie heißt heute *Bositra buchii*. Außerdem gibt es noch einen Tonschiefer im Unterkarbon mit diesem Namen. **Eigenschaften:** Der asphaltgraue bituminöse Tonstein, ein sogenannter Ölschiefer, lässt sich in dünne Platten spalten, die die Schichtung darstellen (nicht Schieferung). Es kommen auch festere (kalkreiche)

353

(353) Sammlergrube Kromer in Holzmaden (Baden-Württemberg)

354

(354) Kalkige Partie mit Bositra buchii

Platten vor. **Entstehung:** In der Jurazeit hatte das große Tethysmeer (aus dessen Ablagerungen später die Alpen entstanden) einen weit nach Norden reichenden Ausläufer. Er war sehr flach und schlecht mit Sauerstoff versorgt. Neben Ton und Kalk sanken auch viele Tierkadaver zu Boden, die nicht zersetzt werden konnten. **Vorkommen:** Dem Steilabfall der Schwäbischen Alb (Albtrauf) nördlich vorgelagert (dem Steilabfall der Fränkischen Alb östlich). Weltbekannt wegen seiner Fossilien (Fischsaurier) ist das Vorkommen von **Holzmaden**. Hier zeigen Museen (Urweltmuseum Hauff) die besten Stücke. In mehreren Klopfsteinbrüchen können Besucher ihr Glück versuchen. Im ganzen mitteldeutschen Raum wurde Lias abgetragen, erst **im Norden** gibt es wieder Posidonienschiefer, z. B. in der aufgelassenen Mergelgrube Braunschweig-Hondelage. Funde aus dieser Grube sind im FEMO/Königslutter zu sehen. **Verwendung:** Gewinnung von Tisch- und Bodenplatten. Im Zweiten Weltkrieg versuchte man vergeblich, Treibstoff daraus zu gewinnen. In Dottenhausen gewinnt ein Zementwerk seine Energie aus dem Gestein und nutzt den Rückstand (Ton) zur Zementproduktion. Auch dort werden Fossilien geborgen und ausgestellt.

Klastische Sedimentite – Mergel

Bunter Mergel *[Buntsandstein, Keuper, Lias]*

Eigenschaften: Mergel ist eine Mischung von Ton und Kalk. Er ist eher bröckelig als schmierig. Oft enthält er Kalk als Knollen oder Bänkchen. **Farbe:** Schwarz, grün, rot. **Entstehung:** Ton als Schwebstoff und Kalk in Lösung werden vom Wasser weit transportiert und daher auch gerne im gleichen Raum abgesetzt. Aber sie können zusammen kein festes Gestein bilden. Überwiegt Kalk entsteht ein Mergelkalk. **Vorkommen:** Die Buntsandstein-Zeit ging mit einer Mergelablagerung zu Ende (Röth). In der Keuperzeit lagerten sich Mergel oft im Wechsel mit Sandsteinen ab, z. B. am Oberlauf des Mains. Sandstein bildet die Berge (Steigerwald), Mergel bildet die Weinhänge darunter. Ähnliche Verhältnisse findet man auch am Neckar oder bei Heilbronn. Im Thü-

355

(355) Mergelhänge im Nebelhorngebiet (Allgäu)

ringer Becken in Mittelfranken, im Schichtstufenland werden große Flächen durch Mergel eingenommen, in die gelegentlich Gipsschichten eingelagert sind. In den deutschen Alpen fallen hohe mit Gras bewachsene Berge zwischen den steinigen Dolomit-Gipfeln auf. Es sind schwarze Mergelberge. Im Wechsel mit Kalk findet man im Münsterland Mergel. **Verwendung:** Mergel wird heute in großen Mengen als Rohstoff für Zement gebraucht. Früher diente er der **Landwirtschaft** als eine Art Dünger. Im 19. Jh. wurden viele Sümpfe und Moore trockengelegt. Man mergelte: Kalk neutralisierte die sauren Moorböden und Ton gab ihnen eine gewisse Festigkeit. Die Erträge gingen aber schnell zurück, weil dem Mergel die Nährstoffe fehlen (Nitrate, Phosphate). Der Boden war dann „ausgemergelt".

(356) Kahle Mergelhänge unter der Gleichenburg (Thüringen)

Klastische Sedimentite – Kalkmergel

Kalkmergel-Stein *[Oberjura]*

Eigenschaften: Ab 65 % Kalk spricht man von Kalkmergel. Diese Mischung erreicht schon eine gewisse Festigkeit. **Entstehung:** Der lösliche Kalk und der schwebefähige Ton kommen im Flachwasser oft gemeinsam zur Ablagerung. **Vorkommen:** Viele Kalkschichten werden von Mergel und Mergelkalk begleitet, der im Gelände nicht auffällt. Im Steinbruch Langenberg bei Oker z. B. wurde der harte Korallenoolith abgebaut, die mergeligen Schichten blieben stehen und bieten dem Betrachter der überkippten Schichten einen Blick auf die Schichtfläche, die von Grabgängen eines Krebses durchzogen sind.

357

(357) Mergelkalk mit dem Spurenfossil Thalassinoides (Steinbruch am Langenberg, Oker, Harzvorland)

4.2 Chemische Sedimentgesteine

4.2.1 Eindampfungsgesteine (Evaporite)

Eindampfungsgesteine (Evaporite)

Evaporite entstehen bei der Eindampfung von Wasser. Die Ausscheidung erfolgt in einer bestimmten Abfolge (Salinarzyklus), die sich wiederholen kann, aber auch nicht immer vollständig ist: Zuerst wird Kalk ($CaCO_3$) abgeschieden, dann Gips oder Anhydrit ($CaSO_4$), dann Steinsalz (Halit, NaCl), dann die Kalisalze (Kalium/Magnesium-Chloride/Sulfate). Wo man Gips findet, ist Salz meist nicht weit. Wobei Gips sich trotz seiner Löslichkeit eine Weile an der Erdoberfläche hält, Salz in unserem Klima allerdings nicht. Man darf es aber in der Tiefe vermuten. Wirtschaftlich wichtig sind die Kalisalze als Düngemittel.

Gips *[Zechstein, Oberer Buntsandstein, Mittlerer Muschelkalk, Keuper]*

Eigenschaften: Graues, weißes, manchmal rötliches, weiches Gestein, ritzbar mit dem Fingernagel (Härte 2). Braust mit Salzsäure nicht auf. Oft grau gebändert. Es besteht nur aus dem Mineral Gips ($Ca(SO_4) \cdot 2H_2O$, Kalziumsulfat mit Kristallwasser) und Beimengungen, z. B. Ton. An der Oberfläche gefundene Stücke zeigen Lösungsspuren. **Entstehung:** Die größten Vorkommen in Deutschland entstanden im Zechstein, weitere im Oberen Buntsandstein, im Mittleren Muschelkalk und im Keuper. **Vorkommen:** Drei Gipsberge ragen aus dem eiszeitlichen Lockermaterial Norddeutschlands heraus: Lüneburg (Niedersachsen), Bad Segeberg (Holstein) und Sperenberg (40 km südlich von Berlin). Zechstein-Gips wurde hier durch aufsteigende Salzstöcke mit nach oben genommen. Massiv Landschaft bildend findet man ihn im Südharz und am Süd-Kyffhäuser. Bei Mosbach am Odenwald liegt Gips aus dem Mittleren Muschelkalk. Vom Grabfeld, über Steigerwald, Frankenhöhe bis Stuttgart und den Kraichgau zieht sich ein breites Band gemischter Ablagerungen aus der Keuperzeit mit Sandstein, Mergel und Gips.

Landschaft: Ausstreichender Zechstein-Gips im Südharz und am Süd-Kyffhäuser bildet Karst mit Bachschwinden und Erdfällen. Der Rhumesprung ist die große Karstquelle, wo das versickerte Wasser wieder auftaucht.

358

(358) Hausmauer in Questenberg/Südharz

Verwendung: Wo Gips ansteht, findet man ihn hin und wieder als Mauerstein verwendet. Oft sind an den Mauern aber die Spuren des herablaufenden Wassers als Lösungsrunsen zu sehen. Neben Kalk diente er von alters her als plastisches Material und als Mörtel. In der Minoischen Kultur spielte er eine große Rolle. Im Südharz wird er in großen Steinbrüchen gewonnen und zu Leichtbauplatten (Rigips) verarbeitet. Im Bauwesen brauchte man ihn früher für Stuck, heute noch als Feinputz und Fugenweiß. Mit Brei von gebranntem Gips werden Abgüsse hergestellt und Verbände stabilisiert.

359

360

(359) Gipslandschaft bei Bad Frankenhausen (Kyffhäuser)
(360) Gips als Schichtrippe im Mergel (Thüringer Becken)

361

(361) Aufquellung wegen Quellung am „Kalkberg“ Bad Segeberg

Anhydrit *[Zechstein]*

Eigenschaften: Anhydrit ist die Form des Kalziumsulfates ohne Kristallwasser. **Entstehung:** Er scheidet sich ab, wenn das Meerwasser bei der Verdunstung mehr als 35 °C hat. Aus Gips entsteht Anhydrit, wenn die Lagerstätte so sehr unter Druck des auflagernden Gesteins steht, dass das Kristallwasser ausgepresst wird. Dabei nimmt das Volumen ab. Nimmt der Druck wieder ab und steht Wasser zur Verfügung, quillt er wieder zu Gips auf. Das geschieht immer dann, wenn er an die Erdoberfläche kommt. Bei Tunnelbauten oder bei Bohrungen kann quellender Anhydrit sehr gefährlich werden, denn es werden große Kräfte dabei freigesetzt. **Vorkommen:** Überall wo Gips vorkommt.

Kalk und Gips als Mörtel: Im Mittelalter unterschied man nicht streng zwischen Kalk und Gips. Die Gipsberge in Lüneburg und Bad Segeberg, an denen man Gips abgrub und zu Mörtel brannte, heißen heute noch Kalkberge. Beide Gesteine werden ja gebrannt und später wieder mit Wasser vermischt, wenn man sie zu Mörtel verarbeiten will. Die chemischen Vorgänge gleichen sich aber nicht. Beim Kalk wird das Gestein zersetzt zu Kalziumoxid und Kohlendioxid. Beim Abbinden nach der Verarbeitung muss der Mörtel wieder Kohlendioxid aufnehmen. Es entsteht wieder Kalk. Beim Gips wird lediglich das Kristallwasser ausgetrieben. Beim Abbinden nimmt er das dann wieder auf. Auch in der Verwendbarkeit gibt es Unterschiede. Gips ist für den Außenbereich nicht geeignet.

Variation: Alabaster *[Zechstein]*

Eigenschaften: Alabaster ist Gips ohne Verunreinigung. **Entstehung:** Linsen von reinem Gips haben sich im grauen Gips zu Konkretionen zusammengezogen. **Verwendung:** Alabaster lässt sich schneiden und drechseln. An der Kanzel und Epithape im Dom zu Magdeburg.

362

363

(362) Alabasterlinsen im Gips in Questenberg/Südharz
(363) Bemalte Skulptur in einer Coburger Kirche

Variation: Fasergips
[Mittlerer Muschelkalk]

Fasergips kristallisiert sich aus Lösungen in Spalten und Schichtfugen aus. Er kann Mächtigkeiten erreichen, die abbauwürdig sind.

(364) Fasergips in Muschelkalk (Jena)

364

Variation: Marienglas

(365) Die durchsichtigen Tafeln wachsen in Hohlräumen, in die Wasser mit gelöstem Gips eingetreten ist. Früher wurden Marienbilder oder Reliquiengefäße damit verglast.

365
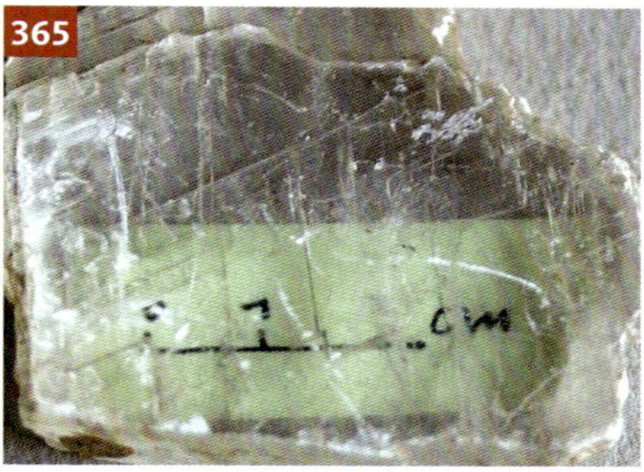

Karstformen im gebänderten Gips

In den Gipslandschaften sieht man schwach bewachsene Hänge, Erdfälle, Bäche verschwinden plötzlich, Wasser tritt anderswo als starke Quelle wieder aus. **Höhlen**: Von 50 Schauhöhlen in Deutschland sind nur drei Gipshöhlen. Diese entstehen nicht durch durchströmendes Wasser, sondern durch Grundwasser. Es entsteht kein Tropfstein: Segeberger „Kalkberghöhle" (Schleswig-Holstein), „Barbarossahöhle" (Kyffhäuser), Heimkehle Uftrungen (Südharz). In der „Marienglashöhle" Friedrichroda (ehemal. Bergwerk, Thüringer Wald) hat sich Marienglas in einem größeren Hohlraum gebildet.

366

367

(366) Höhle bei Markt Nordheim/Mittelfranken
(367) Der wasserlösliche Gips bildet, ähnlich wie Kalk, natürliche Karstskulpturen, die durch ihre Bänderung besonders plastisch wirken. Die schwarzen Lagen enthalten Ton und organische Substanz. Markt Nordheim-Herbolzheim (Mittelfranken).

Eindampfungsgesteine – Steinsalz

Steinsalz (Halit) *[Zechstein, Mittlerer Muschelkalk, Paläogen]*

Eigenschaften: Ein leichtes Gestein (2,1g/cm³), das nur aus einem Mineral, dem Halit (NaCl), besteht. Härte 2, mit dem Fingernagel eben ritzbar, spaltbar in drei Ebenen. Farblos, transparent, oft durch Spuren von Eisen rot gefärbt. **Entstehung:** Steinsalz gehört zu den Evaporiten (s. Exkurs). Mächtige Salzlager entstanden in der Zechsteinzeit.

368

369

370

(368) Spaltstück von Halit aus der Asse (Harzvorland), die als ungeeignetes Atommülllager in Verruf geraten ist.
(369) Salzbiotop über einem Salzstock. Hier wachsen Queller und Strandflieder Bad Oldesloe. (Holstein)
(370) Abraumhügel Buggingen, der dringend abgedeckt werden müsste. (Oberrhein)

Ein Meeresbecken, das Nord- und Mitteldeutschland bedeckte, trocknete mehrfach aus und wurde anschließend wieder geflutet. So entstanden mehrere durch Gips und Anhydrit getrennte Stein- und Kalisalzflöze, manche einige hundert Meter mächtig. Etwa gleichzeitig wurde auch im Süden, bei Berchtesgaden, Salz abgelagert. Im Mittleren Muschelkalk gab es erneut austrocknende Meeresbecken mit Salzablagerung und im Paläogen im Oberrheinischen Graben. **Vorkommen:** An der Oberfläche ist Steinsalz in unserem feuchten Klima nicht zu finden. Es wird bereits vom Grundwasser aufgelöst und tritt mit diesem als Sole zu Tage. An solchen Stellen wurden Städte durch das Salz reich, z. B. Lüneburg. Die Namen Halle, Schwäbisch-Hall, Hallein, Friedrichshall, Salzwedel, Salzdetfurth und Salzelmen weisen auf Salz hin. **Verwendung:** Im Mittelalter wurden diejenigen reich, die über Salz verfügten, das war immer solches, das als Sole zu Tag kam. Wichtige **Sole-Orte:** Bad Frankenhausen, Halle, Bad Salzungen, Paderborn, Bad Gandersheim, Salzgitter-Bad und Berchtesgaden. Als Speisesalz und für viele technische Prozesse wird Steinsalz benötigt. Seit Mitte 19. Jh. wurde das Kalisalz zum wichtigeren Produkt, weil es als Düngemittel weltweit abgesetzt werden konnte. Die meisten Bergwerke wurden dafür abgeteuft. Oft ist das zwangsläufig mit geförderte Halit ein Problem. Halden davon entlassen ständig Sole ins Grundwasser. **Besucherbergwerke im Salz:** Bad Friedrichhall-Kochendorf (Salz aus dem Mittleren Muschelkalk), Merkers, Sondershausen und Berchtesgaden. **Bemerkung:** Das „Himalaja-Kristall-Salz“ des Handels ist durch Eisen rotbraun gefärbtes Halit. Es stammt nicht vom Himalaja und hat keine Eigenschaften, die seine bevorzugte Verwendung begründen könnten.

4.2.2 Ausfällungsgesteine

Chemische Sedimentite – Oolithkalk

Als chemische Sedimentite zu betrachtende Kalke stammen aus flachen tropischen Meeren. Dort wachsen kleine Kügelchen (Ooide) durch die physikalisch-chemische Ausfällung von Kalzit infolge von Erwärmung heran, oder winzige Kristalle fallen als Schlamm zu Boden. Unter dem Druck größerer Meerestiefen (ab 3500 m Tiefe) löst sich Kalzit vollständig in Wasser. Daher kann sich dort oder tiefer niemals Kalk absetzen. Kalkstein kann massive Schichten oder dünne Platten bilden.

Oolithkalk (Kalkoolith, „Bernburger Rogenstein“, „Braunschweiger Rogenstein“) *[Unterer Buntsandstein]*

Eigenschaften: Früher sah man in dem Stein versteinerten Fischrogen. Er ist aus gleichmäßigen 0,5 bis 5 mm großen Kügelchen aufgebaut, die aus Kalk (m. d. Messer ritzbar, braust unter Salzsäure) bestehen. Die grauen oder roten Kugeln (Ooide) sind um einen Punkt herum gewachsen. **Entstehung:** Im Unteren Buntsandstein (eine Zeit, die eher durch terrestrische Ablagerungen charakterisiert ist) gab es kurze Meeresüberflutungen. Im flachen, warmen Meer wuchsen diese Kugeln um ihre Kerne herum. Sie mussten, um zu wachsen, immer wieder durch Wellen bewegt werden. **Vorkommen:** Nördliches und östliches Vorland des Harzes. **Verwendung:** Die „Rogensteine“ waren ein begehrter Baustein. Große Mengen wurden in Hamburg für den Wasserbau an der Elbe verwendet.

Am Strand der Elbe tauchen immer wieder Stücke davon auf. Mosaikpflaster (Kantenlänge 6 cm) auf Fußwegen besteht in vielen Städten aus dem Oolith.

Weiteres Vorkommen von Ooiden: Auch in manchen Bänken des Unteren Muschelkalks (Schaumkalk), sowie in Kalken der Zechsteinzeit und im Korallenoolith des Oberjura sind Ooide in eine Kalkmatrix eingebettet.

(371) Oolith und Teile eines Stromatolithen, einem Algenrasen, der in heißen salzigen Lagunen wächst.
(372) Stein in einer Mauer, Wernigerode (Harz)
(373) Mosaikpflaster aus „Bernburger Rogenstein" (Berlin).
(374) Burg Dankwarderode (Braunschweig)

Chemische Sedimentite – Sinterkalk

Travertin (Sinterkalk, Kalksinter, Süßwasserkalk, Quellkalk, Kalktuff, in Bayern Tuff) [Quartär]

Name: Der Name Travertin wird von manchen Autoren nur für Kalk aus Thermalquellen benutzt. Den Namen Tuff, der in Bayern üblich ist, vermeiden wir wegen der Verwechslungsgefahr mit vulkanischem Tuff. **Eigenschaften:** Rauer, löchriger Kalkstein, grau bis beige, oft aber nicht immer mit erkennbarer Schichtung. Hohlräume, die als Abdrücke von Pflanzenteilen erkennbar sind. **Entstehung:** Fast alle Kalke sind im Meer entstanden. Süßwasserkalke, als Sedimentite des Festlandes, entstehen nur dort, wo es ganz in der Nähe Kalkvorkommen gibt. Wenn kaltes, kalk-gesättigtes Grundwasser austritt und sich erwärmt, wird Kalk ausgeschieden, in Höhlen bilden sich Tropfsteine (Stalaktiten und Stalagmiten) und Krusten. An Quellen bilden sich Sinterterrassen. Hier verstärken oft Pflanzen das Ausfällen von Kalk, weil sie dem Wasser CO_2 für die Photosyntese entziehen, was ein Ausscheiden von Kalk zur Folge hat. Entstehender Sinterkalk ist oft an Brunnen und künstlichen Teichen zu beobachten.

375

376

(375) Pflanzenabdrücke Weimar-Ehringsdorf (Thüringen)
(376) Gesägter Block im Steinbruch Langensalza (Thüringen)

(377) Sinterterrassen bei Streitberg (Fränkische Schweiz)
(378) 5 m hohe Sinterkalkrinne „Wachsender Fels" bei Landau-Usterling (Bayern)

Vorkommen: Überall, wo kalkhaltiges Wasser aus der Erde tritt, bildet sich auch heute Sinterkalk. Muschelkalk lieferte den Kalk im Thüringer Becken. Dort, in Weimar-Ehringsdorf, wurden wichtige Säugetierreste gefunden, bei Bilzingsleben sogar die Reste von Frühmenschen (homo erectus bilzingslebenensis), die zu den ältesten Menschenfunden in Europa gehören (370.000 Jahre alt). Bad Langensalza hat Sinterkalk zum Stein der Stadt gemacht. Bei Stuttgart-Bad Cannstatt brachten aufsteigende Quellen den Kalk aus dem Muschelkalk nach oben, auch hier wurde eine Eiszeit-Fauna gefunden. Im Alpen- und Voralpenbereich stammt der Kalk aus den Kalkalpen bzw. aus Schottern der Flüsse. **Verwendung:** Bausteine (Travertin-Säge im Freilichtmuseum Glentleiten im Alpenvorland). In der Nazi-Zeit wurde deutscher Sinterkalk gern für Großbauten verwendet. Eine dichtere und hellere Variante wird aus Italien importiert. **Besonderheit:** Zahlreiche „Steinrinnen" werden beschrieben. Immer sind es kleine Wasserläufe, die auf schmalen Dämmen fließen und diese unter sich immer höher wachsen lassen.

Beispiel: „Gauinger Seekalk" (Weißer Travertin)

[Neogen]

(379) Kalzit wächst mit kleinen Kristallen in Hohlräume

Eigenschaften: Weißer Kalkstein ohne Schichtung. Hohlräume, die als Abdrücke von Pflanzenteilen erkennbar sind. **Entstehung:** Während die grau bis beige gefärbten Sinterkalke in den Warmzeiten der Eiszeit entstanden sind, ist der weiße Kalk aus Zwiefalten-Gauingen im Landkreis Reutlingen älter. Als er sich in einem Binnensee ablagerte, im Neogen, herrschte ein tropisches Klima. Die Kalkzufuhr kam aus dem Oberen Jura der Schwäbischen Alb. **Verwendung:** Der Gauinger Seekalk, auch als Marmor vermarktet, ist schleifbar und wird für Skulpturen verwendet.

380

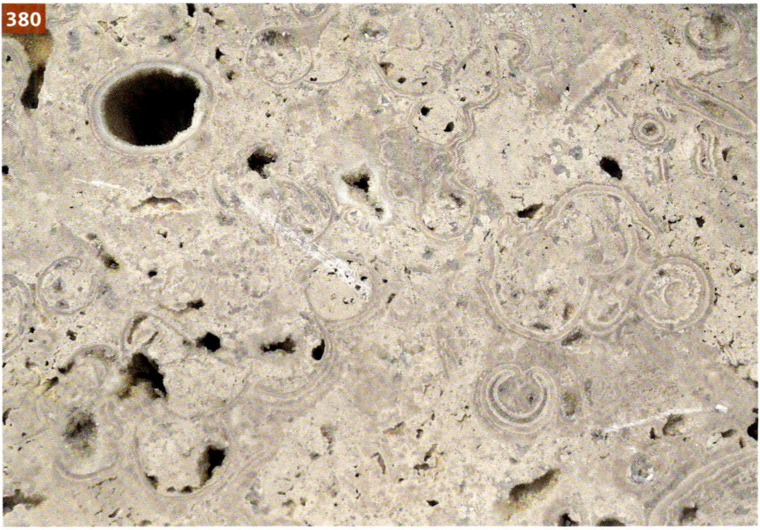

(380) Geschliffene Platte mit Spuren vergangener Pflanzenstängel

Beispiel: „Böttinger Marmor" (Roter Travertin) *[Neogen]*

Eigenschaften: Rot-rosa-weiß gebänderter Sinterkalkstein. **Entstehung:** Während einer vulkanischen Periode im Neogen (Uracher Vulkangebiet) brachte eine heiße Quelle Kalk und als Färbemittel in wechselnder Menge Eisen an die Oberfläche. Daraus setzte sich der rot-weiße Travertin ab. **Verwendung:** Der Stein von Münsingen-Böttingen im Landkreis Reutlingen war sehr begehrt. So schmückt er die Schlösser Stuttgart, Ludwigsburg und Herrenhäuser in Württemberg. Das Vorkommen ist ausgebeutet, der Steinbruch gesperrt.

381

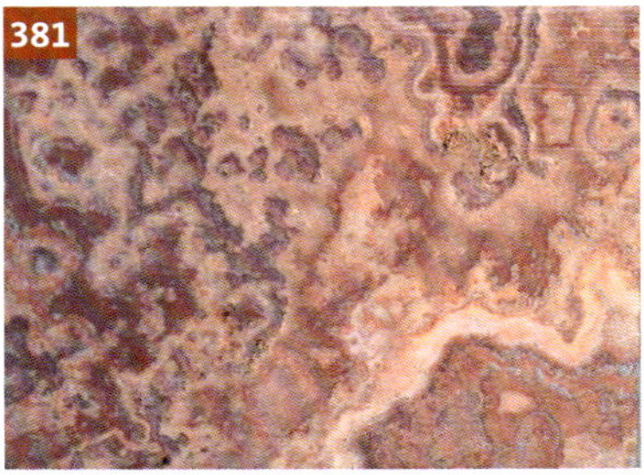

(381) Stein am Denkmal in Böttingen

Chemische Sedimentite – Eisenoolith

Eisenoolith *[Oberjura]*

Eigenschaften: Insgesamt rotes Gestein mit helleren Oolithen in roter Grundmasse, unter Salzsäure schwach schäumend. **Entstehung:** Dem warmen Flachmeer der Oberjurazeit wurde, wohl vom Festland her, gelöstes Eisen zugeführt. Dies setze sich als Hämatit zusammen mit Kalk ab. Im bewegten Wasser bildeten sich wachsende Kügelchen (Ooide). **Vorkommen:** Der Eisenoolith bildet vier Flöze mit bis zu 12 m Mächtigkeit im Weser-Wiehengebirge. Er liegt über dem eisenschüssigen Portsandstein und wird von Kalk überlagert. **Verwendung:** Bis 1957 wurde das Erz abgebaut und verhüttet. Der Kalkanteil war erwünscht, weil er im Hochofen die Schlacke flüssig macht. Nur noch in einem Bergwerk (Grube Nammen) wird das Erz gefördert. Es dient in zermahlener Form zur Einfärbung von Betonplatten. Die Grube Kleinenbremen ist seit 1988 als Besucherbergwerk geöffnet. **Brauner Eisenoolith:** In Süddeutschland kommt ein Eisenoolith vor, der etwas älter ist. Er entstand in der Dogger-Zeit (Brauner Jura). Hier liegt das Eisen als Limonit vor. Auch hier gibt es ein Bergwerk, das Besuchern offen ist, der „Tiefe Stollen“ in Aalen.

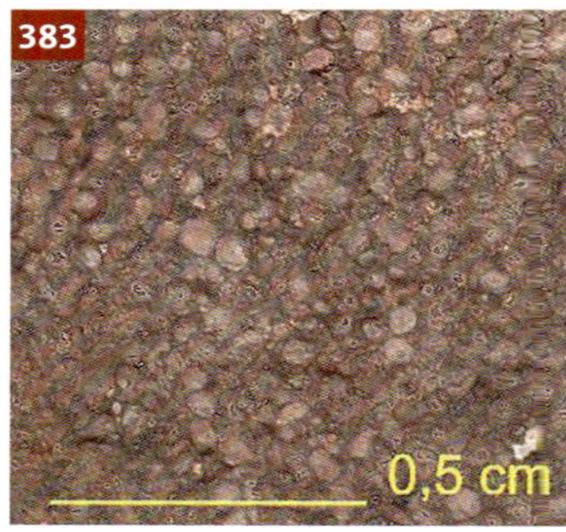

(382) Eisenerz aus dem Bergwerk Kleinenbremen
(383) In der Vergrößerung sind die Ooide zu erkennen.

Chemische Sedimentite – Roteisenstein

Roteisenstein (Roteisen) *[Devon]*

Eigenschaften: Roteisenstein, Eisenerz vom Lahn-Dill-Typ, ist schwarzrot und verwittert zu einem helleren Rot. Es handelt sich um das Mineral Hämatit (Fe_2O_3), untergeordnet auch Limonit ($FeO(OH)$). **Entstehung:** Als im Devon am Grunde des Meeres Vulkane ausbrachen, förderten sie außer Basalt (der später zu Diabas umgewandelt wurde) und Tuff (der zu Schalstein wurde) auch eisenhaltige Wässer an die Oberfläche. Das Eisen hielt sich nicht lange in Lösung. Es setzt sich als Roteisen ab (sedimentär-exhalative Roteisenerzlager).

Black smoker: Erst seit einigen Jahren wissen wir durch die Erforschung der Tiefsee, dass auch heute noch aus den „black smokers" 200–300 °C heißes Wasser aus dem Fels strömt, dessen gelöster Inhalt sich in Erzschichten niederschlägt. Die Herkunft der schwefelreichen Erze des berühmten Erzlagers Rammelsberg ist dadurch auch zu erklären. Das Bergwerk bei Goslar im Harz ist Weltkulturerbe.

Roteisen kommt nicht nur als Sediment mit vulkanischem Hintergrund vor. Es tritt auch häufig als Gangmineral auf. Hämatit ist für die Rotfärbung vieler Gesteine verantwortlich. **Vorkommen:** Im Gebiet an Lahn und Dill, zwischen Westerwald und Taunus, im Harz bei Elbingerode. **Besucherbergwerke mit Erz vom Lahn-Dill-Typ:** Grube Fortuna in Solms-Oberbiel, Grube Christiane in Diemelsee-Adorf, Grube Ypsilante in Dillenburg-Oberscheld und Grube Büchenberg in Elbingerode/Harz. **Besucherbergwerke, wo Roteisen als hydrothermales Ganggestein vorliegt:** Grube Finstertal in Schmalkalden-Asbach/Thüringen, Weiße Grube Imsbach/Pfälzer Bergland, St.-Anna-Stollen Nothweiler/Pfälzer Wald, Oberer Roter Adler Breitenbrunn-Rittersgrün/Erzgebirge.

384

(384) Eisenerz vom Lahn-Dill-Typ

Chemische Sedimentite – Eisenkiesel

Beispiel: „Kellerwaldachat" (Jaspis, Eisenkiesel,)

Eigenschaften: Quarzhartes Gestein mit weißen Quarzadern, chemisch Quarz in mikrokristalliner Form mit färbendem Hämatit. **Entstehung:** Im Zusammenhang mit dem untermeerischen Basalt-Vulkanismus im Devon drang eisenreiches Wasser durch das Gestein und imprägnierte noch nicht verfestigte Radiolarite mit Eisen. Quarz setzte sich außerdem in Spalten ab, was die weiße Bänderung hervorbringt. **Vorkommen:**

385

386

(385) Eisenkiesel, Bergfreiheit im Kellerwald
(386) Trommelsteine von „Kellerwald-Achat"

Kellerwald. Ähnliche durch Hämatit rotbraun gefärbte Quarzvarietäten kommen auch im Erzgebirge und im Harz vor, wo sie als Jaspis bezeichnet werden. Im Kellerwald werden sie zu Schmucksteinen verarbeitet und als „Kellerwald-Achat" in den Handel gebracht. Dabei handelt es sich nicht um Achat im strengen Sinne. Achat besteht zwar auch aus SiO_2, ist aber gebändert, entstand direkt durch Ausfällung von Kieselsäure in Hohlräumen und ist z. T. auch Opal, eine Form des Quarzes, die Wasser enthält. Obwohl diese Steine relativ selten sind, gelangen sie wegen ihrer Härte und chemischen Resistenz in die Gerölle der Lahn und der Fulda (über Eder und Schwalm).

4.3 Organogene Sedimentite

In sehr viel höherem Maße als man früher annahm, wirken biologische Vorgänge bei der Gesteinsbildung mit. Sei es, dass die Überreste von Organismen das Gestein selbst bilden, sei es, dass chemische Prozesse durch Organismen ausgelöst wurden.

4.3.1 Organogene Kalksteine

Organogene Sedimentite – Kalkstein

Einige Kalksteine sind durch rein chemische Ausfällung von Kalk entstanden, bei vielen, vielleicht den meisten, sind aber mehr oder weniger biologische Prozesse beteiligt.

Kalkstein allgemein

Eigenschaften: Kalkstein besteht aus Kalziumkarbonat ($CaCO_3$). Dies kann in zwei Formen Kristalle bilden, tritt also in Gestalt von zwei Mineralen auf: Kalzit und Aragonit. (Eine dritte, seltene Variante heißt Vaterit.) Die Kalk-Minerale sind in reiner Form farblos und transparent. Aragonit ist etwas härter und leichter löslich. Es wandelt sich unter Druck in Kalzit um, die stabilere Form. So liegt im Kalkstein fast immer Kalzit vor. **Härte:** Kalk ist mit dem Messer ritzbar. Kompakte Kalksteine brechen muschelig. **Nachweis:** Unter einem Tropfen Salzsäure braust er auf. **Beimengungen** von Ton färbt Kalke grau, Eisen rot, Bitumen schwarz. **Verwitterung**: Im Gelände zeigt Kalk oft die Spuren der Auflösung durch Wasser: Weiche Rundungen, Vertiefungen, die nicht von mechanischem Abreiben stammen können.

Entstehung: Kalk ist kein „Urgestein". Er ist ein typisches Produkt der Erdoberfläche. Sein metallischer Bestandteil, das Kalzium, stammt ursprünglich aus dem Stoffgemisch der magmatischen „Urschmelze". Es wurde Kristallin als Bestandteil von Plagioklasen (Kalzium-Natrium-Feldspäte) und durch deren Verwitterung freigesetzt. So trat es in den Kreislauf der Erdoberfläche (Biosphäre) ein. Zusammen mit Kohlendioxid aus der Luft konnte das Verwitterungsprodukt in Wasser gelöst in die Meere wandern. Die weitaus größten Kalkvorkommen sind Ablagerungen in flachen Meeren. Oft sind es Skelette und Schalen von Meerestieren: Muscheln, Korallen, Mikrofossilien und Kalkalgen, oft die zu kleinsten Partikeln zerriebenen Reste davon. So sind die meisten Kalksteine als biogene Sedimentite zu klassifizieren. Die Ablagerung von Kalk setzte erst im Kambrium stärker ein, was mit der Entwicklung der Tierwelt zusammenhängt.

387

388
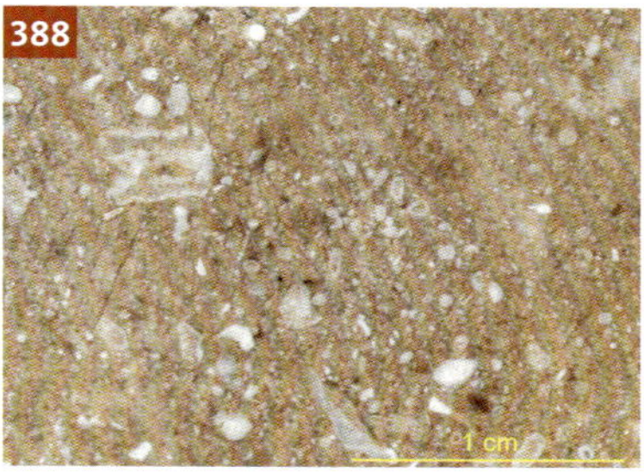

(387) Kalkbank im Nebelhorngebiet mit Anlösungsspuren (Allgäuer Alpen)
(388) Riffschuttkalk, vergrößert (Fränkischen Alb, „Auerkalk“)

Vorkommen: Deutschland ist reich an Kalk. In Ländern mit vorwiegend präkambrischen Gesteinen ist Kalk selten. In den deutschen Gneisgebirgen gibt es nur kleine Vorkommen von Marmor (metamorphem Kalk), in den Schiefergebirgen finden sich massige Kalke und Riffkalke (Devon). Zechsteinkalk tritt an den Rändern mancher Mittelgebirge auf. Zwischen den Mittelgebirgen finden wir die Ablagerungen der Muschelkalkzeit häufig, auch als Klippen an Saale, Werra, Main oder Neckar. Aus mächtigen Kalken der Jurazeit bestehen die Gipfel der deutschen Alpen, die Schwäbische und Fränkische Alb und das Weser- und das Wiehengebirge. Kalke aus der Kreidezeit bilden die südlichen Kämme des Teutoburger Waldes, den Untergrund des Münsterlandes, Rügens Kreidefelsen und die Schotter des Alpenvorlandes. Im Mainzer Becken wurde im Paläogen und Neogen Kalk abgelagert.

Erscheinungsformen: Kalk kann mächtige kompakte Schichten bilden (Massenkalk), Bänke im Meterbereich (Bankkalk) oder Schichtpakete aus Platten, die durch Mergellagen getrennt sind (Plattenkalk). Er kann zu dünnen Platten spalten. Er kann gleichförmiger fossilfreier verfestigter Schlamm sein, Fossilien führen oder fast vollständig aus Fossilresten bestehen.

Karst-Erscheinungen: Kalk verrät sich an der Oberfläche durch seine Löslichkeit. Feine Klüfte im Gestein werden zu Spalten erweitert. Wasser verschwindet sofort in diesen Spalten und sammelt sich tief unter der Oberfläche. Dort schafft es Flüsse in Höhlen. Irgendwo tritt es wieder aus, oft in sehr ergiebigen Quellen (Karstquellen). Eingestürzte Höhlen verraten sich durch Einsturztrichter an der Oberfläche. **Karstlandschaften:** Südrand des Harzes (Kalk, Dolomit, Gips aus dem Zechstein), Thüringen (Zechstein-Kalk, Muschelkalk), Wesergebirge und Süntel (Oberjura-Kalk), Münsterland, Paderborner Hochfläche (Kalk der Oberkreide), Vorkommen im Rheinischen Schiefergebirge (Riffkalke des Devon), Süddeutschland (Muschelkalk). Die Schwäbische und Fränkische Alb (Oberjura-Kalke) sind die eindrucksvollsten Karstlandschaften Deutschlands mit wasserlosen Hochflächen, Trockentälern,

389

(389) Angelöste Klüfte am Nebelhorn (Allgäu)

Erdfällen, Höhlen und großen Karstquellen in den Randgebieten. Im Allgäu ist das Gottesackerplateau am Hohen Ifen eindrucksvoll.

390

391

(390) Runsen im Rosengarten (Allgäu)
(391) Karstrunsen am Jenner (Werdenfelser Land)

Lösungsverhalten von Kalk:
Löslichkeit: Kalk löst sich (anders als Gips und Kochsalz) nicht in reinem Wasser, wohl aber in Regenwasser. Dieses ist nämlich durch Aufnahme von Kohlendioxid eine schwache Säure: Kohlensäure. Diese löst Kalk zu Kalziumhydrogenkarbonat [$Ca(HCO_3)_2$].
Wiederausfällung von Kalk: Kalk fällt wieder aus, wenn das Wasser erwärmt wird (Kesselstein), wenn der Wasserdruck vermindert wird (am Wasserhahn), wenn dem Wasser CO_2 entzogen wird (Erwärmen und Fotosynthese der Pflanzen). Kalk verhält sich also anders als die Mehrheit der Stoffe, die sich beim Erwärmen besser lösen. Unter hohem Wasserdruck kann das Wasser mehr CO_2 lösen, dann fällt auch kein Kalk aus. Dieses Lösungsverhalten verursacht, dass Kalksedimentation nur im flachen Wasser stattfindet. Im tiefen Wasser bleibt es in Lösung, weil die Aufnahmefähigkeit des Wassers für CO_2 bei hohem Druck höher ist.
Höhlenbildung: Kaltes, CO_2-reiches Regenwasser löst die Höhlen im Kalk. Wenn sich später einsickerndes, kalkgesättigtes Wasser in der Höhle erwärmt, setzt sich der Kalk ab, er bildet Sinterüberzüge und Tropfstein. Auch die Erschütterung beim Aufschlagen des Tropfens auf einen Stalagmit führt zur Freisetzung von CO_2 und damit zur Ausfällung von Kalk, analog dem Effekt beim Schütteln einer Sektflasche.

392

Karsthöhlen:
In Deutschland gibt es 46 öffentlich zugängliche Karsthöhlen in Kalkgestein, davon sind 33 Tropfsteinhöhlen. In manchen Höhlen haben sich keine oder wenige Tropfsteine bilden können. Hier ist es möglich, an den Höhlenwänden das Gestein zu studieren. Zugängliche Höhlen sind in der Regel trocken. Durch Hebung des Gebietes oder Absenkung des Grundwassers, durch tieferes Einschneiden der

Flüsse haben sie ihre Funktion als Wasserleiter verloren. Die meisten Höhlen befinden sich in der Schwäbischen und Fränkischen Alb, wo es außerdem eine Vielzahl kleinerer Höhlen gibt, die von erfahrenen und gut ausgerüsteten Personen befahren werden. **Karstquellen:** Es gibt ca. 150 Karstquellen, davon schütten 25 mehr als 500 Liter Wasser pro Sekunde.

393

(392) Sinterkrusten in der Charlottenhöhle (Schwäbische Alb)
(393) Riffkalk in der Wiehler Höhle mit Fossilien, hauptsächlich Stromatoporen. Diese schwammähnlichen Tiere sind die Riffbildner der Devonzeit. (Bergisches Land)

Selbstheilung im Kalk:

Im Zuge der Gebirgsbildung kann der Kalk vielfachen Kräften ausgesetzt sein. Er wird zerbrochen und zerrüttet. Statt einer Schutthalde finden wir aber oft einen kompakten Stein vor. In die Räume zwischen den Trümmern, wo während der Zerrüttung ein Vakuum entstanden war, drang Wasser mit gelöstem Kalk ein. Dieser kristallisierte zu weißem Kalkspat aus und verband so die Trümmer wieder.

394

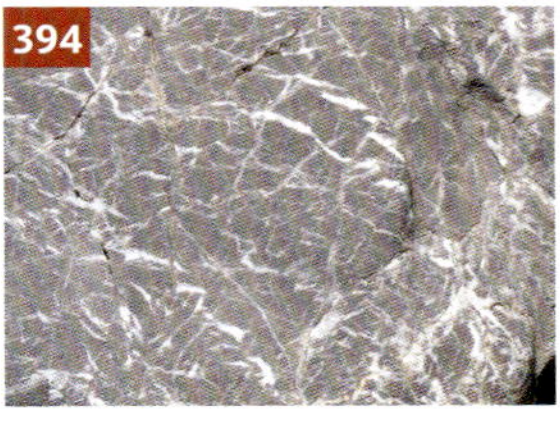

395

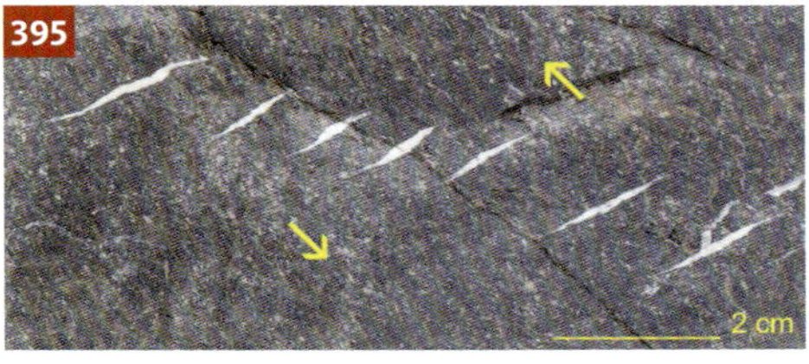

(394) Verheilte Klüfte, die aus mehreren tektonischen Beanspruchungen stammen.
(395) „Fiederspalten“ zeigen die Richtung der Bewegung an, durch die sie geöffnet wurden.

Lösungserscheinung: Stylolithen (Suturen)
Die Zackenlinien sind verzahnte Schichtgrenzen, die durch Auflösung unter Druck entstanden sind. Als dunkle Fugen bleiben Reste von unlöslichen Tonmineralen sichtbar. Sie werden Stylolithen oder Suturen genannt und kommen auch in anderen Karbonatgesteinen vor.

(396) Paläoporellenkalk mit Stylolithen; Paläoporellen, die weißen Punkte, sind Kalkalgen. (Geschiebe, Ordovizium)
(397) Stylolithen im Muschelkalk (Hessigheimer Felsengärten)

Verwendung von Kalk:
Kalkstein findet Verwendung als Straßenschotter und Splitt, als Zuschlag bei der Verhüttung von Eisenerz (große Mengen), als Baustein, für Dekorplatten (oft als „Marmor" vermarktet), bei der Glas- und Farbenherstellung, als Dünger, bei der Herstellung von Mauersteinen (Kalksandstein und Ytong) und als Zusatz zu Lebensmitteln (E170).

(398) Jugendstil-Medallion aus Kalk und Marmor (Hamburger Geschäftshaus)
(399) Schotterwerk (Altmühltal)

Kalkmörtel: Bereits vor 11.000 Jahren kannte man das Verfahren des Kalkbrennens, um Mörtel oder Estrich herzustellen. Kalk zerfällt beim Erhitzen oberhalb 900°C in CaO und CO_2, das dabei in die Luft entweicht. Vor dem Gebrauch wird das CaO mit Wasser angesetzt (CaO +H_2O > $Ca(OH)_2$). Der gelöschte Kalk wird dann mit Sand zu Mörtel gemischt. Zum Aushärten (Abbinden) muss der gelöschte Kalk CO_2 aus der Luft aufnehmen. Es entsteht wieder Kalk. Der Prozess hat also eine ausgeglichene CO_2-Bilanz, wenn man von der CO_2-Freisetzung durch den Brennstoff absieht. Wegen des notwendigen Luft-

Zutritts dürfen die Wände nicht stärker sein als 45 cm.

Zementmörtel: Bei der Herstellung von Zement wird Kalk mit Ton oder Mergel vermischt und wesentlich heißer gebrannt (1450 °C). Auch hier entweicht das freiwerdende CO_2. Es bilden sich Kalziumsilikate. Beim Abbinden braucht der Zement kein CO_2, er bindet auch unter Wasser ab. Die Produktion von Zement bewirkt 6–8 % der Gesamtemission von CO_2, ein Mehrfaches des gesamten Luftverkehrs.

400

(400) Historischer Kalkofen (Rüdersdorf bei Berlin)

Organogene Sedimentite – Riffkalk

Riffkalk des Devon („Lahnmarmor", „Villmarer Kalkstein", „Unika") *[Devon]*

Eigenschaften: Roter, rosa oder grauer Kalkstein (m. d. Messer ritzbar, braust unter Salzsäure), der gefüllt ist mit Fossilien. **Entstehung:** Im großen Meer der Devonzeit gab es flache Stellen, die z. T. durch untermeerische vulkanische Tätigkeit geschaffen waren. Soweit Sonnenlicht eindringen konnte, wuchsen dort Riffe auf. Riffbildende Tiere sind heute Korallen, damals waren es schwammähnliche Tiere, Stromatoporen, die mittlerweile ausgestorben sind. Auch Einzelkorallen, Muscheln und Schnecken waren am Aufbau der Riffe beteiligt. Mit den Vulkanen gefördertes Eisen gab eini-

401

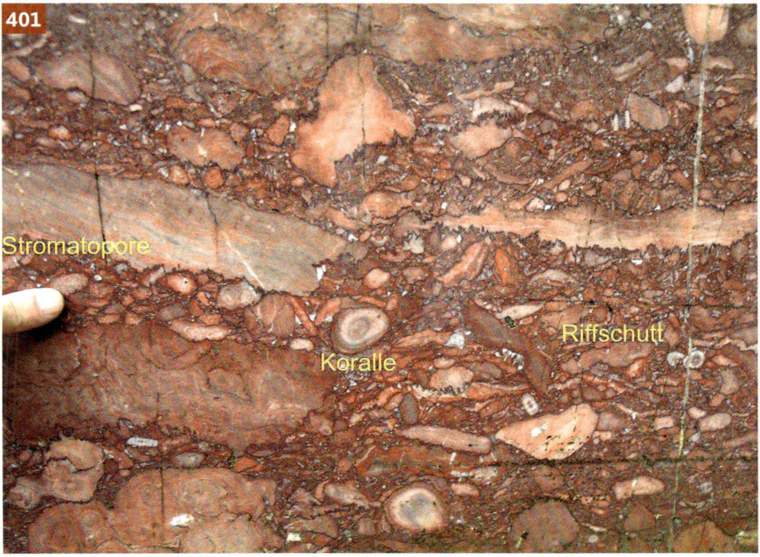

(401) „Unika"-Geotop, „Lahnmarmor", Villmar

402

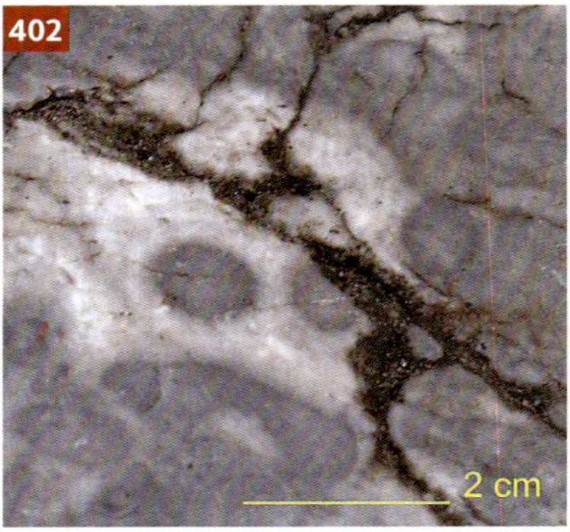

(402) Hübischenstein/Harz, Die Füße der Besucher haben die Stufen der Aufstiegstreppe geschliffen und damit die Korallen sichtbar gemacht.

gen die rote Farbe. **Vorkommen:** An der Lahn, weitere Riffkalke: Harz, Rheinisches Schiefergebirge, Fränkisch-Thüringisch-Vogtländisches Schiefergebirge. **Höhlen:** Zahlreiche Höhlen habe sich in Riffkalken gebildet. Zugänglich sind vier im Bergischen Land, fünf im Sauerland, je eine im Westerwald und im Taunus, drei im Harz. Wenn sich die Wände nicht mit Sinterkalk überzogen haben, sind oft noch die riffbildenden Organismen zu sehen. **Karsterscheinungen** an der Oberfläche: „Felsenmeer von Hemer"/Sauerland. **Verwendung:** „Lahnmarmor" fand vielfache und höchst prominente Verwendung bis nach Berlin (Dom), St. Petersburg, Moskau (Eremitage, Kreml), New York (Empire-State-Building) und Tagore/Indien (Palast des Maharadschas). Der gewaltige Kalkbedarf der Stahl- und Zementindustrie wird auch zum Teil aus devonischem Riffkalk gedeckt. **Besonderheit:** Das Lahn-Marmor-Museum und ein zugänglicher Steinbruch (Nationales Geotop – ein Muss!) in Villmar geben Aufschluss.

403

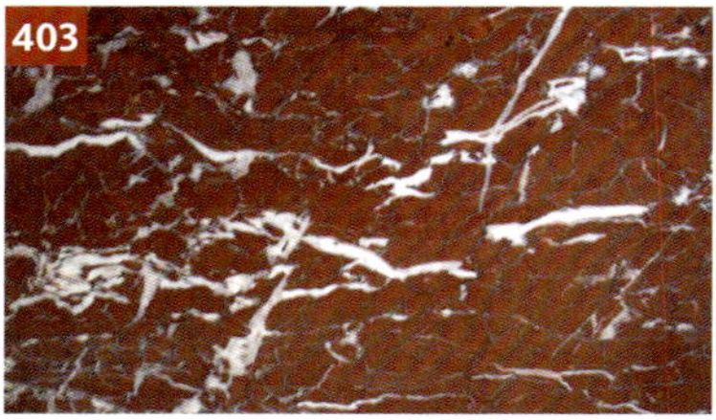

(403) „Saalburger Marmor"

Weitere graue, rote und schwarze Kalksteine aus den Schiefergebirgen des Devon, die als Dekorationssteine verbreitet sind. Zum Teil sind es Riffkalke, oft führen sie Stromatoporen, Crinoiden und Korallen. **Frankenwald:** „Deutsch-Rot-Kalkstein", Marxgrün, „Theresiensteiner Kalkstein", grau, Hof, „Wallenfelser Kalkstein", grau, Naila; **Eifel:** „Weinberg-Marmor", rötlich grau „Zisterzienser-Marmor", grau-braun, Gerolstein; **Lahn-Gebiet:** „Edelfels-Marmor", grau-rosa, Diez, „Steedener Rot", rot, Steeden, „Wirbelauer Kalkstein", grau, Wirbelau, „Schupbach Schwarz" schwarz, grau; **Thüringer Schiefergebirge:** „Saalburger Marmor", schwarz, grau, rosa, rot, „Fischersdorfer Knotenkalk", „Wittgendorfer Ockerkalkstein". „Saalburger Marmor" wird immer noch gehandelt.

Organogene Sedimentite – Riffkalk

Dolomitisierter Riffkalk [Zechsteinzeit]

Eigenschaften: Grauer löcheriger Kalkstein, z. T. dolomitisiert. **Entstehung:** Im Meer der Zechsteinzeit (Oberes Perm), das Nord- und Mitteldeutschland bedeckte, gab es flache Stellen, an denen eindringendes Sonnenlicht das Wachsen von Riffen ermöglichte. Riffbildner sind nicht Korallen, wie heute, es sind Algen und Moostierchen. Man erkennt sie im Gestein nicht mehr, eine Folge der Dolomitisierung. **Vorkommen:** Südharz, südlicher und nördlicher Rand des Thüringer Waldes, Ostrand des Rheinischen Schiefergebirges. Hier bilden sie kleine Klippen in der Landschaft und kleine Höhlen, z. B. die Altensteiner Höhle bei Bad Liebenstein/Thüringen. Die Höhlen wurden nicht nur durch späteres Lösen des Kalkes gebildet. Es sind Primarhöhlen, die durch ungleichmäßiges Wachstum der Riffe entstanden sind. Die plattigen Kalke und der Riffschutt, die einst die Zwischenräume zwischen den einzelnen Riffstöcken ausfüllten, wurden schneller abgetragen. **Verwendung:** Lokaler Baustein. Die begleitenden Plattenkalke und Dolomite werden als Straßenbaumaterial abgebaut. Poröse Riffkalke sind in Arabien die wichtigsten Speichergesteine für Erdöl und Gas.

404

(404) Burgmauer Ranis (Thüringen)

Organogene Sedimentite – Bituminöser Kalk

Bituminöser Kalk (Sapropelkalk, Schwarzer Massenkalk, Stinkkalk, Kohlenkalk, „Aachener Blaustein“, „Belgisch Granit“) *[Unterkarbon]*

Eigenschaften: Dichter, blau-schwarzer Kalkstein (weich, braust unter Salzsäure) mit weißen Fossilien, vor allem Stielgliedern von Seelilien und Brachiopoden. Beim Anschlagen oder Schaben stinkt er nach Bitumen. Der intensive Geruch kommt von flüchtigen Kohlenwasserstoffen. **Entstehung:** In der unteren Karbonzeit wurde der Kalk in einem flachen

405

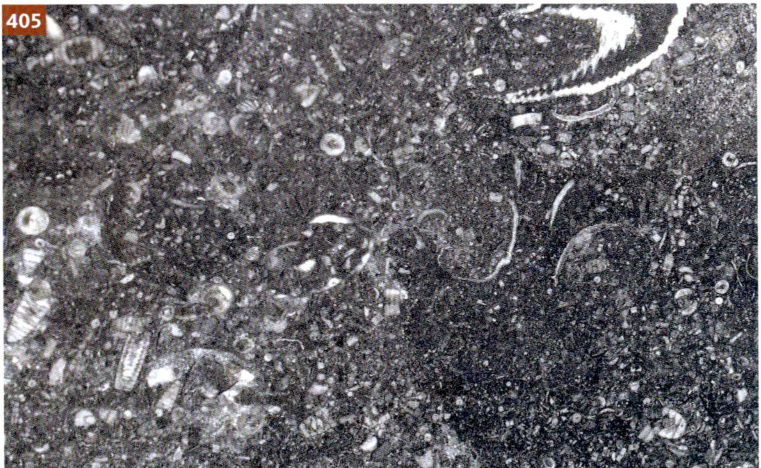

(405) Kohlenkalk, „Aachener Blaustein“

Meer abgelagert. Schlechte Durchlüftung hatte zu Folge, dass zersetztes organ sches Material eingeschlossen wurde, das Farbe und Geruch verursacht. **Vorkommen:** Aachen und westlich davon in Belgien (als „Belgisch Granit“ oder „Petit Granit“ vermarktet, hat mit Granit wirklich nichts zu tun!). **Verwendung:** Aachener Dom und Rathaus, Bodenplatten, Fensterbänke, Grab-Denkmale, oft als Abdeckplatte für Heizkörper in Bauten der Gründerzeit.

406

407

(406) Aachener Dom mit Kriegseinwirkung. Das Vergrauen des Steines macht viele Bauten unansehnlich, die vom Erbauer tiefschwarz gedacht waren.
(407) Verwitterter „Blaustein“ mit Koralle im denkmalgeschützten „Blaustein“-Dorf Stolberg-Breining, nahe Aachen

408

(408) Der Altar der Kirche von Wildenfels im Erzgebirge wurde aus „Wildenfelser Marmor“ gefertigt. Der Kalkstein stammt aus dem Unterkarbon. Hier haben tektonische Bewegungen Klüfte aufgerissen, die mit Kalkspat verheilt sind.

Schwarze Kalke, die als „Marmore“ auf den Markt gebracht werden konnten, waren besonders für den Innenausbau und für Denkmale früher sehr begehrt, da sich Kalk leicht schneiden und polieren lässt. Die Vorkommen in Deutschland sind alle sehr klein. Heute wird solcher Stein hier nicht mehr abgebaut. Zuletzt gab es noch Abbaustellen bei Döbra, Naila, Hof, Schleiz (Frankenwald/Vogtland), Elbingerode (Harz) und Kreuth (Tegernsee).

Bituminöse Kalkbänke (Flinzkalk, Fleins) *[Unterjura]*

Im „Posidonienschiefer“ von Holzmaden, einem Mergelstein, finden sich bis 18 cm starke Bänke von bituminösem Kalk. Diese werden hier Flinz oder Fleins genannt. Ihretwegen erfolgte hier der Abbau, da sich die Kalkplatten als Baustein, Fußboden- oder Tischplatten eignen. Sie sind auch Träger der weltberühmten Fossilien: Meeressaurier, Flugsaurier, Seelilienkolonien, Fische. Einen Besuch im Urwelt-Museum Hauff sollte niemand versäumen!

409

(409) Fisch mit Mageninhalt (Urwelt-Museum Hauff)

Organogene Sedimentite – Stromatolithenkalk

Stromatolithenkalk *[Buntsandstein]*

410

(410) Stromatolithen im Steinbruch am Geotop Heeseberg bei Helmstedt/Niedersachsen

Eigenschaften: Ein lagig aufgebauter grauer oder roter Kalkstein (m. d. Messer ritzbar, braust unter Salzsäure). Die wellen- oder bogenförmigen Lagen haben einen festen Zusammenhalt. **Entstehung:** Für einige Zeit war ein Teil des Landes der Buntsandstein-Zeit, die eher durch Ablagerung von Sand und Tonsteinen charakterisiert ist, von einem Meer überflutet. Im flachen warmen Meer wuchsen kleine Riffe von Cyanobakterien (Blaualgen). Der Algenrasen (Biofilm) hinterließ beim Hochwachsen unter sich die Kalkschichten.

Cyanobakterien lebten bereits vor 3,5 Milliarden Jahren, im Präkambrium. Sie haben durch ihre Tätigkeit vermutlich die Sauerstoffhülle der Erde aufgebaut. Sie nahmen Kohlendioxid aus der Luft auf, bauten aus dem Kohlenstoff organische Substanz auf und entließen den frei werdenden Sauerstoff wieder an die Atmosphäre. Stromatolithen bildende Bakterien wurden später seltener. Es gibt sie heute in flachen Meeresteilen mit überhöhtem Salzgehalt. (Achtung: Nicht verwechseln mit Stromato**poren**. Das sind schwammähnliche riffbildende Tiere. Stromato**lithen** sind Steine.)

(411) Stromatolithen, Stadtmauer von Wernigerode

Vorkommen: Die in Deutschland gefundenen Stromatolithen entstanden in der gleichen Zeit und an gleichem Ort wie die Oolithen, dem nördlichen und östlichen Vorland des Harzes. **Verwendung:** Baustein.

Organogene Sedimentite – Kalke der Muschelkalk-Zeit

Begriff „Muschelkalk“: Man kann einen Kalk, der aus Muschelschalen besteht, Muschelkalk nennen. Das ist korrekt, aber nicht ratsam, weil es leicht in die Irre führt. In Deutschland wird „Muschelkalk“ in der Regel als schichtenkundlich-zeitlicher (stratigraphischer) Begriff gebraucht. Er bezeichnet ein Schichtpaket, das sich in einem Zeitabschnitt von ca. 10 Millionen Jahren im System der Trias ablagerte und meint zugleich diesen Zeitabschnitt. Zwar wurden in dieser Zeit hauptsächlich Kalke (rein, mergelig, massig oder plattig, fossilreich oder -arm) abgelagert, aber es entstanden auch Sandsteine, Kalksandsteine, Mergel, Gips und Steinsalz in dieser Zeit. Ablagerungen der Muschelkalk-Zeit findet man von Helgoland bis in die Alpen. Sie folgt zeitlich auf die Zeit des **„Buntsandstein“**. Auch dieser Begriff meint eine Zeiteinheit und ihre Schichtfolge, in der außer Sandstein auch Gips, Tonstein und Mergel entstand.

Kalke der Muschelkalk-Zeit [*Muschelkalk*]

Unterer Muschelkalk: Graue Kalkplatten im Wechsel mit Mergellagen. Auf den Schichtflächen zahlreiche Abdrücke von Muscheln und Brachiopoden und charakteristische Spurenfossilien. Einige dickere Bänke (Schaumkalk- und Terebratelbänke) dienen als Baustein. **Entstehung:** In der Zeit des Unteren Muschelkalks lagerte sich im deutschen Meeresbecken im Wechsel und manchmal gleichzeitig Kalk (70 %) und Ton ab. Die Mischung dieser Stoffe bildet keinen festen Stein. Flaserige Kalkplatten und -knollen liegen im Mergelbett, diese Gesteinseinheit wird daher auch Wellenkalk genannt.

412

413

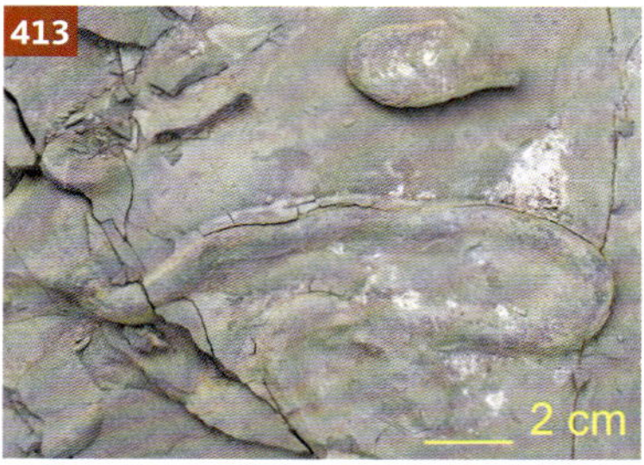

(412) Muscheln und Brachiopoden
(413) Aufsicht auf eine Schichtfläche mit Rhizocorallium, einem Spurenfossil (Ichnofossil), das wohl ein Sedimentfresser erzeugt hat.

Oberer Muschelkalk: Der Obere Muschelkalk beginnt mit einer Lage Trochitenkalk (Crinoidenkalk), dann dominieren dickbankige Schichten, z. T. reine Muschellagen (Schillkalk).

Vorkommen Muschelkalk: Düne von Helgoland, Rüdersdorf bei Berlin, Harzvorland (Elm, Fallstein, Huy, Hakel), Osnabrücker Land, Weserbergland, Leinebergland, Werratal (Treffurt, Creuzburg), Eichsfeld, Thüringer Becken (Hainich, Hainleite, Schmücke, Mühlhausen), Saaletal (Jena, Rudelsburg), Rhön (unteren den Basalten), Maintal (Würzburg), Taubertal, westliche Pfalz, Saarland, Neckar-, Kocher-, Jagsttal (oberes Neckartal, Horb, Hessigheimer Felsengärten, Hohenloher Ebene), westlich des Schwarzwaldes (Villingen-Schwenningen, Wutachschlucht), Hotzenwald, Oberrhein (Kadelburger Lauffen). **Verwendung von Muschelkalk:** Die Weinberge Frankens, Badens, Thüringens (Saale-Unstrut-Gebiet) und z. T. auch Württembergs liegen an Muschelkalkhängen. In Thüringen liefern die Schaumkalk- und Terebratelbänke des Unteren Muschelkalks geeig-

414

(414) Klettern im Oberen Muschelkalk der Hessigheimer Felsengärten am Neckar

nete Werksteine. Aus dem Gebiet um Würzburg wurde und wird ganz Deutschland mit Kalkwerkstein des Oberen Muschelkalks versorgt. **Industrielle Verwendung**: Zwischen Rüdersdorf bei Berlin und Wössingen im Kraichgau liegen 9 Zementwerke, die ihren Rohstoff meist aus dem Unteren Muschelkalk beziehen. Für diese Industrie bildet das Kalk-Ton-Gestein in der Regel bereits die richtige Mischung von Kalk und Ton. Salz, das im Mittleren Muschelkalk zusammen mit Gips entstand, wird bei Heilbronn und am Hochrhein (in der Schweiz) bergmännisch gewonnen.
Muschelkalkmuseum: In Ingelfingen (am unteren Kocher) und **Museum Terra Triassica** in Euerdorf Unterfranken.

Beispiel aus Helgolands Düne: Kalkplatten mit Bohrlöchern

[Unterer Muschelkalk]

Eigenschaften: Etwa 2 cm starke Platten von weißem Kalk, mit dem Messer ritzbar. Sie sind durchbohrt von Muscheln und übersät von kleinen Schlitzen. **Entstehung:** Neben der roten Insel ragte früher ein Felsen, das „Witte Kliff", aus dem Wasser, bis der letzte abbaubare Kalk als Baukalk nach Hamburg verschifft war. Heute steht nur noch ein Riff unter Wasser. Stürme tragen einzelne Platten ab und schaffen sie an den Strand. Bohrwürmer haben sich Wohnungen in den Kalk geätzt. Zwischen Helgoland, dem nördlichsten Vorkommen von Muschelkalk, seinem Auftauchen bei Berlin und dem ersten Auftauchen weiter südlich im Osnabrücker Land und im Harzvorland ist diese Schicht nicht verschwunden. Sie liegt nur in einer Tiefe von ca. 3.000 m.

Durchlöcherung von Kalk findet man überall an den Stränden des Mittelmeeres, wo Kalk oft das häufigste Geröll ist. Dort sind die Löcher meist Zugänge zu den Wohnkammern von Bohrschwämmen. Hinter relativ kleinen Löchern findet man größere Kammern. In Helgoland sind es u-förmige Bohrlöcher von Würmern. Diese Spuren sind rezent, also keine Fossilien.

415

416

(415) Geröll auf der Düne von Helgoland mit feinen Bohrgängen und Bohrloch einer Bohrmuschel.
(416) U-förmige Gänge mit zwei Öffnungen geätzt, die an der Oberfläche oft zum Schlitz vereint erscheinen, stark vergrößert.

Beispiel: Terebratelbänke *[Unterer Muschelkalk]*

Eigenschaften: Feste Kalkbänke mit einer oft rauen Oberfläche, die angefüllt sind mit den Schalenresten von Terebrateln. Das sind zweischalige, muschelähnliche Tiere (Armfüßer, Brachiopoden), die aber ganz anders als die Muscheln organisiert sind. **Entstehung:** Im Unteren Muschelkalk wechseln Kalk (70 %) und Ton. Wenn flaserige Kalkschichten und -knollen im Mergelbett liegen, nennt man ihn Wellenkalk. Zeitweise bildeten sich dickere Kalkbänke mit Muscheln und Brachiopoden (Terebratula). **Verwendung:** Die festen Bänke wurden zum Bau von Mauern abgebaut und finden sich in vielen Städten, oft an den Flüssen, deren Talhänge von den Klippen des Muschelkalks gekrönt sind. Die Quader am Dom zu Königslutter haben genau die Höhe der Bänke, die man im Steinbruch im Elm findet. Abbau bei Jena. **Beispiele:** Rathaus, Stadtkirche und Alte Universität in Jena, Schloss Dankwarderode und Kirchen in Braunschweig.

417

418

(417) Hauswand in Jena
(418) Terebratelbänke und Schaumkalkbänke bilden Felsensimse an den kahlen Hängen des Unteren Muschelkalks bei Jena.

Beispiel: Schaumkalkbänke *[Unterer Muschelkalk]*

Eigenschaften: Feste Kalkbänke, deren Oberfläche bei leichter Verwitterung wie Schaum wirkt. Winzige Bläschen sind die Hohlformen aufgelöster und ausgefallener Ooide, s. Kalkoolith. Oft ist Schrägschichtung zu sehen. Die Ooide wurden offensichtlich wie Sand umgelagert, vielleicht in Prielen. **Entstehung:** Im Unteren Muschelkalk wechseln Kalk (70 %) und Ton, flaserige Kalkschichten und -knollen liegen im Mergelbett: „Wellenkalk". Zeitweise bildeten sich dickere Kalkbänke. **Vorkommen:** Thüringen (Eichsfeld, Jena, Freyburg, Halberstadt). **Verwendung:** Die drei Schaumkalkbänke fanden bereits früh für Bauwerke Verwendung. Als „Oberdorlaer Muschelkalk" bei Mühlhausen (Thüringen), „Freyburger Muschelkalk" und Rüdersdorfer Muschelkalk", auch aus Halberstadt und Breitenworbis. **Beispiele**: Berlin: Olympiastadion, ehemal. Luftfahrtministerium, jetzt Ministerium der Finanzen, Weimar: Buchenwald-Mahnmal, Dom zu Naumburg.

419

420

(419) Historische Kirchenwand in Halberstadt
(420) Figurenschmuck am romanischen Dom in Königslutter (Ostfalen)

421

Beispiel: Wellenkalk („Osnabrücker Wellenkalk") *[Unterer Muschelkalk]*

Eigenschaften: Dichte Platten, feine Schichtung, gelb-grau, fossilleer, oft mit Bewegungsspuren von Tieren. **Vorkommen:** Weit verbreitet. **Verwendung:** Nicht als Baustein verwendet, wo besser verwertbare Bänke zur Verfügung standen. Im Mauerwerk wurden die Platten in ihrer natürlichen unterschiedlichen Dicke eingesetzt. Lutherkirche Osnabrück.

(421) Alte Stadtwaage Osnabrück

(422) Wellenkalk als Mauerwerk

Organogene Sedimentite – Trochitenkalk

Trochitenkalk (Crinoidenkalk) *[Oberer Muschelkalk]*

Eigenschaften: Auf der frischen Bruchfläche fallen die glatten Spaltflächen von Kalkspat auf, der aber nicht in eckigen Kristallen sondern in runden Elementen vorliegt. Es sind die Stielglieder von Seelilien, aus denen das Gestein besteht. **Entstehung:** Die Stielglieder von Seelilien finden sich schon in devonischen Gesteinen. In der Zeit des Oberen Muschelkalks bildete sich eine horizontal weit verbreitete mehrere Meter mächtige Lage, die nur aus diesen Stielgliedern besteht. **Name:** Trochiten (griech. Tróchos = Rad) oder Crinoiden (Encrinus liliiformis, Seelilie). Herausgewitterte Trochiten wurden als Hexengeld oder Wichtelpfennige bezeichnet. **Vorkommen:** Harzvorland, Weserbergland, bei Braunschweig, Hildesheim, Detmold und Holzminden wurde Trochitenkalk abgebaut. **Verwendung:** Als Baustein. **Beispiele:** Stadtbibliothek in Detmold, Wasserschloss in Hehlen, Ratsgymnasium in Bielefeld.

(423) Handstück-Bruchfläche

424

425

(424) Herausgewitterte Trochiten, Haus in Goslar
(425) Trochitenlage in devonischem Knollenkalk, Leutenberg/Thüringen

Organogene Sedimentite – Schillkalk

Schillkalk („Fränkischer Muschelkalk") *[Oberer Muschelkalk]*

Eigenschaften: Der Stein ist dicht. Man erkennt keine Feinschichtung, nur eine Parallelstruktur durch die Lagen von Muschelschalen. Die Farbe ist braungrau bis blaugrau. **Entstehung:** Im Oberen Muschelkalk entstanden über 10 Meter mächtige Bänke von festem Kalkstein mit geringem Tonanteil. Es gibt dünne tonige Trennschichten zwischen den großen Bänken. Im Meeresbecken lebten Tiere, deren Reste, meist Muscheln und Brachiopoden, manchmal den Stein vollkommen aufbauen. Einige Bänke werden durch geringe Eisenmengen bräunlich gefärbt. **Vorkommen:** Abbau im Raum Würzburg und unter anderem Namen in Tauberbischofsheim, Crailsheim, Grünsfeld-Krensheim, Röttingen, Sellenberg. **Verwendung:** Der Fränkische Kalkstein hat die Städte und Dörfer der Region Würzburg und darüber hinaus geprägt. Auch heute gibt es noch zahlreiche Steinbrüche. Im 20. Jh. wurde er an großen Bauten eingesetzt: Kunsthalle, Reichsbank, Kontorhäuser in Hamburg, Olympiastadion, die zerstörte Neue Reichskanzlei in Berlin. **Plastische Kunstwerke** des 20. Jh., die in Parks oder an Gebäuden stehen, sind oft schon bis zur Unkenntlichkeit angelöst. **Verwitterung:** Besonders in den Städten der ehemaligen DDR sind die Kalkfassaden oft mit einer schwarzen, leicht abblätternden Schicht überzogen. Schwefelsaurer Regen aus der Braunkohleverbrennung hat den Kalk in Gips umgewandelt.

426

427

428

429

(426) Neoklassizistischer Bau, Kunsthalle Hamburg
(427) Außenwand der Kunsthalle Hamburg
(428) Muschellage Sicht auf die Schichtfläche
(429) Muschellage

Organogene Sedimentite – Kalke d. Fränk. und Schwäb. Alb

Kalk der Schwäbischen und Fränkischen Alb [Oberjura]

Entstehung: In der Zeit des Oberen Jura (Oberjura) waren weite Teile Deutschlands von einem Flachmeer bedeckt. Hier wuchsen Riffe. Riffbildende Organismen waren damals aber nicht Korallen, wie heute. Es waren Algen und Schwämme. **Riffschutt:** Stürme setzten den Riffen immer wieder zu. Zwischen den Hügeln und Türmen der Riffe lagerte sich Riffschutt ab. Fische und Schildkröten knabberten an den Riffen und schieden die unverdaulichen Kalkpartikel als feinen Kalksand aus. Im warmen Wasser fielen auch rein chemische Kalkpartikel aus, gefördert durch Algen, die bei der Assimilation dem Wasser CO_2 entzogen. So entstand zwischen den Riffen ein teils dichtes, teils **konglomeratisches Sediment**. Meeresströmungen, die den Kalk herbeigeführt hatten, trugen als Schwebeteilchen oft auch Ton mit sich. Dieser mischte sich mit dem Kalk oder bildet periodisch dünne Schichten, die Kalkschichten voneinander trennten. So entstanden **plattige Kalke**, die später der Abtragung weniger widerstanden als die massiven Riffe. In der heutigen Landschaft ragen sie als Felsen heraus. In besonders flachen abgeschlossenen Lagunen lagerten sich **dünnplattige Kalke** ab. Während der Verfestigung des Kalkschlammes wurde in besonders warmen Meeresteilen ein Teil des Kalziums durch Magnesium ausgetauscht (**Dolomit**isierung).

430

(430) In die Wimsener Höhle fährt man mit dem Boot.

Höhlen: 19 von 50 Schauhöhlen in Deutschland findet man im Kalk der Fränkischen und Schwäbischen Alb. Hinzu kommen zahlreiche nicht offene Höhlen. Während das Wasser den gelösten Kalk abführt, bleibt der Anteil an Ton, der dabei frei wird, manchmal in der Höhle zurück. Im Höhlenlehm findet man nicht nur Bärenknochen, Feuerstellen und Steinwerkzeuge, hier wurden auch die ältesten plastischen Kunstwerke der Welt gefunden. Die „Venus vom Hohle Fels“ ist 32.000 Jahre alt. In wenigen Höhlen fließt noch das Wasser, das sie einst geschaffen hat. An über 100 Karstquellen tritt „Höhlenwasser“ zu Tage, die stärksten sind der Aachtopf und der Blautopf.

Verwendung: Allein 7 große Steinbrüche liefern Oberjura-Kalk für Zementwerke, dazu kommen Kalkwerke und Schotterwerke. **Werksteine**: „Treuchtlinger Marmor“, „Solnhofener Platten“.

Organogene Sedimentite – „Fränkischer Marmor“

Gelber fossilführender Kalkstein („Fränkischer Marmor“, „Juramarmor“, Treuchtlinger Marmor“, „Eichstätter Kalkstein“) [Oberjura]

Eigenschaften: Dichter gelblicher oder grauer Kalkstein (m. d. Messer ritzbar, braust unter Salzsäure). **Sichtbare Fossilien:** Ammoniten, Belemniten, Schwämme und kleine weiße Gebilde. Diese Gebilde sind Tubiphyten („weiße Flämmchen“). Ein Mikroorganismus unklarer Zuordnung bildet Kalzitkrusten um größere Mikroorganismen. Schwarze, metallisch glänzende Einschlüsse von Pyrit sind möglich, manchmal sind sie rostigbraun verwittert. **Entstehung:** In der Zeit des Oberen Jura (Oberjura) lagerte sich in einem Flachmeer Kalkschlamm ab, der zum größten Teil aus Mikrofossilien bestand. **Vorkommen:** Umgebung von Eichstätt. Der „Uracher Kalkstein" ähnelt dem Fränkischen. **Verwendung:** „Fränkischer Marmor" ist der deutsche Werkstein, der heute noch eine breite Anwendung für Außenfassaden, poliert für Fußböden oder Fensterbänke findet. Europapassage Hamburg, Apollosaal der Staatsoper Berlin, Boden.

431

432

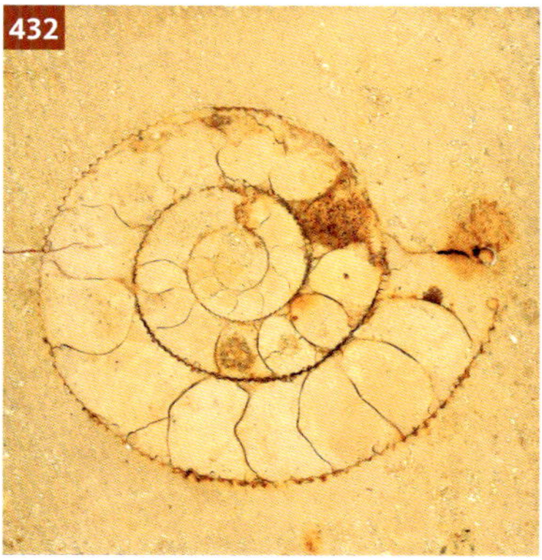

433

(431) „Jura-Marmor" mit Belemnit
(432) Ammonit. Der Pyrit der Schalen wurde oberflächennah zu Limonit.
(433) Am auffälligsten sind die Längs- und Querschnitte durch Schwämme und die „Weißen Flämmchen" Tubiphyten.

Organogene Sedimentite – Riffschuttkalkstein

Riffschuttkalkstein („Auerkalk“, „Kelheimer Kalkstein“) *[Oberjura]*

Eigenschaften: Aus einzelnen Riffbruchstücken und Fossilien zusammengesetzt: Muscheln, Brachiopoden, Schwämme, Schwammnadeln, Algen, Bryozoen, Tubiphyten. **Vorkommen:** Mittlere Frankenalb, Kelheim. **Verwendung:** Viel verwendet seit der Römerzeit: z. B. Porta Prätoria in Regensburg, Walhalla, Befreiungshalle Kelheim, Nymphenburger Schloss, Siegestor und Feldherrnhalle München.

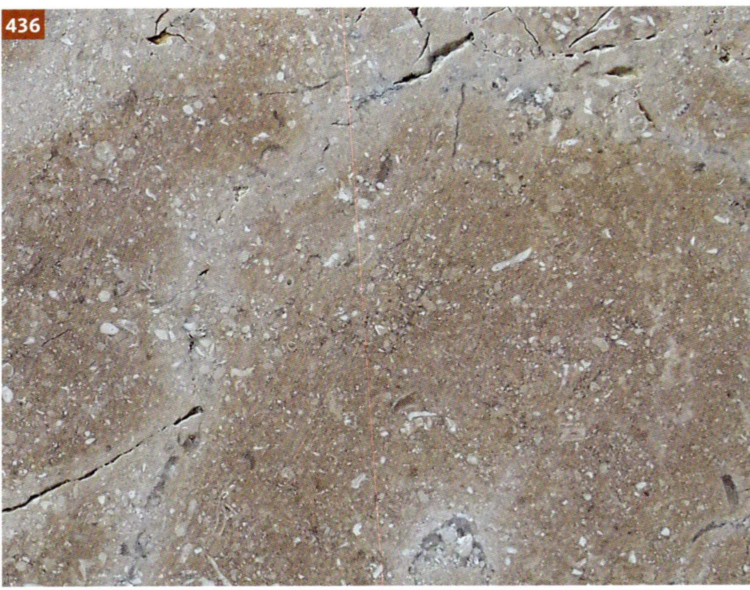

(434) Riffschuttkalkstein, Weltenburger Enge
(435) In der Weltenburger Enge durchbricht die Donau den Kalk der Fränkischen Alb.
(436) Geschliffene Platte von „Auerkalk“.

Organogene Sedimentite – Solnhofener Plattenkalk

Sehr feinkörniger geschichteter Kalkstein („Lithographenschiefer", „Solnhofener Plattenkalk") [Oberjura]

Eigenschaften: Der gelbe oder graue Kalk von Solnhofen lässt sich leicht in dünne Platten zerlegen. **Entstehung:** Im flachen Wasser einer Lagunenlandschaft setzte sich feiner (mikritischer) Kalkschlamm in dünnen Schichten ab. Geringe Mengen Tonminerale kamen dazu. Diese bilden die Trennfugen zwischen den Platten. Das Gewässer war wegen fehlenden Wasseraustauschs mit dem Meer sauerstoffarm und daher extrem lebensfeindlich. Der Kalkschlamm wurde nicht durch Sedimentfresser oder -bewohner zerwühlt, wie das bei Bodenschlämmen oft geschieht. Tiere aller Art, die durch schubweise Wasserzufuhr oder direkt vom Land her (wie die berühmten Urvögel) in diese Lagune gerieten, starben, sanken zu Boden und wurden perfekt eingebettet. **Vorkommen:** Solnhofen, Eichstädt, Altmühltal. **Verwendung:** Geschliffene dickere Platten dienten seit Anfang des 19. Jh. als Farbträger für die Lithographie, daher „Lithographenschiefer". Mit dünnen Platten werden Fußböden und Wände verkleidet. **Besonderheit:** In mehreren Museen in Solnhofen und Eichstädt werden die einzigartigen Fossilien aus dem Plattenkalk gezeigt. Besuchersteinbrüche laden zu eigenem Suchen ein.

437

438

(437) Aus Eisenlösungen wachsen die hellen, aus Manganlösungen die dunklen Dendriten auf den Schichtflächen.
(438) Solnhofener Platten mit Dendriten im Steinbruch

„Solnhofener Plattenkalk" als Dachbedeckung

In der Region Solnhofen wurden gelbe Kalkplatten zum Eindecken von Dächern verwendet. Sie wurden nicht genagelt, nur lose aufgelegt, das aber in vielen Schichten. Die Dächer durften nur eine geringe Neigung haben und mussten wegen des hohen Gewichtes sehr aufwändig konstruiert sein. **Museum:** „Das Jurahaus", Eichstätt, Rot-Kreuz-Gasse 17.

Steindächer: Dächer aus Stein sind in Deutschland weit verbreitet. Auch außerhalb der Schiefergebirge findet man Schieferdächer. Sie sind sehr dauerhaft, weil der Schiefer kaum verwittert. Sie brauchen aber eine gute Unterkonstruktion aus Holz, auf die Schieferplatten genagelt werden, möglichst mit rostfreien Nägeln. Sandsteinplatten aus dem Solling wurden im Wesergebiet als Alternative zum Schiefer ähnlich verarbeitet. Die Plattendächer aus den Solnhofer Platten sind eine wenig bekannte Form. Die meisten noch erhaltenen Dächer werden wohl verfallen, weil ihre Erhaltung kostspielig ist. Dächer aus Gneis sind in Deutschland nicht bekannt, obwohl es an Gneis nicht mangelt. Anders in Frankreich (Zentralmassiv) und der Schweiz, wo heute noch Dächer mit Gneis gedeckt werden.

439

440

441

(439) Eine starke hölzerne Unterkonstruktion trägt die 7- bis 10-schichtige Plattenauflage.
(440) In der Region einzigartig sind die Plattendächer (Freilichtmuseum Bad Windsheim).
(441) Plattendach im Verfall (Altmühltal)

Organogene Sedimentite – Riffkalk

Riffkalk des Oberjura in der Landschaft *[Oberjura]*

Eigenschaften: Riffkalke gehören zu den wenigen Gesteinen in Deutschland, die sich dem Betrachter offen zeigen. Sie bilden Klippen. **Entstehung:** In der Zeit des Oberen Jura (Oberjura) waren weite Teile Deutschlands vom Meer bedeckt. An den flacheren Stellen wuchsen Riffe. Riffbildende Organismen waren damals aber nicht Korallen, wie heute. Es waren Algen und Schwämme. **Vorkommen:** Schwäbische und Fränkische Alb, Altmühltal und Fränkische Schweiz beziehen ihre Reize weitgehend von solchen Riff-

Felsen. Die älteren Riffe aus der Devonzeit (Rheinisches Schiefergebirge) bilden solche Höhepunkte der Landschaft in der Regel nicht. Der Hübischenstein bei Bad Grund im Westharz bildet da eine Ausnahme. Die Algenriffe der Zechsteinzeit bringen vereinzelt auch Klippen hervor.

442

443

(442) Altmühltal
(443) Tüchersfeld (Fränkische Schweiz)

Organogene Sedimentite – Korallenoolith

Korallenoolith *[Oberjura]*

444

(444) Steinbruch Segelhorst, Hartgestein für den Straßenbau

(445) Korallenoolith

Eigenschaften: Grauer, dichter oolithischer Kalk, mit Fossilien. **Entstehung:** In der Zeit des Jura waren weite Teile Deutschlands vom Meer bedeckt. Im Oberjura, als die Kalke der Schwäbischen und Fränkischen Alb entstanden, waren ein südliches und ein nördliches Meeresbecken durch ein Landgebiet voneinander getrennt. Im Norden lagerte sich der Korallenoolith ab. **Verbreitung:** Im Wesergebirge bildet das Gestein die Kammregion. Weiter östlich, im Wiehengebirge, wurden mehr Sandsteine abgelagert. Im Harzvorland (Steinbruch Langenberg) wird er abgebaut. **Verwendung:** Der Kalk wird in großen Steinbrüchen für den Straßenbau gewonnen.

Organogene Sedimentite – Kalke der Alpen

Beispiel: Kalke der deutschen Alpen *[Trias, Jura, Kreide]*

Der deutsche Anteil an den Alpen gehört zur Zone der **Nördlichen Kalkalpen**. (Die südlichen Ränder des Gebirges sind ebenfalls Kalkalpen, die Mitte gehört den Tiefen- und Umwandlungsgesteinen.) Am flachen Rande des Tethys-Meeres lagerten sich in den Perioden Trias, Jura und Kreide mächtige Kalkschichten ab. Zum Gebirge aufgestapelt bildet heute der **Wettersteinkalk** mit 1000 m Mächtigkeit die Zugspitze, den Wendelstein und das Kaisergebirge, zeitgleich lagerte sich

(446) Dachsteinkalk mit Brachiopoden am Jenner
(447) Dachsteinkalk mit Riesenmuscheln „Kuhtritten“
(448) Dicke, massive Bänke zeichnen den Dachsteinkalk aus. (Königsee)

auf der deutschen Tafel der Muschelkalk ab. Während sich im Norden in der Keuperzeit (Trias) Mergel und Sandsteine bildeten, lagerte sich hier der **Dachsteinkalk** ab, aus dem Kehlstein und Watzmann bestehen. Im flachen Meer mit sehr hohem Salzgehalt wandelte sich ein Teil des Kalkes in Dolomit um, den **Hauptdolomit**.

Beispiel: Mergel der deutschen Alpen

Die Alpenlandschaft wird auch durch Mergelschichten geprägt, die zwischen den Kalken liegen. Sie bilden Grasberge (Höfatz) und weiche Formen, wo auch Almen Platz finden. Ein Bild von der Zugspitze aus nach Österreich zum Predigtstuhl zeigt die Gegensätzlichkeit der Bergformen, die durch das Verwitterungsverhalten der Gesteine bedingt ist. Im Vordergrund ein Bergkamm aus Mergel, der mit Gras bewachsen ist (Grenze zu Österreich), im Mittelgrund der Predigtstuhl, ein Berg aus Wettersteinkalk.

449

(449) Mergelkamm und Kalkgipfel

Gesteinskomplex Flysch: Flysch ist kein Gestein. Es ist ein Gesteinskomplex aus Konglomeraten, Grauwacken, Sandsteinen, Tonsteinen, Kalken und Mergel. **Entstehung**: Bereits während einer Gebirgsbildung sammelt und häuft sich das Abtragungsgut des Gebirges in einem Trog vor dem Gebirge. Es wird im weiteren Verlauf der Gebirgsbildung auch von der Bewegung erfasst, gefaltet und steil gestellt. Typische Flyschgesteine sind Konglomerate, wenig sortierte Sandsteine, Arkosen, Grauwacke, Tonschiefer. **Vorkommen:** Harz, Rheinisches Schiefergebirge, Fränkisch-Thüringisches Schiefergebirge, Ruhrgebiet als Flyschzone des Variskischen Gebirges, äußerste Alpengipfel, Voralpen, Nagelfluhkette als Flyschzone der Alpen.

450

451

(450) Flysch mit Falte und Abschiebung (Allgäu)
(451) Flysch Stillachtal (Allgäu)

Organogene Sedimentite – Plänerkalk

Kalk- und Mergelstein (Plänerkalk) [Obere Kreide]

Eigenschaften: Ein Wechsel der Kalkbänke mit dünnen Mergellagen charakterisiert die mächtigen „Plänerkalke" die im Münsterschen Kreide-Becken liegen und am Südrand des Teutoburger Waldes schräggestellt sichtbar werden. Der Kalk ist reich an Fossilien. **Entstehung:** Bei der Ablagerung im Meer der Oberkreide-Zeit wurde abwechselnd Kalk und Ton eingebracht und ausgeschieden. **Vorkommen**: In ganz Norddeutschland im Untergrund, an der Oberfläche im Harzvorland und vor allem am nördlichen Rande des Münsterlandes. Hier bildet der tektonisch schräg bis senkrecht gestellte Kalk die Höhen des Teutoburger Waldes. Im Raum Paderborn sind diese Kalke verkarstet. **Verwendung:**

452

453

454

(452) Steinbruch bei Lengerich
(453) Plänerkalk Steinbruchshalde Lengerich
(454) Die häufige Muschel Inoceramus

Bei Lengerich wird der Kalk zur Herstellung von Zement abgebaut, wozu der Tonanteil in den Mergel-Zwischenlagen ebenfalls benötigt wird.

Organogene Sedimentite – Schreibkreide

Schreibkreide (Kreide) *[Oberkreide]*

Eigenschaften: Kreide ist weiß, weich, erdig. Am Fuße der Klippen von Rügen rollt sie zu Geröllen ab und löst sich dabei rasch im Wasser. **Entstehung:** Die Schreibkreide besteht aus den wenig verfestigten Kalkschalen von Mikrofossilien, hauptsächlich sehr kleinen Geiseltieren (Coccolithophoriden), daneben Wurzelfüßern (Foraminiferen), Moostierchen (Bryozoen) und Muschelkrebsen (Ostrakoden). Reste von Seeigeln, auch einzelne Stacheln, Muscheln und Brachiopoden sind in der Kreide zu finden. In bestimmten Lagen, die sich als Bänder am Kliff zeigen, sind Feuersteine konzentriert. Dies sind Konkretionen aus Kieselsäure, die von Kieselalgen stammt. **Vorkommen:** Rügen, unter Quartär Lägerdorf (Schleswig-Holstein), Hemmor (Niedersachsen). **Verwendung:** Zementherstellung, Pigment, Schleif- und Poliermittel. Moderne Tafelkreide besteht nicht aus Kreide, sondern aus Magnesiumoxid und Gips. Das sehr informative Kreidemuseum Rügen liegt in einem aufgelassenen Kreidebruch.

455

456

457

(455) Wissower Klinken, eine berühmte Klippe, die im Jahre 2005 abstürzte.
(456) Kreidegerölle am Strand der Stubnitz (Rügen)
(457) Kreidefelsen mit Feuersteinbändern

Organogene Sedimentite – Hornsteinkalk

Hornsteinkalk *[Jura]*

Eigenschaften: Plattiger Kalk mit schwarzen, muschelig brechenden Knollen von amorphem Kieselgestein (Silex), das dem Feuerstein der Kreide ähnelt. Der Hornstein kann in einzelnen Knollen oder in ganzen Platten auftreten (Knollenhornstein, Plattenhornstein). **Entstehung:** Aus vagabundierender Kieselsäure, wohl aufgelöste Gehäuse von Kieselorganismen, formten sich die Konkretionen im weichen Kalkschlamm durch chemische Ausfällung. **Verbreitung:** In den Juraschichten der **Alpen**, in der Wimbachklamm etwa 100 m mächtig. (Auch in den Alpenflüssen zu finden, man erkennt sie an der dunkleren Farbe des Hornsteins und an Verdickungen, da der Hornstein der Auflösung durch das Wasser widersteht, nur mechanisch abgerollt werden kann.) An einigen Stellen im Oberjura-Kalk der **Schwäbischen und der Fränkischen Alb**.

458

459

(458) Hornsteinkalk in der Wimbachklamm (Berchtesgadener Alpen)
(459) In der Klamm sind verschiedene Kalke aufgeschlossen, die sonst unter dem Verwitterungsschutt verborgen sind.

460

(460) Baustein im Gemäuer der Burgruine Winzer (LK Deggendorf). Der Kalk ist eigentlich gelblich, aber an der Oberfläche vergraut.

Historische Verwendung: In Abensberg-Arnhofen (Kelheim) und in Flintsbach (im Namen steckt „Flint", hier gemeint ist Flintsbach bei Winzer LK Deggendorf) wurde in der Steinzeit Hornstein in Stollen aus dem Kalk gewonnen. Steinzeitliche Schlagplätze sind an der Menge der Abfallklingen zu erkennen. Der Stein war ein Handelsobjekt. Werkzeuge aus Hornstein lassen sich an der Oberfläche auf Feldern finden. Auch im Muschelkalk (Markgräfler Land und Schuckhof bei Schwäbisch Hall) gibt es Gebiete mit Hornstein, der in der Steinzeit verwendet wurde. In Norddeutschland nimmt der Feuerstein aus der Kreide den Platz des süddeutschen Hornsteins ein. Der alpine Hornstein wurde vermutlich nicht zur Herstellung von Werkzeug verwendet, weil er durch die tektonische Beanspruchung des Gesteins geschwächt wurde.

Organogene Sedimentite – Knollenkalk

Roter Knollenkalk (Cephalopoden-Knollenkalk, „Ruhpoldinger Marmor", „Rotmarmor") *[Oberjura]*

Eigenschaften: Hell- bis dunkelroter Knollenkalk mit Wühlspuren und Fossilien: Ammoniten und Belemniten. Mit dem Messer ritzbar, braust unter Salzsäure. **Entstehung:** Am Rande der Tethys lagerte sich in der Jura-Zeit Kalkschlamm mit färbendem Hämatit ab. Die Knollenstruktur entsteht in sehr flachem Wasser unter wechselnden Bedingungen. Dadurch kommt es zur Anlösung und zum Abtransport des Kalkes, wobei trennende Tonmineralien am Ort bleiben. **Vorkommen:** Rote Kalke dieser Art finden sich an mehreren Orten des Alpenrandes. Sie wurden früher bei Ruhpolding, Hindelang und Berchtesgaden abgebaut, heute nur noch in Adnet (Österreich), 10 km östlich der Grenze. Sehr ähnliches Gestein wird heute als „Rosso Verona" vom Südrand der Alpen importiert. Roter Kalk ist auch im grauen Kalkgeröll der Alpenflüsse zu finden. **Verwendung**: Die Wertschätzung dieses „Marmor" hat historische Wurzeln. Veit Stoß und Tilman Riemenschneider verwendeten ihn. Mauern, Fußböden und Schmuckelemente aus dem Gestein wurden vor allem wegen der Farbwirkung geschätzt. **Verwitterung:** Häufig erkennt man im Außenbereich erst bei näherem Hinsehen den roten Stein, da er schnell mehr grau als rot wirkt.

461

(461) Portal der romanischen Kirche St. Zeno (Bad Reichenhall)

462

463

(462) Kirchenfußboden mit Ammoniten (Niederbayern)
(463) Roter Flaserkalk Wimbachklamm (Berchtesgaden)

Weiterer Knollenkalk: Bei Hof im Frankenwald wurde als „Theresiensteiner Kalkstein" ein grauer Knollenkalk aus dem Devon abgebaut.

Crinoidenführender Rotkalk (Hierlatzkalk, „Mittenwalder Hierlatzkalk“, „Füssener Rotmarmor“) *[Unterjura]*

Eigenschaften: Dunkel- oder hellroter Kalk mit Bruchstücken von Crinoiden-Stie gliedern und anderem Fossilschutt. **Entstehung:** Am Rande der Tethys im flachen Wasser. **Vorkommen:** Kleine Bereiche am Nordrand der Alpen. Abbau in Hohenschwangau und Mittenwald. **Verwendung:** Beliebter Dekorationsstein, z. B. in der Residenz in München und in Hohenschwangau.

(464) Hierlatzkalk mit herausgewitterten Crinoiden

Roter Knollenkalk („Fischersdorfer Marmor“) *[Devon]*

(465) Knollenkalk mit Crinoidenlage
(466) Mauer aus Knollenkalk, Leutenberg (Thüringen)

Eigenschaften: Kalkknollen in einer Matrix aus Tonstein. **Entstehung:** In einer Flachwasser-Zone des Devonmeeres. Unter wechselnder CO_2-Sättigung wurde der Kalk teilweise gelöst. **Vorkommen**: Thüringer Schiefergebirge, Lahn, Vogtland (Drachenhöhle Syrau), dort auch metamorph als Kalkknotenschiefer.

Organogene Sedimentite – Nummulitenkalk

Nummulitenkalk *[Paläozän]*

Eigenschaften: Kalkstein, der zum überwiegenden Teil aus den Schalen von großen Wurzelfüßern (Foraminiferen) besteht, meist grau, oder durch Eisen rot gefärbt. Die Gehäuse sind flach wie Münzen oder auch dicker. **Entstehung:** Im Paläogen entwickelten sich diese Tiere, die erst am Ende der Kreidezeit aufgetaucht waren, in besonderem Maße. Es waren Meerestiere, die in der Tethys lebten. Sie waren so zahlreich, dass sich aus den Massen der Gehäuse Gesteine bildeten. Das Gestein ist am Rande der Alpen an einigen Stellen zu finden. **Verwendung:** Unter dem Namen „Enzenauer Marmor“ und „Rosenheimer Granit“ wurde Nummulitenkalk vermarktet. Am Berg Grünten im Allgäu, in Burgberg, wurde ein durch Metasomatose vererzter Nummulitenkalk bergmännisch gewonnen. Ein Museumsbergwerk ist dort eingerichtet. Auch am südlichen Ufer der Tethys lebten Nummuliten. Aus dem dortigen Sediment wurde die große Pyramide des Cheops errichtet.

(467) Nummulit in Draufsicht auf die Schichtfläche
(468) Nummulitenkalk im Querschnitt (Grünten/Allgäu)
(469) Auf dem Weg durch die Starzlachklamm (Sonthofen/Allgäu)

Organogene Sedimentite – Hydrobienkalk

Hydrobienkalk *[Neogen]*

Eigenschaften: Ein Kalkstein, der überwiegend aus Gehäusen einer kleinen Schnecke, Hydrobia (Wattschnecke), besteht. **Entstehung:** Im Neogen war ein langes Stück Erd-

470

kruste als Graben eingebrochen, heute noch als Oberrheinische Tiefebene zu erleben. Ein warmes flaches Meer entstand, welches das südliche Tethys-Meer mit der entstehenden Nordsee verband. Hier wurden zunächst tonige Sedimentite abgelagert. Im Neogen lebten hier massenhaft kleine Schnecken, die sich im Norden der Oberrheinischen Tiefebene (Mainzer Becken) gesteinsbildend ablagerten. **Verwendung:** Der Kalkstein bildet die Hügel in Rheinhessen, an deren Hängen der Wein reift. Viele Häuser in der Region wurden daraus erbaut.

471

(470) Hydrobienkalk mit Turmschnecke
(471) Angewitterte Oberfläche Gau-Algesheim (Mainzer Becken)

Organogene Sedimentite – Serpulitkalk

Serpulitkalk *[Unterkreide]*

Eigenschaften: Ein Kalkstein, der überwiegend aus Serpeln besteht. Das sind Wohnröhren, die Röhrenwürmer aus Kalk bilden und auf Steinen oder Tang kleben. **Entstehung:** In einem Meeresbecken. **Vorkommen**: Hils, Deister, Osterwald. **Verwendung:** Der „Thüster Stein" ist leicht zu bearbeiten und wird daher nicht nur lokal verwendet.

472

(472) „Thüster Stein", Salzhemmendorf (Weserbergland)

Organogene Sedimentite – Sandsteinartige Karbonatgesteine

Anröchter grüner Kalk"sandstein" („Anröchter Grünsandstein", „Anröchter Stein") [Obere Kreide]

473

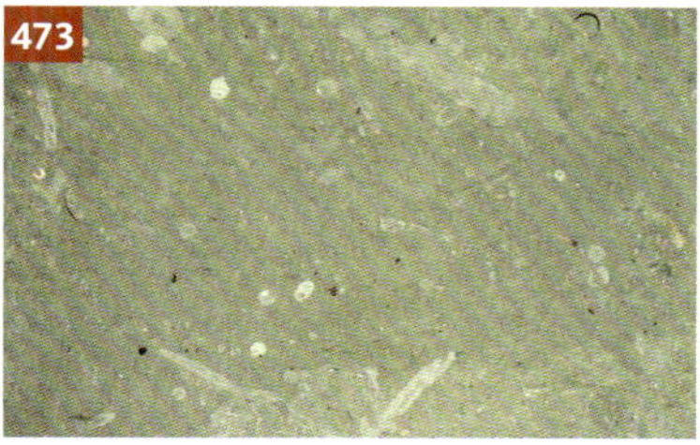

474

475

(473) Anröchter Grünsandstein
(474) Verwitterungsschäden
(475) Stadttor/Soest

Eigenschaften: Der Anröchter Grünsandstein ist im strengen Sinne kein Sandstein, wie der gebräuchliche Name sagt. Er besteht zu 47 % aus Kalk (Schalenbruchstücke und Mikrofossilien), 31 % Quarz und 21 % Glaukonit, muss also Sandkalkstein oder wenigstens Kalksandstein genannt werden. Muschelschalen und Wühlspuren von Tieren sind in der grünen Grundmasse zu erkennen. **Entstehung:** In der Randzone des Kreidebeckens, das etwa dem heutigen Münsterland entspricht, wurde dieser Kalksandstein abgelagert. **Vorkommen:** Umgebung von Soest und Werl. **Verwendung:** Alle großen historischen Gebäude von Soest tragen die grüne Farbe des Steines. In der Wiederaufbauzeit nach 1945 wurde er häufiger eingesetzt, z. B. beim Bezirksamt Eimsbüttel/Hamburg, auch für Skulpturen, z. B. von Ulrich Rückriem. **Museum:** Grünsandsteinmuseum in Soest. Sehr ähnlich wirkt der Regensburger Grünsandstein, der aber ein echter Sandstein ist.

Baumberge Kalk„sandstein“ („Baumberger Sandstein“) [Obere Kreide]

Eigenschaften: Der Kalkanteil liegt bei 50 bis 70 %, der feinkörnige Quarzsand (16 %) ist an dem dichten Stein nicht zu spüren. Der Kalkanteil besteht aus sehr kleinen zerriebenen Fossilbruchstücken und Gehäusen von Mikrofossilen. Teilweise gibt ein Glaukonit-Anteil dem Stein eine leicht grünliche Färbung. **Entstehung:** Das Material wurde in einem Tiefseebecken des Kreidemeeres abgelagert. Zum Teil brachten lawinenartige Schlammströme das Material in die Tiefe, wodurch mitgerissene Tierreste eingebettet und so erhalten wurden. **Vorkommen:** Baumberge bei Münster, Abbau bei Havixbeck (Sandsteinmuseum) und Billerbeck. **Verwendung:** Der Stein war als Baustein für Kirchen (Dom zu Münster), insbesondere für feines Maßwerk und Figuren bis Lübeck und die Niederlande verbreitet.

476

477

(476) Baumberger Kalksandstein
(477) Das Relief im Sandsteinmuseum Havixbeck zeigt die Eignung des Gesteins für feine Plastik.

Organogene Sedimentite – Kalkgeschiebe

Kalk-Geschiebe aus Schweden

Eigenschaften: Kalkgeschiebe am Ostseestrand können grau, grünlich grau, weiß oder rot sein. Sie verraten sich durch Ritzbarkeit mit einem Messer oder das Aufschäumen unter Salzsäure. **Entstehung:** Es sind Sedimentite, die in Skandinavien zu verschiedenen Zeiten entstanden sind: Vom Kambrium bis ins Neogen. **Vorkommen:** An bestimmten

478

Stränden der Ostsee. Kalkgeschiebe lösen sich, wenn sie den Verband des Geschiebemergels am Kliff verlassen haben, bald im Wasser auf. Man findet sie nur am Kliff und in unmittelbarer Nähe. Wenn Stürme das Kliff ein Stück abgetragen haben, sind die Aussichten auf den Fund von Fossilien gut. Sammler haben allerdings oft das Gebiet bereits besucht und nur noch ihre Schlagplätze sind zu sehen.

479

480

(478) Gekritzter Kalk von Hiddensee. Er wurde plan geschliffen und durch härtere Gesteine gekritzt.
(479) Grauer schwedischer Kalk mit Orthoceras, häufig in Fußböden alter norddeutscher Kirchen (Hamburger Michel)
(480) Roter Orthocerenkalk aus Südschweden

Organogene Sedimentite – Dolomit

Dolomit *[Zechstein bis Jura]*

Eigenschaften: Dolomit ist vom Kalkstein nicht immer leicht zu unterscheiden. Er sieht ihm sehr ähnlich, und es gibt Übergänge vom schwach dolomitisierten Kalk zum Dolomit. Die durch Auflösung glatt gewaschenen Flächen des Kalksteins, Karstrunsen und Lösungsspalten fehlen. Salzsäure entwickelt bei völliger Dolomitisierung nur sehr langsam Gasbläschen. **Entstehung:** Die Bildung von Dolomit ist noch nicht völlig aufgeklärt. Frisch abgelagerter Kalk, ob chemisch oder organogen entstanden, wird wäh-

481

(481) Klosterruine Walkenried (Südharz)

rend der Diagenese durch Stoffaustausch umgewandelt. Ein Teil des Kalziums wird durch Magnesium ersetzt (Dolomitisierung). Dies vollzieht sich im noch weichen Sediment unter einem heißen mit Magnesium übersättigten Meer. **Vorkommen:** Die meisten

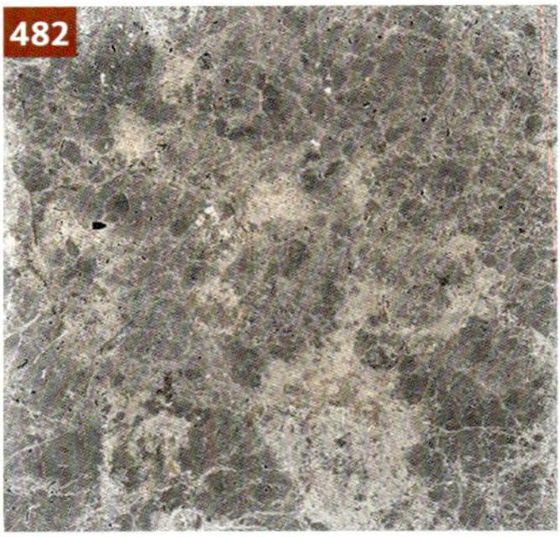

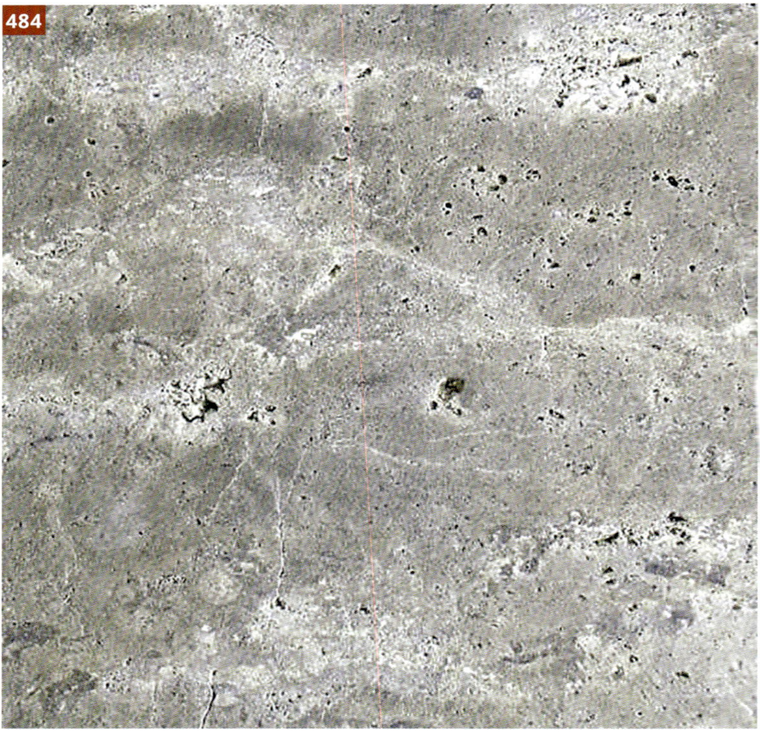

(482 und 483) „Wachenzeller Dolomit" (Schwäbische Alb)
(484) „Kleinziegenfelder Dolomit" (Schwäbische Alb)

Gipfel der deutschen Kalkalpen sind mehr oder minder dolomitisiert, ebenso Kalke im Zechstein und Kalke des Oberjura in der Fränkischen und Schwäbischen Alb. **Verwendung:** Zum Straßenbau, als Zuschlag für Hochöfen, als Flussmittel und Schlackenbildner, geschmolzen zu Mineralwolle. Pulverisierter Dolomit eignet sich als Scheuermittel, weil er härter als Kalk ist, also Kalkbeläge entfernen kann, aber nicht so hart, dass er Porzellanoberflächen angreift. Oolithischen **Dolomit als Baustein** findet man an der Klosterruine Walkenried. Dieser Stein wurde auch später noch abgebaut („Harzer Dolomit", „Nüxeier Stein") und zu Bodenplatten und Fensterbänken verarbeitet, wie auch in der Gegenwart Dolomite in der Fränkischen Alb.: „Wachenzeller Dolomit" (bei Eichstätt) und „Kleinziegenfelder Dolomit" (nordöstlich Bamberg) werden im modernen Hochbau eingesetzt. Beispiel: Residenz und Karlstor in München.

Dolomit der Alpen *[Trias, Jura]*

Die meisten Gipfel der deutschen Kalkalpen sind mehr oder minder dolomitisiert. Er ist härter und spröder als Kalk, seine Oberfläche ist splittrig. Er bildet brüchige, schroffe Felswände, zerfällt zu Massen von Schutt. Er verwittert zu kleinen kantigen Stücken, die auf Wegen oder beim Klettern leicht unter dem Fuß ins Rollen kommen. Bei der Dolomitisierung werden die Reste von Organismen unkenntlich.

485

486

(485) Wettersteinkalk, Kanzelwand (Allgäu)
(486) Schutthalden des Hauptdolomit (Allgäu)

4.3.2 Organogene Kieselgesteine

Organogene Sedimentite – Kieselgur

Kieselgur (Diatomeenerde, Diatomit) *[Quartär]*

487

Eigenschaften: Leichtes, im getrockneten Zustand flockiges, fein geschichtetes Lockergestein. Es enthält etwa 30 % Sand. **Entstehung:** In Binnenseen lebten Kieselalgen (Diatomeen), die nach ihrem

Absterben auf den Boden der Seen absanken. Die Schalen bestehen aus amorphem (nicht-kristallinem) Siliziumdioxid (SiO_2). Sie sind sehr klein, filigran aufgebaut und haben dadurch eine sehr große Oberfläche. In einem Kubikzentimeter Kieselgur hat man etwa eine Milliarde dieser Gehäuse. **Vorkommen:** Lüneburger Heide. **Verwendung:** In mehreren Gruben in der Lüneburger Heide wurde bis 1994 Kieselgur abgebaut. Heute ist importierte Gur billiger. Sie wird in vielen industriellen Prozessen benötigt: als Filter für Wasser, Bier, Öl und in Schwimmbädern; als Füllstoff in Baustoffen, Autoreifen, Farben, Kunststoffen, Papier, Puder und Tabletten. Wegen ihrer Feinheit und Härte ist sie ein wichtiges Mittel zum Schleifen und Polieren. Als Alfred Nobel das Dynamit erfand, hatte er mit Kieselgur das flüssige, gegen Erschütterung hochempfindliche und damit sehr gefährliche Nitroglycerin aufgesogen und eine knetbare Masse erhalten. Diese Masse war das nun gegen Erschütterung unempfindliche und leicht zu handhabende Dynamit.

(492) Kieselgur aus der Grube Faßberg-Oberohe/Lüneburger Heide

Organogene Sedimentite – Kieselschiefer

Kieselschiefer (Radiolarit, Lydit) *[Devon]*

Eigenschaften: Radiolarit ist ein Kieselgestein. Er ist hart wie Quarz, bricht muschelig-splittrig. Er kann rot und grün sein, ist aber meist schwarz. Bei der Verwitterung löst er sich nicht auf, auch im Fluss rollt sich wenig ab. Er zerfällt in kleine kantige Würfel. Oft ist er von vielen feinen Quarzadern durchzogen. In Aufschlüssen findet man ihn in enge Falten gelegt, oft enger als die Falten in den begleitenden Schiefergesteinen. **Entstehung:** Die Gehäuse und Skelette von Strahlentierchen (Radiolarien) bestehen aus Opal, einer wasserreichen, festen, aber nicht kristallinen (glasähnlichen, amorphen) Form der Kieselsäure. Solche Gehäuse haben sich am Boden eines tiefen Meeres gesammelt.

488

Unter dem Druck neuer Schichten verfestigte sich der Schlamm. Der instabile Opal wurde aufgelöst und in stabilen Quarz umgewandelt. Die Strahlentiere sind nicht mehr zu erkennen, Ton und Kalk können im Stein eingeschlossen sein. **Vorkommen:** Harz, Fränkisch-Thüringisch-Vogtländisches Schiefergebirge, Rheinisches Schiefergebirge, jeweils eingeschaltet in Schiefer. Saale, Weser und Rhein führen Gerölle von Radiolarit noch weit entfernt von der Lagerstätte. **Verwendung:** Steinzeit-Menschen schlugen sich Werkzeuge aus Radiolarit, die allerdings nicht die Schärfe von Feuersteinklingen hatten. Zur Gewinnung von Schotter wird Radiolarit gelegentlich abgebaut.

489

(488) Enge Faltung, Aufschluss im Westharz
(489) Bunter Radiolarit im Rheinschotter

4.3.3 Organogene Eisengesteine

Organogene Sedimentite – Raseneisenstein

Raseneisenstein (Raseneisenerz, Sumpferz, Klump) *[Quartär]*

Eigenschaften: Rauer, löcheriger, an Lava erinnernder Stein, rostig bis blaugrau. **Entstehung:** Grundwasser führt oft gelöstes Eisen mit sich, das aus der reduzierenden Umgebung eines Bodens nach unten sickerte. Dieses Eisen ist zweiwertig und damit löslich. Tritt das Wasser aus, oxidiert es zu dreiwertigem Eisen, hier zu Eisenoxidhydrat (FeO(OH), Rost) und wird dadurch unlöslich. Man beobachtet es oft als dünne schillernde Schicht auf dem Wasser von Gräben und Quellen. Es sammelt sich am Boden des Gewässers zu rostigem

490

(490) Baustein an der Kirche in Mandelsloh bei Hannover

491

(491) In Mecklenburg nannte man den Stein Klump, Klumphaus in Wöbbelin bei Ludwigslust

Schlamm und bildet dann irgendwann eine feste Schicht. In der Eisenzeit suchte man diese Schichten, um daraus mit Holzkohle in kleinen Öfen Eisen zu gewinnen. Man erkennt die Stellen noch an den zurückgelassenen Schlacken. Dieser Prozess kann eine rein chemische Ausfällung sein. In einer sauren Umgebung, z. B. in Anwesenheit von Humussäure, ist aber eine Beteiligung von eisenoxidierenden Mikroorganismen wahrscheinlich, die den Oxidationsprozess zur Energiegewinnung nutzen. **Vorkommen:** In Flusstälern im Norddeutschen Tiefland. **Verwendung:** Neben der Verhüttung wurde Raseneisenerz auch zum Bau verwendet: Kirchen von Mandelsloh, Quakenbrück, Hannover-Bothfeld, Winsen/Aller, Stadtmauern von Dahme in Brandenburg („Eiserne Mauer“), Ludwigslust, Häuser in Mecklenburg. Im Wörlitzer Park, im neuen „Neuen Garten“ zu Potsdam und im Park von Schloss Ludwigslust wurden Grotten, bizarre Felsen und andere romantische Bauwerke daraus errichtet.

Raseneisenstein in Entstehung *[Gegenwart]*

Eisenoxidhydrat auf Quellwasser

Schillernde Schichten auf dem Wasser von Quellen und Gräben können besonders im Frühjahr beobachtet werden. Oft werden sie für Verunreinigungen durch Altöl oder Chemikalien gehalten. Wenn man die Schicht mit einem Stöckchen berührt, kann man feststellen, dass sie keine Schlieren bildet. Sie zerbricht in kleine Schollen, ist also durch einen Feststoff gebildet. Eine Ölschicht würde Schlieren bilden. Meist findet man am Grunde des Gewässers auch den rostigen Schlamm, der sich aus der absinkenden Schillerschichten bildet, die Vorstufe des Raseneisensteins. (In der Umgebung von Hänigsen/Uetze/Südheide findet man auch echte Schlieren auf dem Wasser von Gräben. Dort handelt es sich um Erdöl, das aufgestiegen ist und auf dem Grundwasser schwimmt.)

492

(492) Schillernde Schicht auf dem Wasser einer Quelle

4.3.4 Brennbare Gesteine (Kaustobiolithe)

Organogene Sedimentite – Torf

Torf

Eigenschaften: Das Lockergestein besteht aus wenig veränderten Pflanzenresten, hauptsächlich Torfmoos. **Entstehung:** Im Bereich des Grundwassers, oder durch Niederschläge mit Wasser versorgt, wächst ein Moor und schließt seine Überreste unter sich vor der Verrottung ab. **Vorkommen:** In Niederungen (hoher Grundwasserstand, verlandende Seen) oder auf Bergkämmen mit hohen Niederschlägen. Von früheren

493

(493) Torfabbau in Niedersachsen

ausgedehnten Moorflächen künden heute oft nur noch die Flurnahmen. **Verwendung:** In Norddeutschland war Torf der bevorzugte Brennstoff. In Ostfriesland wird noch heute eine Ziegelei damit betrieben. Heute wird der an sich fast mineralfreie Torf mit Dünger als Gartenerde verkauft.

Organogene Sedimentite – Braunkohle

Braunkohle *[Paläogen, Neogen]*

Eigenschaften: Braunes lockeres Gestein. **Entstehung:** Unter Druck und Luftabschluss aus organischem Material (Torf, Sumpfpflanzen). **Vorkommen:** Niederrheinische Bucht, Nordwestsachsen, Lausitzer Revier, Helmstedter Revier, Oberpfalz (Wackersdorf), Hessen (Borken, Wetterau, Kaufunger Wald und Hoher Meißner). Alpenvorland (Pechkohle, die eine bessere Qualität hat) in Peiting und 9 weiteren Standorten südlich von München. **Verwendung:** Stromerzeugung, früher Hausbrand. Sie hat nur 30 % des Heizwertes der Steinkohle und erzeugt schädliche Abgase.

494

(494) Braunkohle Welzow

Organogene Sedimentite – Steinkohle

Steinkohle

Eigenschaften: Leichtes (ca. 1,5 g/cm^3), schwarz glänzendes oder mattes Gestein. Es bricht muschelig, aber auch an Rissen senkrecht zur Schichtung. Beim Erhitzen entweicht Gas, das bis zu 45 % des Gewichts ausmachen kann. **Entstehung:** Kohle entsteht durch Inkohlung von Pflanzenmaterial, das meist in Sumpfwäldern gewachsen ist. Dabei wandeln sich unter Luftabschluss, unter Druck und Temperatur die Pflanzenstoffe in Kohlenstoff und gasförmige Kohlenwasserstoffe (Erdgas) um. Je nach dem Gasgehalt werden verschiedene Kohlearten unterschieden: weniger als 10 % Gas: Anthrazit, bis zu 45 % Gas: Flammkohle. Ältere Kohle ist meistens Steinkohle, jüngere Braunkohle. Der Inkohlungsprozess kann aber durch hohen Druck oder hohe Temperaturen beschleunigt worden sein, z. B. durch die Einwirkung eines unterirdischen Plutons bei Ibbenbüren. Weltweit die meisten

495

(495) Kohle ist am Elbstrand bei Hamburg kein seltener Fund. Ob ein Kohleschiff unterging oder der Vorrat eines Dampfers über Bord ging? Die Kohle erweist sich als sehr resistent. Wegen ihrer Leichtigkeit werden Stücke aus dem Grund immer wieder an den Strand gespült.

Kohlen bildeten sich in der Karbonzeit (daher der Name). Die meisten Sumpfwälder lagen an einer Meeresküste südlich des Variskischen Gebirges. Die reichliche Sedimentzufuhr aus dem jungen Gebirge sorgte immer wieder zur Überschüttung der Wälder, neue Wälder wuchsen nach. So kam es zur Abfolge zahlreicher Flöze. **Kohle aus dem Karbon:** Vom Donezbecken über Schlesien, das Ruhrgebiet, Aachen, Belgien, Nordfrankreich bis in die Appalachen (Nordamerika) zieht sich das Kohleband. Nordamerika und Europa waren damals noch nicht getrennt. **Vorkommen in Binnenbecken** des Gebirges im Saarland, bei Zwickau und Freital (Döhlener Senke). **Jüngere Steinkohle:** Barsinghausen, Stadthagen (Unterkreide). **Verwendung:** Kohle war der Motor der industriellen Revolution. Ihre große Bedeutung bleibt für die Eisenverhüttung und als Rohstoff der chemischen Industrie bestehen.

Organoge Sedimentite – Bernstein

Bernstein

(496) Bernstein vom Strand der Elbe unterhalb Hamburgs. Seine Oberfläche ist durch die Kollision mit Sandkörnern angeschlagen.

Eigenschaften: Sehr weicher und leichter Stein. Er versinkt in Süßwasser, schwimmt aber in 10 %iger Salzlösung. Härte 2–2,5. Er fühlt sich warm an, ist nicht spaltbar, spröde, durchscheinend oder opak, gelb bis rotbraun. An Wolle gerieben lädt er sich elektrostatisch auf, dann zieht er Papierschnipsel an. Von der Farbe her ist er leicht mit gelbem Feuerstein zu verwechseln, der aber deutlich härter ist. **Entstehung:** Bernstein ist fossiles Baumharz, chemisch ein Kohlenwasserstoff. Er brennt. Aus älteren Schichten sind kleine Bernsteinfunde bekannt. In Deutschland wird nur Baltischer Bernstein gefunden. Sein Ursprung: Die Lage des Waldes, in dem im Paläogen Bäume ihr Harz ließen, ist nicht bekannt. Die Harzklumpen wurden isoliert, abtransportiert, vielleicht auch mehrfach umgelagert. Viele kamen in Tonschichten im Samland (früher Ostpreußen, heute russische Enklave) zur Ablagerung. **Vorkommen:** In eiszeitlichen Sedimentiten sind vom Baltikum mitgebrachte Bernsteine enthalten. An Ostseestränden werden nach Stürmen Bernsteine gesammelt. Der leichte Stein wird nicht vorn in der Brandungszone abgelegt. Man muss höher am Strand suchen, z. B. in den Spülsäumen aus Tang oder Seegras.

Achtung Bernsteinsucher: Verwechslungsgefahr mit sehr gefährlichem, selbstentzündlichem gelbem Phosphor aus versenkter Munition.

Mit der Ausbaggerung des Flussbetts in tiefere Schichten kommt auch an der Unterelbe gelegentlich Bernstein an die Oberfläche. **Verwendung:** Als frühes Handelsgut wurde der Schmuckstein bereits in der Steinzeit weit verbreitet. Der Bernstein für den in der DDR hergestellten „Ostseeschmuck“ stammte aus einer Sandschicht, die unter der Braunkohle im Abbau Bitterfeld gefunden wurde. Die Grube ist inzwischen mit Wasser gefüllt. **Besonderheit:** In Ribnitz-Damgarten am Darßer Bodden und auf der kleinen Insel Neuwerk in der Elbmündung können Bernsteinmuseen besucht werden.

5. Umwandlungsgesteine (Metamorphite)

Drei Arten: Von einer **Regionalmetamorphose** spricht man, wenn eine ganze Stein-Region im Zuge einer Gebirgsbildung in die Tiefe gepresst wurde und dabei unter hohen Temperaturen *und* Drucken verändert wurde. **Kontaktmetamorphose** tritt ein, wenn sich Gesteine in unmittelbarer Nähe zu einer Wärmequelle veränderten, *ohne* dass dabei hohe Drucke eine Rolle spielen. Wärmequelle kann ein Pluton oder ein Vulkanschlot sein. Fruchtschiefer und Hornfels sind Produkte der Kontaktmetamorphose. Die dritte Gruppe der Metamorphite sind **Impaktgesteine**. Sie wurden durch Meteoriteneinschlag verändert.

5.1 Regionalmetamorphite

Die **Einordnung der Metamorphite** kann nach zwei Gesichtspunkten vorgenommen werden, nach dem Ausgangsgestein oder nach dem Metamorphosegrad. Je intensiver die Metamorphose war, desto schwieriger bzw. unsicherer wird allerdings die Zuordnung zu einem Ausgangsgestein. Außerdem gibt es zwischen allen Stadien Übergangsformen. Wir gehen hier vom Ausgangsgestein aus.

Metamorphite – Quarzit

Ausgangsgestein Sandstein

Quarzit

Eigenschaften: Quarzit besteht aus Quarz. Er hat dessen Härte 7. Mit Marmor (Härte 3) ist er dadurch kaum zu verwechseln. Von Sandstein unterscheidet ihn, dass seine Körner nicht mit einem Bindemittel verbunden sind, sie sind miteinander verschweißt, man erkennt keine körnige Struktur. Dünne Streifen von Graphit können als Reste von organischer Substanz gedeutet werden.

Beispiel: Taunusquarzit

Entstehung: In der Devon-Zeit wurde in einem begrenzten Gebiet reiner Quarzsand durch Flüsse ins Meer eingetragen. Daraus bildete sich Sandstein, der bei der Variskischen Gebirgsbildung durch Hitze und Druck zu Quarzit verwandelt wurde. Die Metamorphose ist noch nicht weit fortgeschritten. Der Stein spaltete zonenweise noch an den Schichtgrenzen. **Vorkommen**: Im Hunsrück und im Taunus bildet der Quarzit die höchsten Berge und Klippen auf den Gipfeln. **Verwendung:** Taunusquarzit wird nur noch zur Herstellung von Splitt für den Straßenbau abgebaut. Oft wird er dunklen Splitten zugemischt, damit der Straßenbelag insgesamt heller wird, was europäische Sicherheits-Verordnungen vorschreiben. **Werkstein:** Reste finden sich an Römerbauten, Nachbau des Römerkastells „Saalburg“, Bodenplatten für den Garten.

497

498

499

(497) Taunusquarzit mit Graphitstreifen
(498) Quarzit-Splitt Steinbruch Wehrheim (Taunus)
(499) Gipfelklippe auf dem Feldberg (Taunus)

Beispiel: Quarzitgeschiebe mit Lebensspuren (Ichnofossilien oder Ichnia)

Im Stein haben sich Strukturen erhalten, die als Wohnbauten von Tieren (vielleicht Würmern) gedeutet werden. **Entstehung:** Der Sand, aus dem der Stein entstand, wurde im Raum Südschweden in der Kambrium-Zeit abgelagert. **Vorkommen:** Als Geschiebe bis an die Grenze der Mittelgebirge, im Kopfsteinpflaster norddeutscher Städte und auf Steinhaufen ist diese uralte Lebensspur leicht zu finden. Bei der Spur „Scolithos“

liegen viele senkrechte Röhren senkrecht zur Schichtung. Bei der Spur „Monocraterion" erkennt man eine u-förmige Röhre und einen trichterförmigen Eingang, wie bei einem Sandfresser. Monocraterion findet man seltener.

(500) Geschiebe mit Scolithos
(501) Geschiebe mit Monocraterion

Knollenquarzit ist kein metamorphes Gestein. Er wird in diesem Buch im Abschnitt „Naturgeformte Steine" behandelt

Metamorphite – Tonschiefer

Ausgangsgestein Tonstein

Metapelite: Tonschiefer ist der Metapelit mit der niedrigsten Stufe der Verwandlung. Höher methamorph folgen Phyllite, Glimmerschiefer und Gneise (Paragneise). Auf jeder Stufe bilden sich neue Minerale, die auch zur Benennung des Methamorhose-Grades (der Zone) herangezogen werden. Tonschiefer: Muskowit-Zone, Phyllit: Chlorit/Biotit-Zone, auch Grünschieferzone, Glimmerschiefer: Granat/Staurolith-Zone, Gneis: Disthen-Zone.

Tonschiefer

Eigenschaften: Sehr feinkörniges, schwarzes, graues oder rötliches Gestein, das in dünne Platten zerfällt. Die Oberfläche der Platten ist schwach glänzend und mit einem Messer ritzbar. **Entstehung:** Schiefer ist veränderter Tonstein oder Siltstein (Metapelit). **Schieferung:** Wird Tonstein bei einer Gebirgsbildung erwärmt (bis 350 °C) gefaltet, entweichen organische Substanzen und Wasser. Die plättchenförmigen Tonminerale lösen sich auf und bilden sich als erste Stufe der Metamorphose neu zu Muskowit oder Serizit: Sie orientieren sich jetzt so, dass sie senkrecht zum Gebirgsdruck wachsen. Sie bewirken einen seidigen Glanz. Ihre neue Ausrichtung ist die Richtung der Spaltbarkeit, d. h. der Schieferung. **Vorkommen:** Harz, Rheinisches Schiefergebirge, Fränkisch-Thüringisch-Vogtländisches Schiefergebirge. **Verwendung:** Bau, Dächer (Dachschiefer), Schiefertafeln.

502

503

(502) Schieferaufschluss in Beilstein an der Mosel
(503) Obwohl er keine formatierten Werksteine hergibt, wurde Schiefer verbaut, auch in Bögen und Gewölbe. In den Städten wird das Steinmauerwerk in der Regel durch Putz verhüllt. Burg Rheinfels

Beispiel: Tonschiefer mit Muschelrest

Eigenschaften: Fossilien sind selten im geschieferten Gestein, weil die Schieferung alle alten Strukturen zerstört. In manchen Partien haben sich Fossilien erhalten, manchmal verzerrt. Im vorliegen Fall findet man auf der Bruchfläche einen Hauch von braunem Staub, der aber ein Bild der Muschel fein wiedergibt. Der Staub kann leicht weggewischt werden und hinterlässt keine Spur auf dem Stein. **Erklärung:** Der Kalk der Muschelschale wurde im Verlauf der Diagenese gegen Pyrit ausgetauscht. Pyritisierung von Kalkschalen ist ein häufiger Vorgang. Der Pyrit oxidierte später in der Nähe der Oberfläche unter den feuchten Witterungsbedingungen zu Limonit, dem braunen Staub.

504

(504) Die Muschel Posidonia becheri im Tonschiefer, Lautenthal (Harz)

Beispiel: Fossilreicher Tonschiefer

In **Bundenbach** (Hunsrück) fanden sich zahlreiche Fossilien beim Abbau in einer Dachschiefergrube, ein Glücksfall, denn in der Regel werden diese bei der Schieferung unkenntlich. Die stillgelegte Grube kann heute besucht werden. Das Museum zeigt die Arbeit in der Grube und Fossilien in Pyrit-Erhaltung.

505

(505) Pyrit-glänzender Trilobit aus Bundenbach

Metamorphite – Tonschiefer

Beispiel: Schieferplatte

Eigenschaften: Schiefergestein mit einem höheren Quarzanteil lässt sich in Platten von einigen Zentimeter Stärke teilen. Die vorliegende Platte gibt als Farbwechsel die Schichtung des Tonsteines wieder. Die dunkleren Schichten enthalten mehr Restkohlenstoff aus zersetzter organischer Substanz. **Verwendung:** Schieferplatten werden als Fußböden, Wandplatten, Tischplatten, Wegeplatten, Grabsteine und für Gartenmauern verwendet. **Vorkommen:** In Lotharheil bei Geroldsgrün (Frankenwald), Schmallenberg-Fredeburg (Sauerland) und Mayen (Eifel) werden sie noch abgebaut und in den Handel gebracht. Die „Ölschieferplatten“ aus Holzmaden werden ähnlich verwendet. Sie gehören aber nicht zu den Schiefern, weil ihre Spaltbarkeit nicht durch tektonische Schieferung, sondern schichtweise Ablagerung entstand.

506

(506) Schieferplatte in der Schiefergrube Lehesten-Schmiedebach (Thüringen)

Schichtung und Schieferung: Ohne Kenntnis ihrer Entstehungsgeschichte nannte man früher alle dünn teilbaren Gesteine Schiefer, heute nur noch solche Gesteine, deren Teilbarkeit durch den Druck einer Gebirgsbildung (tektonischer Druck, Metamorphose) verursacht ist. „Schiefer“ hat sich (auch in der geologischen Literatur) für einige Gesteine erhalten, die in diesem Sinne keine Schiefer sind: Kieselschiefer, Ölschiefer, Kupferschiefer, Lithographenschiefer. Meist handelt es sich um Schichten, die zugleich für einen Zeitabschnitt der Erdgeschichte stehen. Auch dort, wo das sogenannte Schiefergas gewonnen wird, handelt es sich um bitumenreiche, feinschichtige Tonsteine und nicht um echte Schiefer.

Verwendung von Schieferplatten

507

(507) Schiefermauer im Sormitztal (Thüringen)

Manche Schiefer brechen an den Schieferungsflächen und auch an den Schichtflächen. Im Querbruch bilden sie dann Parallelogramme, die den aus Bruchsteinen aufgeschichteten Trockenmauern ihr typisches Aussehen verleihen.

(508) Trockenmauer aus gesägten Schieferplatten (Botanischer Garten Hamburg)

Pyrit im Schiefer

Eigenschaften: Als gut ausgebildete Würfel oder auch nur als winzige Kriställchen taucht oft Pyrit (FeS_2) im Schiefer auf. **Entstehung:** Eisen und Schwefel aus organischer Substanz finden sich unter reduzierenden Bedingungen bei Diagenese des Tonsteines oder Metamorphose zu Schiefer zu Pyrit zusammen (Pyritisierung). Beim Wachstum ent-

(509) Pyrit im Schiefer (Museum Bundenbach)
(510) Verwitterter Pyrit an Dachschiefer mit Spuren auslaufender Säure (Goslar)

wickelt das Kristall genug Kraft, um sich seinen Raum im Gestein zu verschaffen. **Pyrit im Dachschiefer:** Im Dachschiefer sollte kein Pyrit vorkommen, da dieser verwittert. Dennoch findet man immer wieder Spuren davon. Aus dem Eisen wird Rost, wobei sich das Volumen vergrößert, mit Quellung und Sprengwirkung. Aus dem Schwefelanteil wird Schwefelsäure, die ihre ätzenden Spuren im Schiefer hinterlässt.

Beispiel: Dachschiefer

Eigenschaften: Dachschiefer ist eine Sonderform mit speziellen Eigenschaften. Er zerfällt in besonders gleichmäßige Platten, muss sich sägen lassen und das Schlagen eines Nagellochs zulassen. Beim Abbau erweisen sich immer nur wenige Gesteinspartien als geeignet. So entstehen große Hohlräume und große Abfallhalden. **Vorkommen:** In allen Schiefergebieten Deutschlands.

511

Verwendung: Dach- und Fassadeneindeckung. **Heutiger Abbau**: Geroldsgrün (Oberfranken), Schmallenberg (Sauerland). Heute wird der meiste verwendete Schiefer aus Spanien importiert. **Besonderheit:** Schiefermuseen und Schieferbergwerke geben Einblick in die alte Technik. (Bundenbach (Hunsrück) mit Fossilien, Fell (Mosel), Mayen (Eifel), Schieferwelt Lehesten und Steinach (Thüringen) Ludwigstadt (Frankenwald) und Schmallenberg (Sauerland).

512

513

(511) Abfall der Schiefergrube Lehesten-Schmiedebach (Thüringen)
(512) Wappen der Schieferdecker mit Farbvarianten
(513) Dachschieferprobe: Beim Schlag mit einem spitzen Hammer muss ein Loch für den Nagel entstehen. Die Platte darf nicht zerspringen.

Metamorphite – Kalkknotenschiefer

Kalkknotenschiefer

Eigenschaften: Graue, grünliche oder rötliche Schiefer mit schichtweise angeordneten Lagen von grauen oder roten Kalkknollen oder auch mit durchgehenden Kalklagen. **Entstehung:** Knollenkalk lagerte sich in der Devonzeit im Flachmeer ab. Abgelagerter

Kalk wurde mehrfach wieder aufgelöst, während das tonige Sediment erhalten blieb. Während der Metamorphose verschieferte der Ton, die Kalkknollen haben sich einer späteren Schieferung widersetzt, sie wurden aber lang ausgezogen. **Vorkommen:** Thüringer Schiefergebirge, Vogtland, Westharz, Bergisches Land, Sauerland, Lahn-Dill-Gebiet, Weilburg (Kanaltunnel). **Namen:** Wenn der Kalkanteil den Tonanteil überwiegt, spricht man von Knotenkalk, Knollenkalk oder Kramenzelkalk.

514

515

(514) Die Kalklagen zeigen die Schichtung an, schräg dazu ist der Ton geschiefert, Bohlen-Fels (Saalfeld)
(515) Gefalteter Kalkknotenschiefer, Elsterberg (Vogtland)

Metamorphite – Alaunschiefer

Schwarzschiefer (Alaunschiefer)

Eigenschaften: Geschieferter Tonstein von tiefschwarzer Farbe. Bei der Verwitterung bilden sich weißliche oder gelbliche Ausblühungen. Er ist reich an organischen Substanzen (Bitumen) und Pyrit. Er enthält trotz seines Namens kein Alaun. Dies kann durch Verwitterung in geringem Umfang entstehen, kenntlich an Ausblühungen. Namengebend ist die Verwendung. **Entstehung:** Bei der Ablagerung des Tones wurde organisches Material eingelagert, das als Bitumen, Pyrit oder Graphit die Schwarzfärbung hervorruft. **Vorkommen:** In Schiefergebirgen. **Verwendung:** Alaunschiefer wurde zur Herstellung von Alaun bergmännisch gewonnen, das in der Färberei, Gerberei und bei der Papierherstellung verwendet wurde.

516

(516) Alaunschiefer, Saalfelder Feengrotte

Alaungewinnung
Der Schiefer musste zusammen mit Holz geröstet werden. Aus dem Pyrit wurde Schwefelsäure, das Holz lieferte Kalium (in der Holzasche), der Ton des Schiefers lieferte Aluminium. Alle drei Stoffe waren notwendig. Beim Rösten, einem längeren

mehrstufigen chemischen Prozess, entstand das Alaun, ein Kalium-Aluminium-Sulfat. Das wurde aus dem Röstergebnis ausgelaugt. Bei Reichenbach im sächsischen Vogtland kann das Besucherbergwerk „Alaunwerk Mühlwand" besucht werden.

„Saalfelder Feengrotten": In Thüringen wurden in einem aufgelassenen Alaunschiefer-Bergwerk große Räume mit Tropfsteinen und farbigen Mineralneubildungen entdeckt, die als „Saalfelder Feengrotten" Besucher erfreuen. Die Farbenpracht der großen Abbauräume rührt her vom Gehalt des Schiefers an Nickel, Vanadium, Molybdän, Chrom, Mangan, Eisen und Kupfer.
Ins Saarland reiste schon Goethe, um den **„Brennenden Berg"** zu sehen. Hier brannte Kohle. Die Hitze über dem Gebiet röstete die dortigen Alaunschiefer, sodass diese sofort zur Alaungewinnung verwendet wurden.

Beispiel: Grüner Schiefer

Nicht jeder grüne Schiefer kann als Grünschiefer angesprochen werden. Auch bei geringerer Beanspruchung kann sich im Tonschiefer grün färbendes Chlorit gebildet haben. Der Schiefer im Wispertal (Taunus) war schwacher Metamorphose unterworfen, er stellt eine Übergangsform von Tonschiefer zum Grünschiefer dar.

517

(517) Seidig glänzender grüner Schiefer im Wispertal (Taunus)

Metamorphite – Grünschiefer

Grünschiefer

Eigenschaften: Plattig zerfallendes Gestein mit einer durchgehenden Grünfärbung auf den seidig glänzenden Spaltflächen. **Entstehung:** Aus verschiedenen Ausgangsgesteinen entstehen Grünschiefer bei mittleren Temperaturen (300–500 °C) und Drucken, die einer Versenkung des Gesteines in 5 bis 30 km Tiefe entspricht. Dabei entstehen verschiedene Mineralien, vorwiegend aber Chlorit, das durch seine grüne Farbe dem Gestein den Namen gibt. Chlorit ist ein Eisen-Magnesium-Silikat. Es hat nichts mit dem Element Chlor zu tun. Die Bezeichnung **Grünschieferfazies** wird für eine ganze Gruppe von Gesteinen gebraucht, die einer mittelgradigen Metamorphose unterworfen waren. **Vorkommen:** Echte Grünschiefer kommen in Deutschland sehr selten vor: Im Erzgebirge und im Raum Münchberg (Münchberger Gneisscholle).

518

(518) Platte am Schloss Wildenfels (Erzgebirge)

Metamorphite – Glimmerschiefer

Glimmerschiefer und Phyllit

Eigenschaften: Glimmerschiefer zerfällt wie ein Schiefer. Der Glanz auf den Spaltflächen ist intensiv und silbrig, er kann auch grünlich sein (Chlorit). Der helle Glimmer (Muskovit) ist biegsam. Er bildet gute Gleitflächen, darum kann der Glimmerschiefer in Falten gelegt sein. **Entstehung:** Ausgangsmaterial sind tonige Ablagerungen. Die Metamorphose ist stärker als beim Tonschiefer. Neubildung von hellem Glimmer hat stattgefunden. Vom Gneis unterscheidet er sich durch das Fehlen von Feldspat. Sehr ähnlich dem Glimmerschiefer (und schwer abzugrenzen) ist der Phyllit, der in sehr feine Blätter zerfällt. Glimmerschiefer und Phyllite gehen oft ineinander über. **Vorkommen:** Erzgebirge und Fichtelgebirge. **Verwendung:** Wo andere Bausteine fehlten, verwendete man ihn zum Bauen, obwohl er ein eher schwieriges Material ist.

519

520

(519) Glimmerschiefer Schiefergrube Affalter (Erzgebirge)
(520) Weinkeller des Klosters Altzella bei Nossen (Erzgebirge)

Glimmerschiefer mit Segregationsquarz

Entstehung von Segregationsquarz: Quarz, der als Schluff oder Sand in Schichten oder auch fein verteilt im Ton vorhanden war, löst sich, wenn Wasser vorhanden ist, unter dem Druck und trennt sich vom Ton ab (Segretation = Absonderung). Er zieht sich zu Lagen oder Linsen zusammen, fällt amorph aus oder kristallisiert. Oft schließt er kleinste Flüssigkeitsmengen ein und wird dadurch milchig (Milchquarz). Bei der Gebirgsbildung entstehen stellenweise durch Dehnung und Zerrung Zonen, in denen ein geringerer Druck herrscht als in der Umgebung. In solchen Räumen können sich besonders gut derartige Quarze bilden. **Vorkommen:** In Glimmerschiefern und Phylliten. **Segregationsquarz in Flussgeröllen:** Im Flussgeröll kann der Anteil dieses Quarzes sehr hoch sein. Man kann ihn erkennen und von Gangquarz unterscheiden. Er ist selten klar, eher milchig, bildet eher flache, kantige Stücke und bricht parallel zu enthaltenen Spuren von Schiefer, dunklen Mineralen, Glimmer oder Chlorit.

(521) Glimmerschiefer am Schlossfelsen Rabenstein (Chemnitz)
(522) Glimmerschiefer mit kleinen Segregationsquarzen (Mauer des Klosters Altzella bei Nossen)

Metamorphite – Kalk-Glimmerschiefer

Kalk-Glimmerschiefer

Eigenschaften: Kalk-Glimmerschiefer zerfällt in kompaktere Stücke als Glimmerschiefer. Der Glanz auf den Spaltflächen ist silbrig (im Foto wird der Glanz nicht abgebildet). Der helle Glimmer (Muskovit) ist biegsam. Die weißlichen, kompakten Bestandteile zwischen den Glimmerlagen bestehen aus Kalk. Das kann durch Ritzen mit dem Messer erkannt werden, besser noch mit Salzsäure. **Entstehung:** Ausgangsmaterial sind tonig-kalkige Ablagerungen (Mergel). Die Metamorphose ist stärker als beim Tonschiefer. Ausgehend von den Tonmineralen hat eine Neubildung von hellem Glimmer und Chlorit stattgefunden. Vom Gneis unterscheidet er sich durch das Fehlen von Feldspat. Der Kalk verändert sich chemisch nicht, aber er bildet Kristalle aus wie bei einem Marmor. **Vorkommen:** Erzgebirge und Fichtelgebirge, einzelne Partien sind den Glimmerschiefern und Phylliten eingeschaltet, wenn das Ausgangsmaterial Kalk enthielt. **Verwendung:** Wo andere Bausteine fehlten, verwendete man ihn zum Bauen. Er wird in Drehbach-Venusberg (Erzgebirge) als Schottermaterial abgebaut.

523

524

(523) (524) Steinbruch Drehbach-Venusberg

Metamorphite – Marmor

Ausgangsgestein Kalk und Dolomit

Marmor (Metakalk)

Eigenschaften: Weißes Kalkgestein, mit Salzsäure betupft aufbrausend, ($CaCO_3$), Härte 3, mit dem Messer und auch mit Fensterglas ritzbar, zusammengesetzt aus oft gut erkennbaren (hier ca. 5 mm großen) Kristallen von Kalkspat. Graue Streifen oder Schlieren aus Graphit. **Entstehung:** Unter Druck und Hitze unter Anwesenheit von Wasser (als Transportmedium) wuchsen die Kalkspatkristalle. Organische Substanzen wurden zersetzt, flüchtige Bestandteile entwichen. Der Kohlenstoff blieb als grau-färbender

525

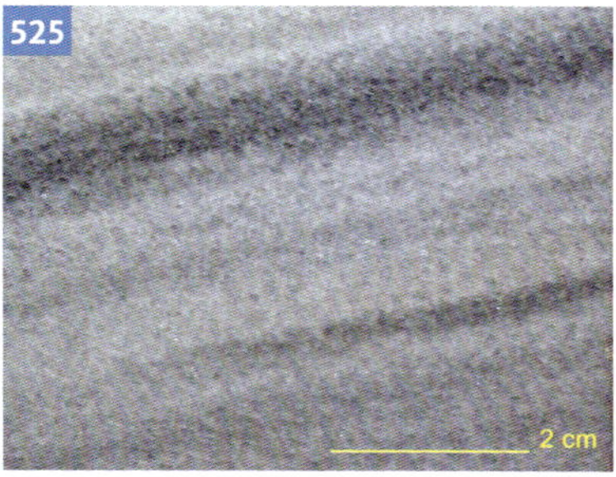

526

(525) Marmorplatte, geschliffen und poliert
(526) Hammerunterwiesenthal (Erzgebirge)

Graphit zurück. **Verwendung:** Gebrannt als Baukalk und auch als Werk- und Bruchstein wurde Marmor im Mittelalter verwendet. Wegen seiner großen Kristalle war er für künstlerische Zwecke weniger geeignet. Heute verwendet man ihn als Ziersplitt in Gärten.

527

528

(527) Windorf-Rathsmannsdorf (Bayer. Wald)
(528) Wunsiedler Marmor, Bruchfläche

Deutsche Marmore

Vorkommen: Grobkörnige Marmore kommen im Erzgebirge, im Fichtelgebirge, im Odenwald (Auerbach) und im Bayerischen Wald vor. Es sind jeweils kleine Linsen zwischen anderen metamorphen Gesteinen (Gneis, Glimmerschiefer). Die Ursprungsgesteine sind Sedimente aus dem Präkambrium. **Verwendung:** In kalkarmer Umgebung

529

530

(529) Durch die Auflösung des Marmors im kohlensauren Regenwasser entstanden bizarre Restgebilde, die im Raum Wunsiedel gern als natürliche Plastiken aufgestellt werden.
(530) Treppenhaus aus italienischem Marmor (Mönckebergstraße/Hamburg)

wurden sie zur Herstellung von Baukalk abgebaut. Hammerunterwiesenthal, Lengefeld (Museum mit alten Kalköfen), Chemnitz (Rabensteiner Felsendome), Schöpsthal-Kunnersdorf. Oft zeugen noch Kalköfen von der einstigen Aktivität. **Werkstein**: Crottendorfer, Hermsdorfer und Oberscheiber Marmor fand auch Anwendung als Werkstein und als Splitt im Terrazzo. **Noch im Abbau:** Wunsiedler Marmor wird heute noch abgebaut und als Werkstein gehandelt, in Hammerunterwiesenthal baut man Marmor ab zum Verkauf in verschiedenen Korngrößen. **Italienische Marmore:** Feinkörnige Marmore aus Italien, rein weiß oder mit Graphitspuren, oft auch als Brekzie, finden sich überall in deutschen Städten.

„Marmor“ wird im Steinhandel von alters her für jeden leicht zu bearbeitenden, schleif- und polierbare Stein verwendet. Dabei handelt es sich überwiegend um Kalksteine („Fränkischer-, Adneter-, Böttinger, Schwarzburger-, Treuchtlinger-, Lahn-, Jura- und Geigenmarmor“), aber auch um Serpentinit.

Metamorphite – Speckstein

Ausgangsgestein Dolomit

Speckstein (Talk, Steatit)

Eigenschaften: Sehr weicher, grauer, grünlicher oder bräunlicher Stein. Ritzbar mit dem Fingernagel (Härte 1), keine Spaltbarkeit, unregelmäßiger Bruch, fettiger Glanz. Speckstein besteht aus dem Mineral Talk, einem wasserreichen Magnesiumsilikat. **Entstehung:** Talk entsteht in mittel- bis hochgradiger Metamorphose aus einem magnesiumreichen Ursprungsgestein, z. B. Dolomit. **Vorkommen:** In der Johanniszeche in Thiersheim-Göpfersgrün/Fichtelgebirge wurde Speckstein abgebaut. **Verwendung:** In der Antike wurden Kunstgegenstände oder Siegel aus Speckstein geschnitten, später Gewehrkugeln, Pfeifenköpfe und Töpfe. Eskimos schnitzten daraus ihre Tranlampen. Heute baut man daraus Öfen und stellt Elektrokeramik her (Hochspannungsisolatoren). Gemahlen (zu „Talkum“) dient er als kosmetischer Puder, Trennmittel in Kabeln und Fahrradschläuchen, als Füllstoff für Papier, Farben und Kunststoffe und als Gleitmittel für Spielkarten und Tanzflächen. **Verwendung als Kunst- und Bastelmaterial:** Importierter Speckstein wird gern zum Basteln verwendet. Er lässt sich mit allen Werkzeugen der Holzbearbeitung bearbeiten. Speckstein entsteht zusammen mit Serpentin und Asbest und kann daher Asbestfasern enthalten. Diese dürfen nicht eingeatmet werden, da sie Krebs erregen. In manchen Ländern darf Speckstein daher in Schulen nicht verwendet werden.

531

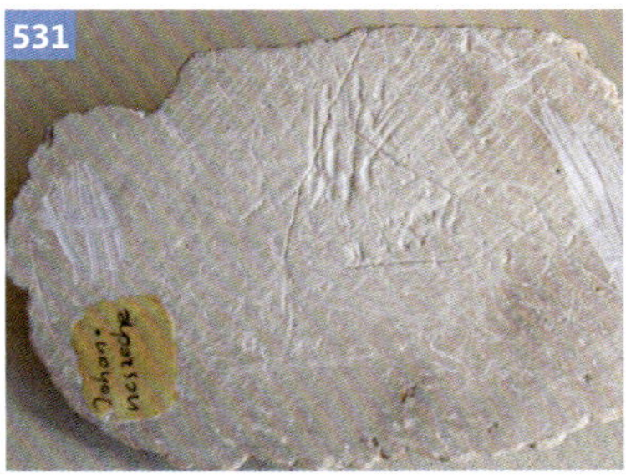

(531) Johanniszeche bei Göpfersgrün (Fichtelgebirge)

Metamorphite – Diabas

Ausgangsgestein Basalt

Diabas (Metabasalt, Paläobasalt, früher Grünstein)

Die Namen Diabas und Keratophyr: Nach neueren internationalen Vereinbarungen über geologische Namen müsste der beschriebene Diabas vielleicht Spilit oder Metabasalt heißen und der Name Diabas grobkörnigen Basalten (Doleriten) vorbehalten sein. Wir benutzen hier noch die hergebrachten Bezeichnungen.

Eigenschaften: Diabas ist ein feinkörniges, massiges, zähes, grau-grünes Gestein. Auf seinen Bruchflächen sind kleine Feldspat- oder Olivinkristalle möglich. Die chemische Zusammensetzung entspricht dem Basalt und Gabbro. **Entstehung:** In der Devon- und Unterkarbonzeit brachen an vielen Stellen im Meer Vulkane aus, deren basaltische Lavaströme unter Wasser erkalteten. Sie bildeten dabei Decken und kissenförmige Gebilde (Kissenlava, Pillowlava). Eine erste Veränderung, ein Stoffaustausch, fand bereits auf dem Ozeanboden statt (Spilitisierung). Mehrere Lavadecken wurden später von Tonstein überdeckt. Während der Gebirgsbildung (Schieferbildung) veränderte sich auch der Basalt. Aus Augit entstand grünes Chlorit, aus Plagioklasen entstand u. a. Kalkspat, der in manchen Diabasen Spalten ausfüllt. **Vorkommen:** In allen deutschen Schiefergebirgen: Harz, Rheinisches Schiefergebirge, Fränkisch-Thüringisch-Vogtländisches Schiefergebirge. **Verwendung:** Als Hartgestein wird Diabas zu Eisenbahnschotter und Straßensplitt zerkleinert. Durch Schmelzen stellt man aus Diabas Steinwolle her. **Werkstein:** Fußbo-

532

(532) Diabas mit Kalkspatgängen, Kupferberg (Fichtelgebirge)

den-, Wandplatten, Grabsteine und Skulpturen wurden im Vogtland, in Thüringen und im Harz hergestellt. Manche schwarzen und dunkelgrünen Werksteine, die als Diabas („Hessisch Neugrün") verkauft werden, sind Pikrit (s. Vulkanite).

Diabas in Verwitterung

In Saalburg und am Schlossfelsen in Rönneburg (Thüringen) wird schalig verwitternde Kissenlava als besonderes Naturdenkmal bewundert.

533

534

(533) „Steinerne Rose" in Saalburg (Thüringen)
(534) Junge basaltische Kissenlava (Lanzarote)

Metamorphite – Schalstein

Ausgangsgestein Basalt-Tuff

Diabastuff (Schalstein)

Eigenschaften: Unregelmäßig plattig spaltender grüner Stein mit rauer Oberfläche. **Entstehung:** In Zusammenhang mit den Basaltergüssen in der Devonzeit wurden auch lose Materialien als Tuffe abgelagert. Diese unterlagen der Metamorphose, die sich in der Grünfärbung durch Chlorit zeigt. **Verbreitung:** Es handelt sich um Einlagerungen in die Schiefer des Fränkisch-Thüringisch-Vogtländischen Schiefergebirges, des Rheinischen Schiefergebirges und des Harzes.

535

536

(535) Steinbruch bei Runkel (Lahn)
(536) Lahnbrücke in Runkel, 1444 erbaut, eine der ältesten deutschen Steinbrücken. Der lagig brechende Schalstein wurde auch für die Burg Runkel verwendet.

Metamorphite – Serpentinit

Ausgangsgestein Tiefen- oder Vulkangestein

Serpentinit

Eigenschaften: Schwarzes, grünes, braunes oder rotes Gestein mit festem Gefüge. Geringe Härte (3–4). Die Spaltflächen weisen z. T. faserige Streifen auf, die von gleitenden Bewegungen innerhalb des Gesteines zeugen. Sie glänzen seidig-fettig. Das Gestein besteht vorwiegend aus dem Mineral Serpentin, einem wasserhaltigen Magnesiumsilikat.
Entstehung: Serpentinit ist das Produkt einer mittel- bis hochgradigen Metamorphose. Ausgangsmaterial ist ein Tiefengestein oder Vulkangestein mit viel Magnesium und

537

538

539

(537) Eine Drechselbank im Serpentin-Museum in Zöblitz/Erzgebirge
(538) Serpentinit mit Granaten (Zöblitz)
(539) Der dekorative Bronzit-Serpentinit wurde bei Hohenstein-Ernstthal gefunden.
(540) Streifig-faserige Oberfläche am frischen Bruch (Steinbruch bei Erbendorf/Oberpfalz)
(541) Rote Variante (Zöblitz)

wenig Silizium. **Vorkommen:** Erzgebirge (Zöblitz), Sächsisches Granulitgebirge (Hohenstein-Ernstthal), Münchberger Gneisscholle (Röhrenhof, Rehau-Wurlitz) und Oberpfälzer Wald (Erbendorf). Oft kommt Serpentinit zusammen mit Asbest und Speckstein vor. **Verwendung:** In Zöblitz bei Marienberg/Erzgebirge wurden aus dem Gestein Gegenstände des täglichen Bedarfs und Kunstobjekte hergestellt. Auch der Bronzit-Serpentinit von Hohenstein-Ernstthal wurde dort verarbeitet.

540

541

Import: Serpentinit-Brekzie

Deutsche Serpentinite werden nur noch zu Schotter und Splitt verarbeitet. Die dekorativen Wandplatten des Steinhandels stammen aus zahlreichen anderen Ländern. Als dunkelgrüne Wandverkleidung, durchzogen von großen und kleinen Adern, findet man Serpentinit-Brekzie in jeder deutschen Großstadt. Die Zertrümmerung des Gesteines zeugt von der machtvollen Durchbewegung während der Metamorphose. Die Ausfüllung der Spalten entstand aus dem gleichen Ausgangsgestein. Die Redner in der UN-Vollversammlung sieht man vor einem Hintergrund aus diesem prominenten Gestein.

542

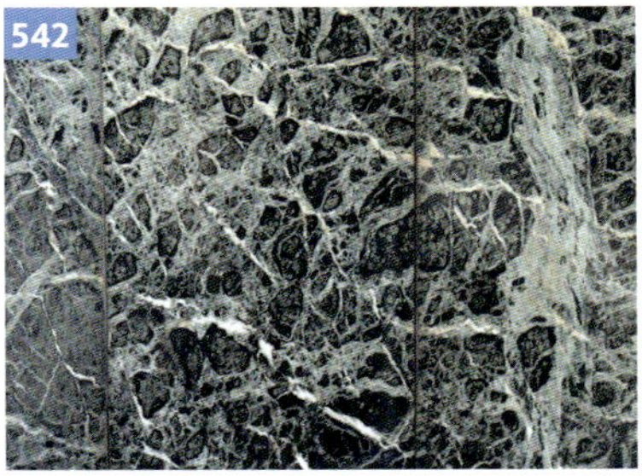

(542) Wandplatten (Hamburg)

Metamorphite – Gneis

Ausgangsgestein Tiefen-, Vulkan- oder Ablagerungsgestein

Gneis

Eigenschaften: Gneis besteht aus Feldspat, Quarz und Glimmer wie der Granit. Andere Mineralien können hinzukommen. Das Gefüge ist aber ganz anders als beim Granit. Die Glimmer sind eingeregelt, sie bilden trennende Spaltflächen. Von den ebenfalls durch Glimmerlagen spaltbaren Gesteinen (wie Glimmerschiefer, Phyllit) unterscheidet sich Gneis durch das Vorhandensein von Quarz und Feldspäten. Die Quarze machen ihn oft grobkörnig und lassen keine glatten Oberflächen entstehen. **Entstehung:** Gneis entsteht durch hochgradige Metamorphose von Granit, Vulkangestein oder Ablagerungsgestein. Eine Zuordnung zu einem bestimmten Ausgangsgestein ist oft nicht möglich. Zur Gneisbildung gehören mittlere Drucke (Versenkungstiefe bis 30 km) und hohe Temperaturen (ca. 600 °C). **Vorkommen:** Bei der Variskischen Gebirgsbildung entstanden Gneise, die heute neben Granit Gebirgslandschaften prägen: Erzgebirge, Fichtelgebirge, Oberpfälzer Wald, Bayerischen Wald, Spessart, Odenwald und Schwarzwald.

(543) Gneis aus Münchberg, Blick auf die Spaltfläche
(544) Blick senkrecht zur Spaltfläche
(545) Sehr bewegter Gneis vom Kaitersberg, 1132 m (Bayerischer Wald)
(546) Gneisklippen am Kaitersberg (Bayerischer Wald)

Beispiel: Grauer Gneis

Eigenschaften: Der Gneis von Pokau-Görsdorf im Bereich des Marienberger Gneises gehört zum grauen Gneis des Erzgebirges, der dort große Flächen einnimmt. Zwischen schwarzem Biotit ziehen sich Bänder von Feldspat und einem Quarz-Feldspat-Gemisch. **Entstehung:** Der graue Gneis des Erzgebirges wird auf ein Ablagerungsgestein als Ursprungsgestein zurückgeführt (Paragneis). **Verwendung:** Der Graue Gneis des Erzgebirges wird aus Görsdorf z. Zt. nur als Schotter und Splitt geliefert. Als polierter Werkstein wird er unter dem Namen Flammengneis aus Leubsdorf im Flöhatal am Fuße des Erzgebirges angeboten.

547

(547) Feldspat und Quarz bilden helle Nester im Gneis, er wird daher manchmal auch als migmatitisch bezeichnet. Görsdorf (Erzgebirge)

Beispiel: Graphitgneis

Eigenschaften: Auf den Trennflächen des Gneises befindet sich Graphit, eine Erscheinungsform des Kohlenstoffs. **Entstehung:** Der Kohlenstoff kann als Überrest von organischen Stoffen gedeutet werden. Ausgangsgestein des Gneises wäre dann ein bitumenreiches Ablagerungsgestein. Bei der Metamorphose wurden die organischen Verbindungen zerstört. Alle Bestandteile außer dem Kohlenstoff entwichen flüssig oder gasförmig. **Vorkommen und Verwendung:** Ein Vorkommen befindet sich im Bayerischen Wald. In Hautzenberg-Kropfmühl (Kreis Passau) wird dieser Gneis abgebaut, um das Graphit zu gewinnen. Daraus werden verschiedene Produkte hergestellt: Bleistifte, feuerfeste Gefäße für flüssigen Stahl und Schmiermittel. Das Bergwerk ist als Besucherbergwerk mit Museum erschlossen.

548

549

(548) Graphitgneis von Grögöd (Bayerischer Wald)
(549) „Graphitstufe" im Museum. Als Stufe oder Stuffe wird in der Bergmannssprache ein Probestück zum Vorzeigen bezeichnet.

Gneis-Geschiebe

In der Geschiebevielfalt bilden Gneise die größte Gruppe: Sie können hell oder dunkel wirken, weiße oder rote Feldspäte haben. Die dunklen Minerale können stängelig, als inselartige Flecken oder als durchgehende Lagen auftreten. Die dunklen Lagen können stark gefaltet sein. Die Feldspäte können Augen, Flasern oder Schlieren bilden. Neben den Standartmineralen Feldspat, Quarz, Glimmer, Augit und Hornblende treten oft Neubildungen auf, z. B. Granat oder Graphit. Sehr dunkle Gneise würde man als Amphibolite ansprechen. Von den Tiefengesteinen unterscheidet sich Gneis bei gleichem Mineralbestand durch den lagigen Aufbau.

(550) Gneis-Geschiebe am Brodtner Ufer/Travemünde
(551) Dieser Gneis ist erstarrt, als er im Begriff war, zu einem Tiefengestein zu werden. Nur die dunklen Minerale bilden noch Lagen. Helle Minerale haben Inseln gebildet, in denen die Körner nicht mehr in Lagen liegen. Sie sind richtungslos, ohne Raumorientierung, also fast schon Granit. Feldspäte sind mobiler als die Mafite, die hier noch lagig angeordnet sind. Bei einem bereits teilweise aufgeschmolzenen Gestein sprechen wir von einem Anatexit oder Migmatit.

Augengneis

Eigenschaften: Augengneise fallen durch eingeregelte ovale Feldspäte (meist Kalifeldspäte) auf. Wenn diese spitze Enden haben, die öfter miteinander verbunden sind, spricht man von Flasergneisen. Beide Begriffe sind Sammelbezeichnungen für Gneise verschie-

(552) Augengneis, (Findling Cottbus)
(553) Augengneis „Roga“ aus Brandau (Odenwald)

denen Alters, verschiedener Herkunft und Zusammensetzung. Sie meinen lediglich dieses eine optische Merkmal. **Entstehung:** Eckige Kristalle wurden durch Bewegung im zähflüssigen Material gerundet und eingeregelt. Augengneise entstanden aus Granit, es sind also Orthogneise. **Vorkommen:** Erzgebirge, Fichtelgebirge, Odenwald, in Schottern der Alpenflüsse sind sie gut zu erkennen. Im norddeutschen Tiefland lassen sich schöne skandinavische Augengneise finden.

Granatgneis

Eigenschaften: Erkennbare Granate, sie sind rund, kräftig rot mit einem kleinen Stich ins Lila. Immer scheinen sie sich gegen die Umgebung durchzusetzen, sich ihren Raum zu schaffen. Die Granate haben keine Spaltbarkeit, ihre Oberflächen sind oft durch Verwitterung rau. An frischen Bruchflächen des Gesteins können sie ihre Kristallform zeigen. Dazu kommen Feldspäte, dunkle Minerale und Quarz. (Fehlt Quarz, spricht man von einem Granatamphibolit.). **Entstehung:** Granat ist ein Silikat, das Kalzium, Magnesium, Eisen, Mangan, Chrom und Aluminium enthält. Er entsteht unter hohem Druck und hoher Temperatur und zeigt damit stets eine Metamorphose an. Ausgangsgesteine sind vulkanische Gesteine, aber auch Sedimente, wenn sie die nötigen Stoffe mitbringen. **Vorkommen:** Sächsisches Granulitgebirge, Bayerischer Wald, Geschiebe aus Skandinavien und aus den Alpen.

554

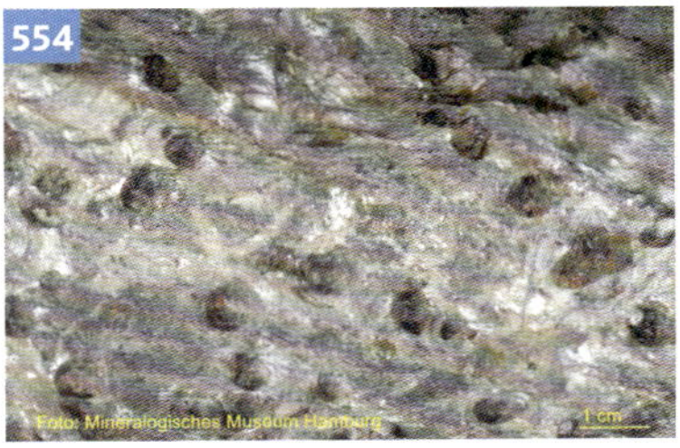

(554) Granatgneis vom Osser (1293 m), einem Grenzberg zu Tschechien.

Gneis Verwendung

Gneis ist als **Baustein** nicht besonders gut brauchbar. Er ist schwer zu formatieren, gleichwohl wurde er oft eingesetzt, wo kein besserer Stein verfügbar war. Wohnhäuser aus Gneis wurden fast immer verputzt. Trotzdem gibt es Beispiele gelungener Gestaltung ohne Putz. **Schleifbare Gneise:** „Roga" (Odenwald), schwarz-weißer Gneis (Leubsdorf im Erzgebirge). Der graugrüne (Fischbach im Hochtaunuskreis) und der hellgraue Serizitgneis (Kronberg im Taunus) werden nicht geschliffen, weil sie gut spaltbar als Dekorplatten verwendet werden können.

555

(555) Gneisdächer (Oberengadin). Auch im französischen Zentralmassiv und im Tessin wird Gneis so eingesetzt, in Deutschland ist das nicht bekannt.

(556) Typische Gneismauer (Erzgebirge)
(557) St. Annen in Annaberg. Diese Kirche hat einen berühmten Altar, auf dem der mittelalterliche Bergbau ausführlich dargestellt ist. (Erzgebirge)

Metamorphite – Amphibolit

Ausgangsgestein Tiefen- oder Vulkangestein

Amphibolit

Eigenschaften: Amphibolit hat das Gefüge eines Gneises. Er spaltet an parallelen Flächen. Die dunklen Bestandteile sind Hornblende-Mineralien (Amphibole). Sie überwiegen die hellen Plagioklase. **Entstehung:** Aus Basalt, Diabas, Schalstein oder Gabbro, die ja die gleiche chemische Zusammensetzung haben, entsteht bei hoher Temperatur (500–700 °C) und Drucken (Versenkungstiefe bis 40 km) Amphibolit. **Vorkommen:** Hinterer Bayerischer Wald (Böhmerwald), jeweils kleine Vorkommen in Gneisgebieten: Erzgebirge, Granulitgebirge, Spessart, Fichtelgebirge, Schwarzwald und Bayerischer Wald. **Verwendung:** Aus dem harten und zähen Stein wurden in der Steinzeit Beile gefertigt. Schwarze und schwarz-grüne Amphibolite aus Iran, Österreich und Brasilien, mit wenigen hellen Bestandteilen, manche mit Granaten, werden im Handel angeboten. Man findet sie oft auf Friedhöfen.

(558) Amphibolit am Hohen Bogen, einem Berg, der ganz aus dem in Deutschland seltenen Gestein besteht. (Hinterer Bayerischer Wald)
(559) Hausmauer im Bayerischen Wald

Metamorphite – Eklogit

Ausgangsgestein Tiefen- oder Vulkangestein

Eklogit

Eigenschaften: Eklogit besteht aus Omphacit, einem Pyroxen ((Ca, Na)(Mg, Al) Si_2O_6) und Granat**. Entstehung:** Ausgangsgestein sind Vulkanite aus dem Präkambrium. Das sehr typische Gestein entsteht nur unter besonderen Umständen, nämlich bei sehr hohem Druck bei nicht sehr hoher Temperatur. Wird ein Gestein in die Tiefe versenkt, dann steigt aber in der Regel die Temperatur stark an. Damit ein Eklogit entsteht, muss ein Gestein so rasch in die Tiefe gesunken sein, dass es noch nicht sehr heiß werden konnte. Das ist in der Regel nur der Fall, wenn bei der Wanderung der Erdplatten eine Platte eine andere unter sich drückt: Subduktion. Damit weist der Eklogit auf frühe Plattenereignisse, z. B. Gebirgsbildung hin. **Vorkommen:** Weißenstein bei Stammbach (Münchberger Gneismasse), Erzgebirge. **Verwendung:** Das schwere Gestein (3,5 g/cm³) ist sehr hart und zäh. In der Steinzeit wurden daraus Beile gefertigt. Als Werkstein wurde Eklogit in Kärnten gewonnen.

560

(560) Eklogit vom Weißenstein (Münchberger Gneisscholle)

Metamorphite – Granulit

Ausgangsgestein Tiefen-, Vulkan- oder Ablagerungsgestein

Heller Granulit (Weißstein)

Eigenschaften: Das Gestein ist extrem feinkörnig, worauf der Name hinweist. Unter der Lupe erkennt man miteinander verschmolzene Feldspäte und Quarze, streifig angeordnete dunkle Bestandteile (Gneisgefüge) und kleine Granate. Das Ursprungsgestein hatte die chemische Zusammensetzung von Granit. **Verwendung importierter Granulite:** Im Steinhandel werden zahlreiche helle Granulite mit Granaten angeboten, die aus Brasilien, Indien, Sri Lanka und Äthiopien stammen. Sie werden oft für Tresen- oder Küchenplatten verwendet. Mit den z. T. sehr schönen Granat-Kristallen weisen sie sich immer als hochmetamorphe Gesteine aus.

561

(561) Granulit mit Granat (Zschopautal bei Waldheim)

Dunkler Granulit

562

(562) Granulit mit Granat (Zschopautal bei Waldheim)

Eigenschaften: Hornblende- und Augitminerale überwiegen. Das Ursprungsgestein hatte die chemische Zusammensetzung von Gabbro. **Entstehung beider Granulite:** Metamorphose unter hohem Druck (Versenkungstiefe 45–50 km) und hohen Temperaturen (750 °C). **Vorkommen:** Granulitgebirge in Sachsen, das im geografischen Sinne kein Gebirge ist. Das Gestein wird aufgeschlossen in den Flusstälern der Chemnitz, der Zschopau und der Freiberger Mulde.

Metamorphite – Migmatit

Ausgangsgestein Tiefen-, Vulkan- oder Ablagerungsgestein

Migmatit (Anatexit)

563

Eigenschaften: Dunkle Komponenten in parallelen Lagen, oft gefaltet (Gneis), dazwischen teilweise verdickte Zonen mit hellen Komponenten in granitischem Gefüge (Granit). **Entstehung:** Wenn ein Gestein unter Druck und Hitze gerät, schmilzt es nicht einfach. Die Minerale haben jeweils eigene Schmelzpunkte. Zuerst verflüssigen sich die hellen Minerale (Quarz, Feldspäte), die dunklen Minerale bleiben noch fest. Erst bei Steigerung der

564

565

(563) Grauer Migmatit
(564) „Halmstadt-Gneis" Findling in Hiddensee
(565) Roter Migmatit

Temperatur würden auch diese schmelzen. Dann käme es zu einem völligen Aufschmelzen. Bei einem Migmatit wurde die Aufschmelzung nicht vollendet. Nach Teilaufschmelzung blieb der Vorgang stehen. Zum Teil blieb Gneis erhalten, zum anderen Teil entstand (nach der Erstarrung) ein Tiefengestein. **Vorkommen:** Manche Gneise im südlichen Schwarzwald, im Thüringer Wald und im Bayerischen Wald gehen in Migmatite über. Aus dem skandinavischen Grundgebirge gelöste Migmatite finden sich oft in der Norddeutschen Tiefebene und am Ostseestrand. **Verwendung importierter Migmatite:** Deutscher Migmatit ist nicht im Handel, dafür aber 105 Sorten aus 12 Ländern aller Erdteile. Man findet ihn von der Eisdiele bis zum Grabstein.

Metamorphite – Mylonit

Mylonit, hier Winzergneis, Perlgneis

Merkmale: In einer dunklen Grundmasse schwimmen rundliche Feldspäte und Quarze. **Entstehung:** An der großen Bewegungslinie des Donaurandbruches, der sich parallel zum Bayerischen Pfahl erstreckt, haben sich über viele Millionen Jahre Erdschollen immer wieder gegeneinander bewegt, im Nordosten das gehobene Kristallin des Bayerischen Waldes, im Südwesten die große süddeutsche Scholle. In der Scherzone, also wo sich die Schollen bei ihrer Horizontalbewegung aneinander rieben, wurden Gesteine zermalmt, zermahlen, dabei auch erhitzt und angeschmolzen. Einerseits kam es zum Bruch, andererseits zu einer weichen Verformung (duktile Deformation). Hier haben sich die Feldspäte zu Perlen gerundet. Derartig verformte Gesteine werden Mylonite genannt, nach dem griechischen Wort für Mühle. Verschiedene Ausgangsgesteine, Dauer und Intensität der Beanspruchung haben sehr verschiedene Mylonite entstehen

566

568

567

(566) Perlgneis
(567) Im Mauerwerk der Burgruine Winzer zeigen die Steine verschiedene Formen und Grade der Deformierung.
(568) Pfahlschiefer aus dem Tal Buchberger Leite (LK Freyung-Grafenau)

lassen, die dann allerdings nur lokal auftreten. Der Winzergneis (Vorkommen Winzer bei Deggendorf) ist aus einem Granit hervorgegangen. **Vorkommen:** Mylonite begleiten die großen Verwerfungszonen, den Donaurandbruch und im Inneren des Bayerischen Waldes den Pfahl.

Mylonit, hier Pfahlschiefer

Pfahlschiefer und Pfahlmylonit haben ihre Namen davon, dass sie ausschließlich im Bereich des Bayerischen Pfahles vorkommen. **Eigenschaften:** Ein schwarzer, harter Schiefer ist die erste Stufe der Veränderung, bevor es zum Aufschmelzen kommt. **Entstehung:** Druck führt zu Umkristallisierung und Einregelung der Kristalle.

Mylonit, hier Pfahlmylonit

Eigenschaften: In der dunklen, glasigen Grundmasse, einem aufgeschmolzenen basischen Gestein, liegen Feldspäte. **Entstehung:** Zum teilweisen Aufschmelzen eines basischen (dunklen) Gesteins (Anatexis) werden höhere Temperaturen benötigt als bei sauren Gesteinen. Bei der Bewegung an der Pfahlstörung entwickelten sich offenbar ausreichende Temperaturen, um ein unbekanntes Ausgangsgestein so stark zu verändern.

569

(569) Pfahlmylonit aus dem Tal Buchberger Leite (LK Freyung-Grafenau)

Mylonit, hier Ultramylonit

Eigenschaften: Langgezogene dunkle Schlieren zwischen ausgewalzten Feldspäten, alles sehr feinkörnig. **Entstehung:** Vom Ursprungsgestein, wahrscheinlich Granit, ist nichts mehr

570

571

(570) Ultramylonit im Tal Buchberger Leite (LK Freyung-Grafenau)
(571) Buchberger Leite

zu sehen. **Vorkommen:** Die verschiedenen Pfahlgesteine sind nur unmittelbar beiderseits der Quarzklippen des Pfahls zu finden. Sie sind allerdings in der Regel nicht gut aufgeschlossen. Einen sehr guten Zugang bietet ein romantisches Tal, teilweise Schlucht, die Buchberger Leite. (Gemeinde Hohenau, Parkplatz Buchberg: N 48° 48' 41", E 13° 30' 30")

5.2 Kontaktmetamorphite

Kontaktmetamorphite – Knotenschiefer

Knotenschiefer (Fruchtschiefer, Garbenschiefer, Kontaktschiefer, „Theumaer Fruchtschiefer")

Eigenschaften: Auf silbrig glänzenden Schieferflächen liegen ungeregelt bis 5 mm lange, getreidekornähnliche Kristalle. **Entstehung:** Fruchtschiefer ist ein zweifach metamorphes Gestein. Zunächst wurde durch Gebirgsdruck im Ordovizium aus einem Tonstein ein Schiefer, die Tonminerale regelten sich senkrecht zur Druckrichtung ein. Im Oberkarbon wurde das Gestein durch den Kontakt mit einem heißen Magmakörper (Pluton) auf etwa 500 °C erhitzt. Durch diese Hitze (ohne Druck) angeregt, wuchsen auf den Schieferflächen Kristalle des Minerals Cordierit, ein Magnesium-Aluminium-Eisen-Silikat. Auch heller Glimmer entstand, der dem Stein seinen silbrigen Glanz verleiht. Die Cordierit-Kristalle sind nur einen halben Millimeter dick und sehr hart. An den Flächen, auf denen sie gewachsen sind, bricht der Stein. **Vorkommen:** Der Theumaer Fruchtschiefer wird bei Plauen im Vogtland gewonnen. Der Granit des Pluton steht dort nicht an der Oberfläche an.

572

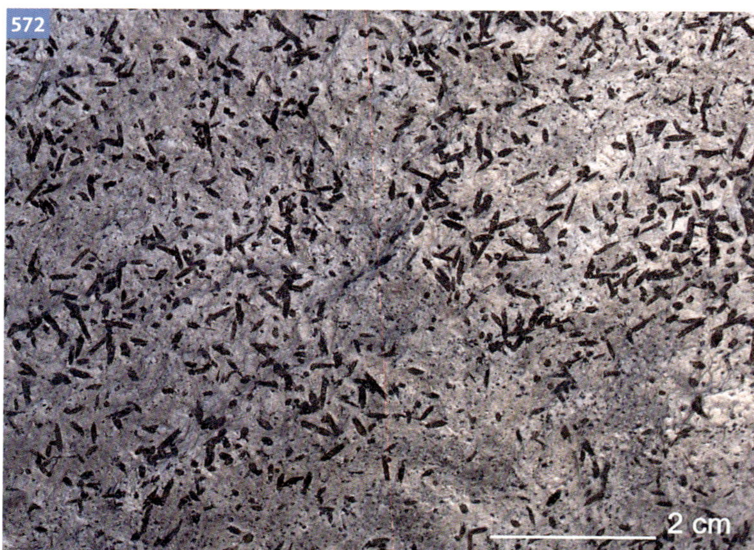

(572) „Theumaer Fruchtschiefer"

Weitere Fundstellen: Harz, Odenwald und Erzgebirge in den Kontakthöfen von Graniten. **Verwendung:** Aus Fruchtschiefer werden Treppen, Fußböden, Gartenelemente, Wege, Verblendplatten und Grabsteine angefertigt. **Beispiele:** Hauptbahnhof und TU Chemnitz, Erdgeschoss am „Klinker" Hamburg, Zeiss-Hochhaus und Universitätshochhaus Jena.

Kontakmetamorphite – Hornfels

Hornfels

Eigenschaften: Als Hornfels bezeichnet man meist feinkörnig-feste, splitterig-spröde Steine. **Entstehung:** Im Kontakt mit einem Pluton wird ein Gestein erhitzt, ca. 600 °C,

573

574

575

(573) Hornfelssplitter
(574) Hornfels als Xenolith im Granit, Bodetal-Wanderweg (Harz)
(575) Hornfels und Brockengranit am Goetheplatz

und wird dadurch verändert, gefrittet. Je nach Ausgangsgestein sehen sie unterschiedlich aus. Über dem Goetheplatz am Rehberger Graben (Harz) ist die Kontaktzone zwischen Granit und Grauwacke bzw. Schiefer gut aufgeschlossen.

Kontaktmetamorphite – gefritteter Sandstein

Gefritteter Sandstein

Die **Blaue Kuppe** bei Eschwege beschäftigte schon Goethe. Der Basalt eines Basaltschlotes war hier abgebaut worden und man erkannte, dass der Sandstein der Schlot-Wände durch ihn stark verändert war. Das wurde richtig als Zeichen gedeutet, dass der Basalt aus heißem Magma entstanden sein musste. Damals gab es noch die Ansicht, er sei aus einem „Urmeer" auskristallisiert.
In **Jonsdorf** (Zittauer Gebirge) wurden Mühlsteine aus einem besonderen Sandstein gewonnen und weltweit verkauft. Die Körner des Sandsteins aus der Oberkreide waren durch den Kontakt mit der Phonolith-Lava der Lausche miteinander verschweißt. Der Stein behielt seine Porosität und Rauigkeit, die für Mühlsteine erwünscht ist, aber er sandete nicht mehr ab. Der Steinbruch ist geo-touristisch erschlossen.

576

577

(576) Gefritteter, vorher roter Sandstein, Blaue Kuppe (Hessen)
(577) Gefritteter Sandstein hat sich beim Erhitzen gedehnt und anschließend zu Säulen zerlegt wie ein Basalt. (Jonsdorf).

5.3 Impaktite (Stoßwellenmetamorphite, Impaktgesteine)

Impaktite – Suevit

Suevit (Schwabenstein, Glashaltige Impaktbrekzie)

Eigenschaften: Graue, feinkörnige Grundmasse mit unregelmäßigen Einsprenglingen. Charakteristisch sind schwarze, blasige Fladen („Flädeli"). **Entstehung:** Vor ca. 15 Millionen Jahren, im Neogen, schlug ein Meteorit (Durchmesser 1,5 km) im Gebiet des

578

579

580

(578) Suevit im Steinbruch Aumühle bei Nördlingen
(579) Verwitterung an St. Georg
(580) Rathaustreppe Nördlingen

heutigen Nördlingen ein (Impakt). Er durchschlug die Gesteine, drang tief ein, erhitzte und schmolz das Gestein. Alles schwappte zurück, stieg in die Luft und fiel wieder zu Boden. Die Mischung aus Trümmern und aufgeschmolzenem Gestein festigte sich. Nur das Gestein unmittelbar über dem Einschlag mit einem Anteil deutlich aufgeschmolzenem Material, den „Flädeli", ist Suevit. Im weiteren Umkreis Niedergefallenes wird Bunte Brekzie genannt. Aus dem lateinischen Wort für Schwaben, Sueven, wurde der Name abgeleitet, der heute auch für außerdeutsche Impaktgesteine verwendet wird. **Vorkommen:** Unmittelbar um die Stadt Nördlingen (Impaktmuseum). **Verwendung:** Das leicht zu bearbeitende, poröse Gestein diente seit der Römerzeit zum Bau, Beispiel:

St.-Georgs-Kirche und Stadtbefestigung Nördlingen, Eisenbahn-Bundesamt München. Der Stein verwittert leicht, zur Reparatur benutzt man deshalb heute einen ähnlichen Kunststein. **Technische Verwendung:** Ähnlich wie Tephra bewirkt ein Zuschlag von gemahlenem Suevit (Riess-Trass) zu Kalkmörtel, dass dieser auch ohne Luftzutritt, z. B. unter Wasser abbindet. Dieses Verfahren kannten bereits die Römer.
Besonderheit: Sehr hoch geschleudertes flüssiges Material erstarrte zu kleinen Glaskügelchen, die sehr weit fortgetragen wurden. Im Gebiet der Moldau in Tschechien werden solche Kügelchen, Tektite genannt, gefunden. Ihrem ermittelten Alter nach kann man sie dem Impakt-Geschehen des Nördlinger Ries zuordnen.

Impaktite – Rückfallbrekzie

Bunte Brekzie (Rückfallbrekzie, Impaktbrekzie)

Eigenschaften: Regelloses Durcheinander großer und kleiner, immer eckiger Bruchstücke von Gneis, Granit, Schiefer, Sandstein und Kalk. **Entstehung und Vorkommen:** Beim Ries-Impakt wurde das Sediment-Gestein vom Kalk der Alb bis in die Tiefe des kristallinen Grundgebirges empor- und zur Seite geschleudert. Nun bildete es in einem weiten Umkreis um den Einschlagspunkt die „Bunte Brekzie". Ein Teil des Auswurfes wurde sehr hoch geschleudert und kam erst 70 km vom Einschlagsort entfernt zu Boden. Unweit des Nördlinger Ries, im Steinheimer Becken, kam ein zweiter, kleinerer Teil des Himmelskörpers auf.

581

(581) Steinbruch Wengenhausen (Nördlinger Ries)

6. Natürliche Stein-Objekte

Natürliche Stein-Objekte – Findlinge

Nordische Geschiebe (Findlinge)

Fundorte: Norddeutsches Flachland: Von der See bis an den Fuß der Mittelgebirge findet man fast nirgends festes Gestein, nur Ton, Sand und Steine. Steinhaufen an Feldern, bunte Mischungen als Straßenpflaster oder als rustikales Mauerwerk alter Kirchen. Es handelt sich dabei in der Regel um sehr widerstandsfähige Gesteine. **Ostseeküste:** An der Ostseeküste wechseln Steilufer (Kliffs) mit Sandstränden ab. Am Kliff trägt das Meer Land ab. Aus dem Geschiebemergel oder -lehm werden dabei ständig neue Geschiebe frei und zwar auch solche, die im Wasser dann nicht lange überleben. Will man also weiche Gesteine (fossilreiche Kalke) finden, muss man am Strand direkt unter dem Kliff suchen. **Steinhaufen:** Große Steinhaufen an Feldern finden sich besonders häufig im östlichen Schleswig-Holstein, in Mecklenburg und im nördli-

582

583

(582) Dala-Sandstein
(583) Geschiebemergel, der auch weiche Kreidegerölle enthält.

chen Brandenburg. Dort hat die letzte Kaltzeit erst vor kurzem (vor 10.000 Jahren) frisches Material geliefert. Aber hier hat, wie an den Stränden, bereits eine Auslese stattgefunden, nur noch Granite, Gabbros, Gneise, Migmatite, Porphyre und Quarzite sind vorhanden, das aber in bunter Fülle. **Dorfkirchen, Stadtmauern, Pflaster:** Was die ersten christlichen Siedler von ihren Feldern absammelten, legten sie in die Grundmauern der Kirche. Im Bereich steinreicher Endmoränen hat es sogar manchmal für die ganze Kirche gereicht.

Geschiebekunde: Diese Fachrichtung beschäftigt sich mit der Fülle der Geschiebe und ihrer Herkunft. Für manches Geschiebe kennt man die Herkunft nicht, bei anderen aber ist diese eindeutig. Diese lassen als Leitgeschiebe Rückschlüsse auf die Fließrichtung der Gletscher zu.

584

(584) Romanische Wehrkirche von 1220 (Mahlsdorf/Lüneburger Heide)

Findling „Wackelstein von Loh“

Beschreibung: Ein frei liegender tonnenschwerer Granitblock, der angeblich von einer Person bewegt werden kann. (Der Verfasser hat es nicht geschafft.) **Entstehung:** In Bayern werden solche Groß-Steine, die an der Oberfläche liegen, als Findlinge bezeichnet. Es handelt sich immer um Tiefengesteine, meist Granit, aus dem unmittelbaren Untergrund. Im tropischen Klima der Tertiärzeit hatte einsickerndes aggressives Wasser das Gestein viele Meter tief zersetzt. Später war das zermürbte Gestein (Grus) von Wasser und Wind abgetragen worden, bis auf einige Restblöcke. In vielen Gegenden verschwanden sie aus den Wäldern, sie wurden zu Pflaster verarbeitet. Diese Form der Steingewinnung war einfacher als die Anlage von Steinbrüchen.

(585) Findlingslabyrinth als Touristenattraktion, Luisenburg/Wunsiedel
(586) Wackelstein von Loh (Gem. Saldenburg/Bauer. Wald, N 48° 47' 52", E 13° 19' 00")

Nordischer Findling „Alter Schwede"

Grauer Växjö-Granit aus Småland, 1,8 Milliarden Jahre alt und 217 Tonnen schwer. Er wurde in einer der früheren Kaltzeiten vom Eis mitgebracht. Eine Seite ist glattgeschliffen, eine andere weist Kratzspuren durch andere Gesteine auf. Der Stein wurde 1999 beim Baggern in der Fahrrinne der Elbe gefunden und mit einem Schwimmkran geborgen. Getauft und auf seinen neuen Platz gebracht gilt er nun als Hamburger.

587

(587) „Alter Schwede" am Elbufer

Findlinge in Norddeutschland

In Norddeutschland sind Findlinge immer vom Eis gebrachte skandinavische Gesteine.

1. Buskam vor Göhren im Wasser (Rügen), 600 m³, 1600 t
2. Markgrafensteine in den Rauenschen Bergen bei Bad Saarow (Brandenburg), ursprünglich 750 Tonnen, verkleinert, weil die große Granitschale im Lustgarten in Berlin aus einem von ihnen gefertigt wurde.
3. Großer Stein bei Altentreptow (Mecklenburg-Vorpommern), 360 t
4. Großer Stein von Tonnenheide (Nordrhein-Westfalen), 350 t
5. Giebichenstein bei Stöckse (Niedersachsen), 330 t
6. Großer Stein bei Nardevitz (Rügen), 281 t
7. Kobbelner Stein bei Kobbeln/Neuzelle (Brandenburg), 256 t
8. Alter Schwede von Övelgönne (Hamburg), 217 t
9. Johannissteine bei Lage (Lippe), 200 t
10. Düvelstein von Großkönigsförde/Lindau (Schleswig-Holstein), 200 t
11. Siebenschneiderstein am Gellort (Rügen), 165 t
12. Schwanenstein von Lohme (Rügen), 162 t

Natürliche Stein-Objekte – Windkanter

Windkanter

Eigenschaften: Geschiebe verschiedener Art mit planen Flächen und feinen Kanten wie Bügelfalten. **Entstehung:** Am Strand oder im Fluss werden Steine gerundet. Diese Steine wurden vom Wind geschliffen. Als das Eis der letzten Kaltzeit im Norden stand, bliesen Winde scharfen Sand über die dürftig bewachsene Tundra. Ragte ein Stein über das Bodenniveau, wurde seine Oberfläche plan geschliffen. Irgendwann wurde der Sand um ihn herum ausgeblasen, der Stein kippte. Jetzt stand eine andere Seite über das Niveau und sie wurde planiert. In der Schnittlinie der beiden planen Flächen entstand die Kante. **Vorkommen:** Häufig im Altmoränengebiet, d. h. südlich der letzten Endlage des Eises (Linie Flensburg-Hamburg südlich von Berlin). Nördlich dieser Linie, im Jungmoränengebiet, hat die Zeit nach dem Abschmelzen des Eises bis heute (etwa 10.000 Jahre) zu solchen Schliffen nicht gereicht. Vereinzelt hier vorkommende Windkanter wurden in einer früheren Kaltzeit geschliffen und beim letzten Eisvorstoß umgelagert.

588

589

(588) Windkanter aus Quarzit mit Schrägschichtung, Lüneburger Heide
(589) Windkanter aus Granit im Findlingsgarten Clenze (Wendland)

Natürliche Stein-Objekte – Geoden

Der Begriff „Geode“ wird nicht einheitlich gebraucht, einerseits werden in weichen Sedimenten gewachsene feste Gebilde gemeint (Konkretionen), andererseits in Vulkaniten mineralische ganz oder teilweise angefüllte Blasen (Mandeln, Drusen).

Konkretionen

Konkretionen sind chemische Bildungen innerhalb eines noch weichen Ablagerungsgesteines. In der Regel fällt dabei ein Stoff aus durch die Reaktion zweier gelöster Stoffe, die sich vorher als Lösung im Sediment bewegen konnten. Der Vorgang beginnt an einem Auslöser, z. B. Schwefelwasserstoff aus der Verwesung eines Tierkadavers. Dieser reagiert mit einer Eisenlösung und Pyrit fällt aus. Der Vorgang entnimmt der Lösung das Eisen, dessen Konzentration um den Ort herum sinkt. In einer Lösung wird aber die Konzentration ständig ausgeglichen, Eisen wandert zu der Stelle, wo es entnommen wird. Die Konkretion wächst von innen nach außen. Der Vorgang zieht also gleichsam den ausfällenden Stoff an sich. Kristallisations-Mittelpunkt ist oft ein identifizierbares Fossil. Ausfällende Stoffe: kolloidal gelöstes SiO_2, Eisenverbindungen, Schwefelwasserstoff (H_2S), Gips, Kalk und Phosphorverbindungen. **Beispiele:** Feuerstein, Pyritknollen, Hornstein, Toneisenstein, Phosphoritknollen, Knollenquarzit, Lößkindeln, Sandrosen.

590

(590) Feuerstein aus der Kreide am Strand von Rügen

Natürliche Stein-Objekte – Toneisensteinkonkretion

Toneisenstein-Konkretion

Eigenschaften: Harte, hellgraue, rundliche Knollen, oft mit Fossilienresten, die in weichem Ton eingebettet sind. Sie können Fossilreste enthalten. Oft kommt es zu einer

591

592

(591) Aufgeschnittene Septarie (Steinhandel)
(592) Geode mit Krebs-Panzer, Unterkreide (Bückeburg)

Schrumpfung des Körpers und zur Ausfüllung der Risse mit Kalk. **Entstehung:** Diese Konkretionen entstehen durch Ausfällung wandernder Lösungen von Eisen. Die Fällung wird ausgelöst durch Zersetzungsprozesse organischer Substanz. Dadurch wird der Tonschlamm zu einem festen Stein. Bindemittel ist Siderit (Eisenkarbonat, $FeCO_3$). Siderit färbt den Stein nicht, oft verwittert es in der Rinde des Steines zu Limonit, FeO(OH), das sich als rostige Kruste zeigt. **Vorkommen:** In vielen Ziegeleigruben, wo Ton aus der Jura- oder der Unterkreidezeit abgebaut wird, werden Geoden als Abfall ausgeschieden. Am Ostseestrand fallen sie durch ihre Rostrinden auf, die manchmal abblättern. **Besonderheit:** In Tonablagerungen mit einem hohen Kalkanteil können sich Schrumpfungsrisse in Toneisensteingeoden mit weißem Kalkspat ausfüllen. Dabei entstehen im Kontrast des Kalkspats mit dem grauen Ton oft dekorative Strukturen. Manchmal wird das Innere der Geode durch regelmäßige radiale Strukturen aufgeteilt. Solche Geoden werden **Septarien** (Septum, lat. Scheidewand) genannt. Sie finden aufgeschnitten und poliert als „Edelsteine“ ihre Liebhaber.

Natürliche Stein-Objekte – Verwitterungsrinden

Eisensandstein-Verwitterungsrinden („Hexenschüsselchen“)

Eigenschaften: Rostig-braune Schalen von Sandstein, manchmal mit verschieden getönten Zonen. **Entstehung:** Um Gerölle von Eisensandstein aus Schonen und Bornholm haben sich Verwitterungsrinden gebildet. Das ursprüngliche Bindemittel der Steine, Eisenkarbonat (Siderit, Fe CO_3) oxidierte zu Limonit (Rost, Eisenoxidhydrat, FeO(OH)). Auch dieses verkittet den Stein intensiv. Das Innere des Gerölls verliert die Bindung und wird ausgewaschen. **Vorkommen:** Ostseestrand und ganz Norddeutschland.

593

594

595

(593) Geode um Muschel mit Haizahn
(594) Eisensandstein mit Rinde, Hexenschüsselchen im Entstehen (Geschiebe, Bad Oldesloe)
(595) Hexenschüsseln (Ostseestrand)

Natürliche Stein-Objekte – Pyritknollen

Pyritknollen

Eigenschaften: Rundliche Knollen, manchmal ganz rund und strahlig aufgebaut. Grau oder rostig, Härte 6, innen gold-glänzend, oft zerbröselnd. **Entstehung:** Pyrit (Schwefelkies, FeS_2) bildet sich in Ablagerungsgesteinen, wenn diese noch weich sind. Voraussetzung ist, dass darin organische Substanz eingelagert ist und ein Mangel an Sauerstoff herrscht (reduzierende Bedingungen). Trifft der Schwefel (Bestandteil des Eiweißes) auf Eisen, bildet sich Pyrit, meist wirken Mikroben beim Abbau des Eiweißes mit. Wenn ausreichend Sauerstoff zugegen ist, oxidieren sowohl Eisen als auch Schwefel, dann bildet

596

597

598

(596) Pyritknolle aus der Braunkohle (Helmstedt)
(597) Flache Pyritknolle aus der Schreibkreide, Fundort Geschiebemergel (Hamburg-Rissen)
(598) Pyrit-Würfel in Dachschiefer

sich kein Pyrit. **Verwitterung:** Kommt Pyrit an die Erdoberfläche, dann tritt Oxidation ein, es zerfällt. Wenn Wasser zugegen ist, entsteht Limonit (Rost) und Schwefelsäure. Pyrit finden wir in vielen Ablagerungsgesteinen. **Vorkommen:** In metamorphen Tonsteinen (Schiefer) können sich wohlgeformte Würfel ausbilden. Im Kalk („Fränkischer Marmor") bilden sie schwarze, metallisch glänzende Figuren oder rostige Spuren, wenn Pyrit bereits zerfallen ist. In der Kreide bilden sich Knollen. Diese sind unter Kreide- oder Geschiebemergelklippen zu finden. Strandfunde sind selten, weil die Knollen schnell zerfallen. Meist ist die Knolle intensiv rostig. **Verwendung:** Als Funkengeber war Pyrit unverzichtbarer Bestandteil des steinzeitlichen Feuerzeugs. Der Feuerstein war ersetzbar durch Quarzit oder Radiolarit, Pyrit aber nicht.

Natürliche Stein-Objekte – Lößkindel

Lößkindel

Eigenschaften: Zentimetergroße harte Kalksteine mit unregelmäßigen rundlichen Formen im Löß, manchmal schichtähnlich angereichert. **Entstehung:** In den Löß eingesickertes Grundwasser hat Kalk aufgelöst und an anderer Stelle wieder ausgeschieden. Wie bei allen Konkretionen wurde die Konzentration des Kalkes im Wasser rund um den Ort der Ausfällung vermindert. Dadurch wanderte weitere Lösung dort hin. So konnte die Konkretion weiter wachsen.
Vorkommen von Löß: Der vom Wind oft weit transportierte und dann abgelagerte Steinstaub bedeckt in sehr unterschiedlicher Mächtigkeit große Teile Deutschlands. Oft

599

(599) Lößkindel in einem Hohlweg im Löß am Kaiserstuhl

liegt er vor Bergen, die den Wind abbremsten und damit seine Transportfähigkeit verminderten: Südliche Begrenzung des Norddeutschen Tieflands bei Minden, Braunschweig, westlich Magdeburg, bei Halle, Leipzig, in Nordsachsen und in der Oberlausitz, auch im Münsterland, rund um Köln, bei Frankfurt, um Würzburg, Heilbronn, am Kaiserstuhl, südlich der Donau bei Straubing. Die Lößbildung in Deutschland erfolgte in den Kaltzeiten des Eiszeitalters bei schwacher Pflanzendecke.

Natürliche Stein-Objekte – Knollenquarzit

Knollenquarzit

Eigenschaften: Größere harte Quarzitknollen innerhalb von Sanden aus dem Neogen. **Entstehung:** Frei zirkulierende Kieselsäure wurde ausgefällt, z. B. durch Kontakt mit sauren Wässern. Sie verband damit den losen Sand. **Vorkommen:** Bei Helmstedt ent-

600

(600) Quarzitknolle (Isar-Inn-Hügelland)

standen frei stehende Klippen (Bockshornklippe, Groß Steinum) durch Abtragung des umgebenden losen Sandes, steinzeitliche Steinsetzungen (Lübbensteine bei Helmstedt). Braunkohleabbaugebiet Leipzig, Isar-Inn-Hügelland in Niederbayern. Oft wurden die Quarzitgebilde als Naturskulpturen aufgestellt.

601

(601) Steingrab aus Knollenquarzit Groß Steinum (Helmstedt)

Natürliche Stein-Objekte – Feuerstein

Feuerstein (Flint, Silex) *[Kreide]*

Eigenschaften: Meist schwarzgraue Knollen, oft mit weißen Flecken oder Streifen, oft mit weißer Rinde, die aber nicht Kreide ist. Wie bei den weißen Flecken im Inneren ist hier Wasser und/oder feinst verteilte Luft eingelagert. (Bei Feuersteinen auf Rügen haftete aber auch oft noch Kreide an.) Härte 7, mit dem Messer nicht ritzbar, ritzt Stahl, muscheliger Bruch. Vorsicht beim Zerschlagen! **Entstehung:** Feuerstein ist chemisch Siliziumdioxid (SiO_2), nicht anders als Quarz. Er un-

602

(602) Strand von Rügen

terscheidet sich aber in seinem inneren Gefüge. Er ist nicht als Kristall aufgebaut, sondern amorph. Man kann sich diesen Zustand als festes Wasser vorstellen. In der Kreidezeit sammelten sich die Kalk-Gehäuse von Plankton als Schlamm am Boden des Meeres an. Dazu kamen auch die Gehäuse von Radiolarien und Kieselalgen. Diese lösten sich zum Teil auf, Kieselsäure durchzog als kolloidale Lösung den Schlamm. Durch chemische Reaktion an sich zersetzender organischer Substanz wurde sie ausgefällt. Zu solchen Ausfällungspunkten wanderte die Kieselsäure aus der Umgebung. Dadurch kam es zur Konzentration zum Feuerstein.

603

(603) Feuersteinschichten, die am Kreidefelsen in Rügen im Anschnitt als Feuersteinbänder erscheinen.

Feuersteinfelder von Rügen

Feuersteine, die aus den Kreideklippen ausgewaschen wurden, häufen sich am Strand von Rügen. Andere, die aus dem Ostseebecken zusammen mit der Kreide vom Eis ausgeschürft wurden, finden sich in ganz Norddeutschland bis an den Fuß der Mittelgebirge. Sie sind das weitaus häufigste Geschiebe. Die jeweils am weitesten südlich gefundenen wurden zur Feuersteinlinie verbunden, mit der die südlichste Eisrandlage markiert wird.

604

(604) Das Meer hat südlich der Kreideklippen Feuersteine aus aufgearbeiteter Kreide zur Landschaft der Feuersteinfelder zusammengeschwemmt.

Feuersteinfossilien

Feuerstein konserviert Tierreste, weil verwesende organische Substanz das Ausfällen der Kieselsäure bewirkt und diese anzieht. Seeigel, der Innenausgusse des Tieres, sind der häufigste Fund. In ganz Norddeutschland, auch abgerollt, findet man ihn. Der größte im Bild, abgerollt und gebleicht, wurde bei Bautzen, nahe der Feuersteinlinie, gefunden. Schöne Kugeln bilden sich um Schwämme.

605

606

(605) Seeigel
(606) Schwammkugeln, die zu Klappersteinen werden, wenn durch Teilauflösung im Inneren der Schwamm freikommt.

Verwitterter Feuerstein

Feuerstein, der an der Oberfläche oder in der chemisch aktiven Umgebung des Bodens liegt, verliert seine blauschwarze Farbe. Je nach den Umständen (Chemie der Umgebung, Einwirkung der kosmischen Strahlung) kommt es zu völligem Ausbleichen oder zu hellbraunen oder rotbraunen Farbtönen. Die Sprödigkeit nimmt zu.

607

(607) Verwitterte und verfärbte Feuersteine. Die gelben und braunen Steine werden oft für Bernstein gehalten. Durch ihre Härte und Schwere sind sie aber leicht von diesem zu unterscheiden.

608

(608) Bryozoen-Feuerstein als Geschiebe

Bryozoen-Feuerstein

Eigenschaften: Der graue oder gelbliche Feuerstein ist durchsetzt mit den Chitin-Kalk-Gehäusen von Moostierchen (Bryozoen). Moostierchen sind einfache vielzellige Tiere, die Kolonien bilden. Diese können baumartig sein, wovon man dann kleine Ästchen findet, oder auch Netze bilden. Auf Tang-Blättern findet man oft solche Kolonien. Die Tiergruppe gibt es schon seit dem Ordovizium. **Entstehung:** Der Bryozoen-Feuerstein entstand in der Dan-Zeit, der untersten Stufe des Neogen im noch unverfestigten Kalkschlamm aus vagabundierender Kieselsäure. Er ist also jünger als der Kreide-Feuerstein. Heute findet man ihn im Anstehenden der dänischen Insel Fünen. Von dort könnte auch der Strandfund von Travemünde stammen. Man findet auch im schwarzen Feuerstein der Kreidezeit gelegentlich Moostierchen.

Roter Feuerstein stammt wie der schwarze aus der Kreide. Man findet ihn nur auf der Düne von Helgoland. Die Herkunftsschicht liegt unter Wasser.

609

610

(609) Helgoländer Kinder bieten den Stein gern Touristen an. Auch Schmuck wird daraus gefertigt.
(610) Einfach Feuersteinwerkzeuge, die auf Feldern in Dänemark und Schleswig-Holstein aufgelesen wurden.

Verwendung: Feuerstein-Werkzeuge

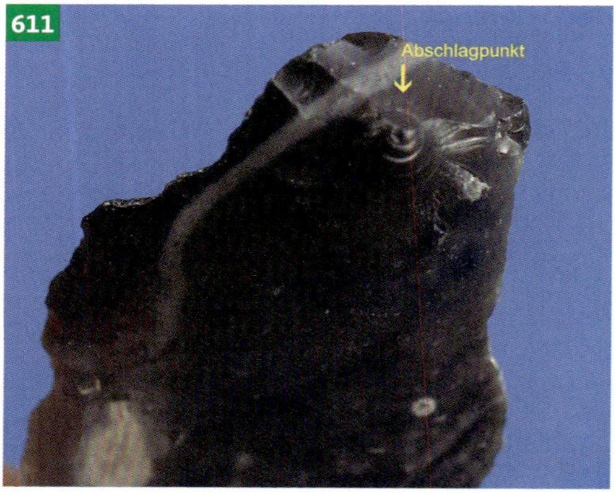

(611) Abschlagpunkt
(612) Schlagnarbe

Schon in der **Altsteinzeit** war Feuerstein für die Herstellung von Werkzeug begehrt. Mindestens 300.000 Jahre lang wurde er verwendet. Vor 200.000 Jahren kannte man schon verfeinerte Abschlagstechniken. Aus der Jung-Steinzeit sind zahlreiche Bergwerke auf Feuerstein bekannt. Zur Bearbeitung ist nur Feuerstein geeignet, der bergfrisch ist. Stein, der länger an der Oberfläche lag, ist spröde und zersplittert. Entsprechende Kiesel-Konkretionen im Kalk des Malm und des Muschelkalks wird Hornstein genannt. Auch dieser wurde in der Steinzeit verwendet. Ob eine Klinge tatsächlich von Menschen abgeschlagen wurde, lässt sich am Schlagpunkt erkennen. An den zahlreichen Abfallklingen lassen sich Schlagplätze erkennen.

Verwendung: Feuer schlagen

Auch zum Feuermachen benutzte man Feuerstein. Dieser ist aber nicht zwingend notwendig. Quarz, Quarzit oder Radiolarit sind ebenso geeignet. Wer versucht, durch Aneinanderschlagen zweier Feuersteine Funken zum Feueranzünden zu erzeugen, wird scheitern. Als Funkengeber wird Pyrit oder Stahl benötigt. Mit dem Feuerstein (oder anderem harten Stein) wird vom Pyrit der Funke abgeschlagen. Der Funke besteht aus brennendem Eisen und Schwefel des Pyrits. Der Funke wird auf den Zunderschwamm (trockener Baumpilz) gelenkt. Bis ins 19. Jahrhundert benutzte man Feuerstein und kohlenstoffreichen Stahl (statt Pyrit) für Feuerzeuge. Diese Technik wurde erst durch die Streichhölzer abgelöst. **Steinschlossflinte:** Vom 16. bis ins 19. Jh. war Feuerstein ein wichtiger Teil der Steinschlossflinte. Ein Feuerstein, der im Hahn der Flinte eingespannt war, schlug mit Federkraft auf den Stahl des Schlosses, um von diesem einen Funken abzuschlagen, der das Zündpulver zur Explosion brachte. Funkengeber war der Stahl, der durch den Schlag so stark erhitzt wurde, dass er brannte (Eisen und Kohlenstoff). Der Name Feuerstein kommt sehr wahrscheinlich vom Abfeuern der Flinten (Befehl: Feuer!).

Verwendung: Hornstein-Bergbau

Helle, gelb-bräunliche feuersteinähnliche Knollen kommen auch in den Kalken der Fränkischen und Schwäbischen Alb vor. Sie werden dort Hornstein genannt. In der Fränkischen Alb (Abensberg-Arnhofen bei Kelheim) wurden Schächte und Stollen gefunden, mit denen in der Steinzeit nach Hornstein geschürft wurde. Der Stein war ein Handelsobjekt. Werkzeuge aus Hornstein lassen sich an der Oberfläche auf Feldern finden. Steinzeitliche Schlagplätze sind an der Menge der Abfallklingen zu erkennen. Auch in Jura-Kalken der Alpen kommen Hornsteine vor (Hornsteinkalk).

(613) Faustkeil aus Hornstein

Natürliche Stein-Objekte – Achatgeoden

Achat-Geoden

Eigenschaften: Rundliche Knollen, die sich aus Rhyolith, Andesit und anderen Vulkaniten herauslösen lassen. **Entstehung:** In Gasblasen des erkalteten Lavaflusses, dringt in Wasser gelöstes SiO_2 ein. Es setzt sich sehr langsam an den Wänden ab. Achat sieht nicht kristallin aus, besteht aber aus superkleinen Kristallen. In der Mitte kann ein Hohlraum bleiben (Druse), der aber auch durch auskristallisierten Quarz, z. B. gefärbt als Amethyst, gefüllt sein kann. **Fundorte:** Thüringer Wald, Vorerzgebirgisches Becken, Schwarzwald, aber vor Allem Saar-Nahe-Gebiet (Edelsteinmine Steinkaulenberg, Idar-Oberstein), im Steinbruch Juchem (Niederwörresbach) können Sammler zu bestimmten Zeiten im Andesit sammeln.

614

615

616

617

(614) Milchiger Achat mit Quarzfüllung (Niederwörresbach).
(615) Sammler können sich vor Ort ihre Funde aufschneiden und schleifen lassen. Hier kam eine Amethyst-Füllung zum Vorschein.
(616) Achat von St. Egidien (Sachsen)
(617) Händlerangebot am Steinbruch Juchem

Glossar

Abtauchen: Von-der-Oberfläche-Verschwinden einer schräg liegenden Schicht unter jüngeren Schichten.

Ader: → Gang

akzessorische Bestandteile: mengenmäßig untergeordnete Bestandteile, bei Granit z. B. Apatit, Zirkon, Titanit, Magnetit, Orthit

Alkalifeldspat: → Kalifeldspat

Altmoränengebiet: Gebiet mit Ablagerungen einer älteren Kaltzeit, in welches das Eis der letzten (Weichsel-)Kaltzeit nicht mehr vorgedrungen ist.

Ammoniten: Ausgestorbene Weichtiere, die in den Meeren des Erdaltertums und des Erdmittelalters besonders zahlreich lebten. Sie hinterließen Kalkgehäuse, die – anders als Schnecken – in einer Ebene spiralig gewunden sind.

amorpher Körper: Im Gegensatz zum Kristall sind die Atome oder Moleküle nicht geometrisch regelmäßig angeordnet, vergleichbar einer Flüssigkeit: Glas, Feuerstein.

Amphibole: Dunkle Minerale einer großen Gruppe von kompliziert gebauten Silikaten unter Beteiligung fast aller Metalle, z. B. Hornblende.

Anatexit: Gestein, das durch eine völlige (→ Diatexit) oder teilweise (→ Metatexit) Aufschmelzung entstanden ist, z. B. ein Gneis, der schon stellenweise wie ein Granit aussieht. → Migmatit

Anstehendes: Gestein im Verband an seinem Ursprungsort, Gegensatz zu Geröll und Geschiebe

äolisch: durch Wind verursacht

Aragonit: $CaCO_3$ als Mineral, kann auch als → Kalzit auftreten.

Arenit: Wissenschaftliche Bezeichnung für einen Sandstein, dessen Korn aus Kalk besteht.

Aufschluss: Stelle, an der sonst durch Boden und Vegetation verdeckte Gesteine zu sehen sind.

Augit: schwarzes oder grün-schwarzes Silikat der Pyroxengruppe

Ausbiss: (Ausstrich) Gebiet, in dem eine Schicht an der Oberfläche ansteht.

Ausfällung: feste Absonderung eines gelösten Stoffes aus einer Flüssigkeit

Ausgangsgestein: Edukt, Ausgangsgestein eines metamorphen Gesteins

Auslaugung: Abtragung eines löslichen Gesteins unter der Erdoberfläche durch Grundwasser.

Ausstrich: → Ausbiss

Auswurfmassen: durch vulkanische Gase nach oben geförderte Massen: Asche, Bimsstein, Bomben, Schlotbruchstücke

Bank: Mächtige (dicke) Schicht eines Sediments, die auf einen länger dauernden Eintrag gleichen Materials zurückzuführen ist, nicht zu verwechseln mit einer Sand- oder Kiesbank in einem Flussbett.

Basisches Magma: Magma oder Gestein mit niedrigem Gehalt an SiO_2, weniger als 52 %

Bayerischer Pfahl: → Pfahl

Belemniten: auch Donnerkeil genannte innere Skelettteile von Tintenfischen

Bindemittel: Stoff, der die Hohlräume zwischen den Körnern eines Ablagerungsgesteins füllt und die Körner verbindet: Kalk, Kieselsäure, Limonit oder Ton.

biogenes Sediment: Ablagerungsgestein, das aus den Resten von Lebewesen besteht oder durch die Tätigkeit von Lebewesen entstanden ist.

Bioturbation: Durchwühlung von Lockergestein durch wühlende, grabende oder fressende Tiere, Wühlgefüge.

Bitumen: Braune oder schwarze, brennbare, übel riechende Kohlenwasserstoffe, Umwandlungsprodukte von organischer Substanz, die oft für die Schwarzfärbung von Gesteinen verantwortlich sind. Bituminöse Gesteine stinken, wenn man sie reibt.

Bombe: Größeres Lavastück aus Vulkanen, das sich im Fluge drehend rund oder spindelförmig geformt hat.

Brekzie: Sediment, das aus eckigen Bruchstücken besteht, die durch ein Bindemittel verbunden sind.

Buntsandstein: Unterer (ältester) Zeitabschnitt im System der Trias. Der Begriff wird, abweichend von der internationalen Terminologie, nur in Deutschland verwendet.

Cadomische Orogenese: Gebirgsbildung vor 650–550 Mio. Jahren, bei der Gneise entstanden, die in der Oberlausitz, im Schwarzwald und im Bayerischen Wald zu finden sind.

chemische Sedimente: Ablagerungsgesteine, die aus chemischen Vorgängen hervorgegangen sind, wie Ausfällung, auch durch Verdunstung von Wasser. → Evaporite

Chlorit: Grünes Mineral, dem Glimmer ähnlich, spaltbar. Es zeigt einen niedrigen Grad der Metamorphose an. Es hat nichts mit dem Element Chlor zu tun.

Decke: Großes Gesteinspaket, das während einer Gebirgsbildung durch seitliche Kräfte möglicherweise über große Strecken verschoben wurde. Decken liegen heute über jüngeren oder gleich alten und gleichartigen Schichten.

Dendriten: Sehr pflanzenähnlich wirkende, braune oder schwarze Mineralausscheidungen in Klüften oder Schichtfugen, die durch eingedrungene Eisen- oder Manganlösungen entstanden sind.

Devon: System der Erdgeschichte im Erdaltertum, Zeit der ersten Amphibien und Insekten

Diagenese: Vorgang der Festigung (Steinwerdung) aus einem lockeren Sediment: → Kompaktion, chemische und mechanische Veränderungen durch Porenwasser, Stoffzufuhr, Druck und Temperatur. Veränderungen bei der Diagenese werden nicht als Metamorphose bezeichnet.

Diatexit: Gestein, das durch die völlige Aufschmelzung eines anderen entstanden ist → Anatexit

Diatomeen: Kieselalgen

Differenziation einer Magma: Veränderung einer Magma in der Magmakammer, z. B. durch Zufuhr von Stoff aus dem Umgebungsgestein oder durch Absinken von schweren Kristallen (meist basischen), wodurch ein basisches Magma zu einem sauren werden kann.

Diskordanz: Trennfläche zwischen Schichten, die nicht parallel sind. Oft ist die untere Schicht gefaltet oder verkippt. Eine Diskordanz entsteht, wenn nach einer längeren Pause, oft einer Phase der Abtragung (→ Schichtlücke), die Ablagerung von Sedimenten wieder einsetzt.

Dogger: Mittlerer Zeitabschnitt im System des Jura, in Süddeutschland wird er Brauner Jura genannt.

Doline: Einsturztrichter über einem Hohlraum, der durch Auslaugung entstanden ist. → Karst

Dolomitisierung: Umwandlung eines Kalksedimentes durch einen Stoffaustausch in der Zeit der Diagenese. Ein Teil des Kalziums wird dabei durch Magnesium ersetzt.

Druse: Hohlraum im Gestein, dessen Wände mit Kristallen ausgekleidet sind, wobei ein Resthohlraum verbleibt.

Duktile Deformation: Bruchlose, plastische Deformation (Verformung) eines Gesteins durch tektonischen Druck oder Bewegung, sie führt zu → Myloniten. Gegensatz zur spröden Deformation, sie führt zu → Brekzien.

Edukt: → Ausgangsgestein

Einsprenglinge: Kristalle oder Gesteinsstücke, die in eine einheitliche Grundmasse eingebettet sind. → Porphyrisches Gefüge

Eiszeit: Ungewöhnlich kalte Periode in der Erdgeschichte, in der aber Kaltzeiten und Warmzeiten wechselten, zuletzt im Quartär.

Erdaltertum: (Paläozoikum) Zeitalter der Erdgeschichte, vor 445 Mill. – 251 Mill. Jahren, unterteilt in die Systeme Kambrium, Ordovizium, Silur, Devon, Karbon und Perm.

Erdgas: Gasförmige Kohlenwasserstoffe, die durch die Umwandlung organischer Substanz zu Kohle oder Erdöl entstanden sind.

Erdmittelalter: (Mesozoikum) Zeitalter der Erdgeschichte, vor 251 Mill. – 65 Mill. Jahren, unterteilt in die Systeme Trias, Jura und Kreide.

Erdneuzeit: (Känozoikum) Zeitalter der Erdgeschichte, vor 65 Mill. Jahren bis zur Gegenwart, unterteilt in die Systeme Paläogen, Neogen (als „Tertiär" zusammengefasst) und Quartär.

Erdöl: Flüssige Kohlenwasserstoffe (Ketten), die durch die Umwandlung organischer Substanz durch Druck und Hitze entstanden sind.

Erdölmuttergestein: bituminöser Tonstein (Ölschiefer) oder Kalk → Faulschlamm

Erdölspeichergestein: Poröses Gestein, das Flüssigkeiten oder Gas in seinen Poren aufnehmen kann, z. B. Sandstein, Riffkalk. Da Erdöl nach oben wandert, sucht man nach einem Speichergestein mit einer dichten Abdeckung, einer Erdölfalle.

Erosion: Verwitterung und Abtragung der Verwitterungs-Produkte. Erosion lässt Gebirge verschwinden und schafft die Formen der Landschaft. Kräfte: Schwerkraft, Wasser und Wind.

Erz: Mineral oder Gestein, aus dem Metall gewonnen werden kann

Evaporite: → Ablagerungsgesteine, die durch die Verdunstung von Wasser abgeschieden wurden: Kalk, Gips, Anhydrit, Steinsalz, Kalisalze.

Falte: Verbogenes Gesteinspaket, das durch seitliche tektonische Kräfte eingeengt wurde.

Faulschlamm: Sapropel, Schlamm mit vielen organischen Resten, die wegen Sauerstoffmangels (reduzierende Bedingungen) nicht abgebaut werden. Hier entsteht während der Diagenese Erdöl.

Feldspat: Mineral der Feldspatgruppe, Hauptbestandteil von Granit und Gneis

Feldspatvertreter: (Foide) feldspatähnliche Minerale, die sich bilden, wenn die vorhandene Kieselsäure nicht zur Ausbildung von Feldspäten ausreicht.

Feuersteinlinie: Am Fuß der nördlichen Mittelgebirge verlaufende Linie, die als südlichste Grenze der Vereisung gilt. Sie wird durch die südlichsten Fundpunkte von Feuerstein definiert.

Findling: In Norddeutschland: Ortsfremder Gesteinsblock, der durch Gletschereis aufgenommen, abtransportiert und an anderer Stelle durch Abschmelzen des Eises wieder abgelagert wurde. In Bayern: Gerundeter Großstein, der als Restblock über vergrustem Tiefengestein liegt.

Flaser: wellenförmige Struktur in einem Sediment oder einem Metamorphit

Fließgefüge: Struktur in magmatischen Gesteinen: Einregelung von Kristallen, Schlieren oder Gasbläschen zum Zeitpunkt der Erstarrung.

Flöz: Gesteinsschicht nutzbarer Stoffe, z. B. Kohle oder Salz

fluviatil: durch Flüsse verursacht

fluvioglazial: durch Schmelzwasserflüsse während einer Kaltzeit verursacht

Flysch: Flysch bezeichnet eine Serie von verschiedenen Gesteinen, die während einer Gebirgsbildung entstehen. Während des Aufstiegs lagern sich rasch und im Wechsel Geröll, Sand und Ton ab und werden im Verlauf der Gebirgsbildung von der Bewegung erfasst, oft auch gefaltet.

Foide: → Feldspatvertreter

Foraminiferen: Einzellige Tiere, die Gesteine bilden können. Nummulithen sind Großforaminiferen.

Fossil: Überrest von Tieren oder Pflanzen in einem Ablagerungsgestein: Als erhaltene ursprüngliche Substanz (Muschelschale), als Abdruck des Äußeren, als Ausguss des Inneren (Seeigel aus Feuerstein), als Spur (Trittsiegel, Fressspur), als Form, wobei die Substanz verändert oder ausgetauscht wurde (Kohle, Pyritisierung), als Versteinerung (mit Kieselsäure getränkte Struktur, z. B. verkieseltes Holz).

Gang: (Ader) durch Minerale oder Gesteine ganz oder teilweise ausgefüllte Spalte

Gangart: Begleitmineralien, die zusammen mit den Erzmineralien auftreten: Quarz, Kalkspat, Schwerspat, Flussspat

Ganggestein: Gestein, das sich nach der Auskristallisierung der Tiefengesteine aus einem Restmagma differenziert hat. Aus Granit entstehen Aplit- und Pegmatitgänge, aus dunklen Magmen Lamprophyrgänge.

Gangmineral: Mineral, das sich in einer Spalte → hydrothermal oder → pneumatolytisch gebildet hat: Quarz, Flussspat, Schwerspat, Kalkspat. Oft sind es metallhaltige Minerale von wirtschaftlichem Interesse, dann spricht man von Erzgängen oder Ganglagerstätten.

Gebirge: In der Sprache der Bergleute ein Gesteinskomplex, ohne dass ein Gebirge im geographischen Sinne daraus besteht, z. B. Granulitgebirge, Steinkohlengebirge.

Gebirgsbildung: (Orogenese) Ein Prozess, bei dem über einen längeren Zeitraum Krustenteile so aufeinander treffen, dass Teile des Festlandes oder des Meeresbodens gefaltet, zusammengeschoben oder übereinandergestapelt werden.

Gefüge: Beziehung der Bestandteile eines Gesteins: nach deren Größe und Form und nach deren räumlicher Anordnung

Geode: Hohlraumausfüllung, z. B. Achat in Blasen eines Vulkangesteins. Begriff wird gelegentlich auch für → Konkretionen gebraucht.

Geologische Karte: Topographische Karte mit Eintragungen der anstehenden Gesteinsarten durch Farben oder Signaturen. Bei Übersichtskarten wird oft nur der Zeitraum der Ablagerung (bei Sedimenten) oder der Kategorie (bei Magmatiten) dargestellt. Geologische Karten verzeichnen auch die tektonischen Bruchlinien.

Geologisches Profil: Darstellung der geologischen Verhältnisse als senkrechter Schnitt durch einen Teil der Erdkruste, oft in Verbindung mit einer Geologischen Karte zu deren Erläuterung.

Geothermische Tiefenstufe: Durchschnittliche Zunahme der Temperatur in der Tiefe um 1 °C pro 33 m. Abweichend davon erhöht sich die Tiefenstufe in Gebieten mit junger Gebirgsbildung. In 40 km Tiefe herrschen unter jungen Gebirgen 970 °C, unter junger Kruste (Deutschland) 610 °C, unter alter Kruste 370 °C.

Geotop: Geotope sind Objekte von besonderem Interesse: auffällige Felsen, interessante Aufschlüsse, Fundstellen von Mineralen und Fossilien, Höhlen, Schluchten, Findlinge, Dolinen oder Quellen. Das Interesse kann wissenschaftlich, pädagogisch oder touristisch sein. Oft ist die Situation durch Tafeln erläutert. Nur wenige Geotope sind heute unter Schutz gestellt. Listen der Geotope sind bei den Geologischen

Landesämtern abrufbar. Es gibt 77 „Nationale Geotope“ in Deutschland (Stand 2021). → Tag des Geotops.

Germanisches Becken: Landschaft des Erdmittelalters (seit dem Zechstein), die nach der Einebnung des Variskischen Gebirges entstand. Hier wechselten Land und Flachmeer immer wieder. Südlich schloss sich das Meer Tethys an, in dem sich die Sedimente sammelten, aus denen die Alpen bestehen.

Geröll: Gestein, das durch Flüsse bewegt und durch Rollbewegung gerundet (abgerollt) wurde. Auch Meeresbrandung schafft Gerölle.

Geschiebe: (Findling, Feldstein) Gestein, das durch Gletscher bewegt (geschoben) wurde

Gestein: natürliche Bildung aus Mineralen oder Resten von Organismen → Lockergestein

Gew.-%: (Gewichtsprozent) der Massenanteil von Stoffgemischen

Glaukonit: Eisen-Aluminium-Silikat, das in warmen Meeren entsteht. Es bildet kleine dunkelgrüne Körnchen oder überzieht Quarzkörner mit einer grünen Schicht.

Glazial: in Zusammenhang mit einer Eiszeit stehend

Glimmer: Minerale einer Gruppe von kompliziert gebauten Silikaten, die plättchenförmige Kristalle bilden: Muskovit, Biotit.

Gondwana: Großkontinent des Erdaltertums, der das heutige Afrika, Südamerika, Indien, Australien sowie die Antarktis umfasste und sich mit den nördlichen Kontinenten zu Pangäa vereinigte.

gradierte Schichtung: Gefüge eines Sedimentes, bei dem in einer Bank oder Lage die Korngröße von unten nach oben abnimmt, weil sich im unverfestigten Zustand die größeren Partikel gesetzt haben. Kennzeichnend für → Turbidite.

Grundmasse: (Matrix) Einheitliche Masse, in die Einsprenglinge, z. B. Kristalle, eingebettet sind. → Porphyrisches Gefüge

Grus: Lockergestein, das durch tiefgründige Verwitterung ohne Materialabtransport entstanden ist.

Hämatit: Eisenoxid; Fe_2O_3; Eisenverbindung, die sich im trockenen Klima an der Oberfläche der Erde bildet. Hämatit ist in der Regel für die Rotfärbung von Gesteinen verantwortlich.

Hangendes: Bergmännischer Begriff für eine Schichtfolge, die über einer Bezugsfläche, in der Regel der im Abbau befindlichen Schicht, liegt. Gegensatz: → Liegendes

Holozän: jüngster Abschnitt des → Quartär, Nacheiszeit, die letzten 12.000 Jahre, noch andauernd

Hornblende: schwarzes oder grün-schwarzes Silikat der Amphibolgruppe

Hornfels: durch Kontaktmetamorphose veränderter Tonstein oder Schiefer, meist splittrig-muschelig brechend

Hornstein: heller Feuerstein als Platte oder Knolle in Kalken der Jurazeit und seltener im Muschelkalk

hydrothermale Mineralbildung: Mineralbildung, bei der Stoffe in heißem Wasser gelöst, unter mäßigem Druck aus Plutonen ins umliegende Gestein auswandern und sich in Gängen als Minerale absetzen oder in Gesteinspartien eindringen und diese imprägnieren.

Impaktit: Gestein, das im Zusammenhang mit einem Meteoriteneinschlag (Impakt) entstanden ist.

intermediäres Magma: Magma oder Gestein, bei dem der mittlere Gehalt an SiO_2 52–65 % beträgt. Es steht also zwischen sauer (mehr als 65 %) und basisch (weniger als 52 %).

Intrusion: Eindringen von Magma in die feste Kruste, dort zu einem Tiefengestein erstarrend

Jungmoränengebiet: Gebiet mit Ablagerungen der letzten Kaltzeit

Jura: System der Erdgeschichte im Erdmittelalter, unterteilt in Lias, Dogger und Malm, große Zeit der Saurier

Kaledonische Orogenese: Gebirgsbildung vor 460–425 Mio. Jahren, bei der Gneise entstanden, die im Schwarzwald und im Bayerischen Wald zu finden sind.

Kalifeldspat: (Alkalifeldspat, Orthoklas) Kaliumsilikat, oft rot, rosa oder orange

Kalknatronfeldspat: (Plagioklas) Kalzium-Natrium-Silikat, allgemeine Formel für diese Feldspat-Gruppe: $(Ba, Ca, Na, K, NH_4)(Al, B, Si)_4O_8$. Innerhalb der Klammer durch Komma getrennte Symbole bedeuten, dass diese Stoffe gegeneinander austauschbar sind.

Kalksinter: → Sinter

Kaltzeit: Periode der Vereisung innerhalb einer längeren Eiszeit mit wechselnden Temperaturen.

Kalzit: $CaCO_3$ als Mineral, $CaCO_3$ kann auch als → Aragonit auftreten.

Kambrium: System der Erdgeschichte im Erdaltertum, Zeit der → Trilobiten

Känozoikum: → Erdneuzeit

Karbon: System der Erdgeschichte im Erdaltertum, Zeit der Steinkohle

Karbonate: Salze der Kohlensäure: Kalk, Dolomit, Brauneisen

Karst: Landschaftserscheinungen in Gebieten mit löslichem Gestein (Kalk, Gips, Salz), z. B. Höhlen, Bachschwinden, Dolinen, Einbruchstrichter

Karstquelle: Oft sehr starke Quelle, in der Wasser austritt, das in einem Höhlensystem im Karstgebiet gesammelt und transportiert wurde.

Keuper: Oberer (jüngster) Zeitabschnitt im System der Trias. Der Begriff wird abweichend von der internationalen Terminologie nur in Deutschland verwendet.

Kieselsäure: SiO_2, bildet mit Metallen oder Metallgruppen Silikate, bildet allein Quarz oder Feuerstein.

Klasten: Gesteinsbruchstücke anderer Gesteine im Gestein. Pyroklasten stammen aus vulkanischer Aktivität, Bioklasten aus Überresten von Lebewesen.

klastische Sedimente: Ablagerungsgesteine, die aus Klasten zusammengesetzt sind.

Kluft: Feine Gesteinsfuge, noch keine offene Spalte, an der auch keine Bewegung stattgefunden hat.

Kluftsystem: Vielzahl paralleler Klüfte, die das Gestein durchziehen. Auch eine zweite Schar von Klüften kann in einem Winkel dazu stehen. Kluftsysteme werden durch mechanische Beanspruchung hervorgerufen oder entstehen durch Volumenverkleinerung beim Abkühlen von Plutonen oder bei der Festigung von Sedimenten.

Kompaktion: Wesentlicher Vorgang bei der → Diagenese. Verkleinerung des Volumens, Abgabe des Wassers, Bindung der festen Bestandteile aneinander.

Konkretion: Runde oder knollige Körper, die sich im weichen Gestein durch Ausfällung aus zirkulierenden Lösungen bilden: Feuerstein, Hornstein, Pyrit, Toneisenstein.

konzentrisch: um ein Zentrum herum

Kreide: als stratigraphischer Begriff: System der Erdgeschichte im Erdmittelalter, unterteilt in Unterkreide und Oberkreide; als petrologischer Begriff: weiches Kalkgestein

Kristall: Ein homogener Körper, dessen Atome oder Moleküle geometrisch regelmäßig angeordnet sind. Wenn der Raum es zulässt, entwickelt sich auch eine geometrisch beschreibbare Form. Wenn die Raumverhältnisse diese äußere Ausformung nicht zulassen, spricht man trotzdem von einem Kristall. Nicht-kristallische homogene Körper sind amorph.

Kristallin: hergebrachte Sammelbezeichnung für Tiefengesteine, Ganggesteine und Metamorphite

Kristalline Schiefer: Sammelbegriff für Glimmerschiefer, Phyllit, Gneis und andere metamorphe Gesteine

Kristallisation: Ausbildung eines Kristalles aus einer Schmelze, einer Flüssigkeit oder einem Gas

Kruste: Äußere starre Schale des Planeten, oberer Teile der → Lithosphäre. Die kontinentale Kruste ist etwa 30–50 km dick, unter Hochgebirgen dicker. Die ozeanische Kruste ist 5–10 km dick.

Lapilli: festes Auswurfmaterial von Vulkanen in der Korngröße von 2 bis 64 mm

Lebensspur: Struktur in Sedimentgestein, die durch mechanische Einwirkungen eines Lebewesens entstanden ist: Fußspur, Kriechspur, Schleifspur, Fressspur, Wühlspur, Wohnbau.

Lehm: Mischung zwischen Ton und Sand

Leitfossil: Fossil, das regional weit verbreitet war, aber nur in einer relativ kurzen Zeitspanne vorkam. Es dient zur Erkennung gleich alter Sedimente über große Entfernungen.

Leitgeschiebe: Geschiebe, dessen Ursprungsort bekannt ist

Lias: unterer (ältester) Zeitabschnitt im System des Jura, in Süddeutschland Schwarzer Jura genannt

Liegendes: Bergmännischer Begriff für eine Schichtfolge, die unter einer Bezugsfläche, in der Regel der im Abbau befindlichen Schicht, liegt. Gegensatz: → Hangendes

limnisch: in Süßwasserseen stattfindend

Limonit: Eisenoxidhydrat; FeO(OH); Rost; Eisenverbindung, die sich im feuchten Klima an der Oberfläche der Erde bildet. Limonit ist oft für die Ockerfärbung von Gesteinen verantwortlich.

Lithosphäre: Äußere feste Schale des Erdkörpers, die aus der → Kruste und dem oberen Erdmantel besteht, ca. 100 km dick. Darunter schließt sich die Asthenosphäre an, deren Beschaffenheit eher plastisch ist.

Lockergestein: noch nicht verfestigtes Gestein: Geröll, Kies, Sand, Ton, Lehm, Mergel, Asche

Mächtigkeit: Dicke einer Gesteinsschicht oder eines ganzen Schichtpakets.

Mafite: Sammelbegriff für dunkel gefärbte Silikate in Tiefengesteinen und Metamorphiten, wobei der Name aus Ma für Magnesium und Fi für Eisen (Fe, Ferrum) abgeleitet ist: Olivin, Biotit (Dunkler Glimmer), Amphibole (Hornblende und Verwandte), Pyroxene (Augit und Verwandte), Chlorit.

Magma: geschmolzenes Gestein

Magmatite: Gesteine aus Magma: Tiefengesteine, Vulkangesteine und Ganggesteine

makroskopische Bestimmung: Bestimmung von Mineralien und Gesteinen nach äußeren Merkmalen, ohne physikalische, chemische oder mikroskopische Methoden

Malm: oberer (jüngster) Zeitabschnitt im System des Jura, in Süddeutschland Weißer Jura genannt

marin: durch Vorgänge im Meer verursacht

marine Sedimente: Ablagerungsgesteine, die im Meer entstanden sind

Marke: Spur oder Struktur in Sedimentgestein, die durch physische Einwirkungen entstanden ist: durch Wellen, Wind, Strömung, Austrocknung, Regentropfen.

Matrix: → Grundmasse

Mergel: Mischung zwischen Ton und Kalk

Mesozoikum: → Erdmittelalter

Metagranit, Metabasalt: Systematische Bezeichnung für metamorphe Gesteine nach ihrem jeweiligen Ausgangsgestein, z. B. Metagranit für Gneis, Metabasalt für Amphibolit

Metamorphit: metamorphes Gestein

Metamorphose: Umwandlung eines Gesteines durch hohen Druck und hohe Temperatur, wobei sich das Gefüge verändert und sich neue Minerale bilden.

Metasomatose: Umwandlung eines Gesteines durch Zufuhr oder Austausch von Stoffen, die von außen, z. B. in heißer Lösung oder als Gas, zugeführt werden.

Metatexit: Gestein, das durch die teilweise Aufschmelzung eines anderen entstanden ist. → Migmatit

Migmatit: → Anatexit

Mikrit: Kalkschlammsediment, dessen Kalzitkristalle kleiner als 0,004 mm sind

Molasse: Sammelbezeichnung für Sedimente (meist Sandsteine und Konglomerate), die während und kurz nach der Bildung eines Faltengebirges entstanden sind und in einem Becken vor dem Gebirge abgelagert wurden.

monomineralisches Gestein: Gestein, das nur aus einem Mineral besteht: Marmor, Steinsalz, Gips, Quarzit

Muschelkalk: Mittlerer Zeitabschnitt im System der Trias. Der Begriff wird abweichend von der internationalen Terminologie nur in Deutschland verwendet.

Mylonit: Gestein, das in einer Zone entstand, in der sich große Gesteinspakete (Schollen) gegeneinander bewegt haben. Als Folge können Zertrümmerung und Umkristallisierung auftreten.

Neogen: System der Erdgeschichte in der Erdneuzeit, mit dem älteren Paläogen zum Tertiär zusammengefasst.

Olivin: Eisen-Magnesium-Silikat, das oft in Basalt vorkommt.

Onkoid: unregelmäßig geformter Körper aus Kalkkrusten um einen Kern herum, im Kalksediment

Ooid: Kugelförmiges Korn aus Kalk oder Limonit, das aus konzentrischen Schalen aufgebaut ist, die um einen Kern angewachsen sind.

Oolith: Gestein, das aus Ooiden aufgebaut ist

Ordovizium: System der Erdgeschichte im Erdaltertum, Zeit der ersten Fische

Orogenese: → Gebirgsbildung

Orthoceren: Kopffüßer des Erdaltertums mit geraden, gekammerten Gehäusen, häufig in roten und grauen Kalkgeschieben

Orthogneis: Gneis, von dem angenommen wird, dass er aus einem Tiefengestein entstanden ist. → Paragneis

Orthoklas: → Kalifeldspat

oxidierende Bedingungen: Chemische Verhältnisse mit Sauerstoffüberschuss. Auswirkungsbeispiele: Organische Substanzen zersetzen sich, sie verbrennen, zweiwertiges Eisen wird dreiwertig, Bildung von Limonit, Zerfall von Pyrit an der Luft. → reduzierende Bedingungen

Paläogen: System der Erdgeschichte in der Erdneuzeit, wurde früher mit dem jüngeren Neogen zum Tertiär zusammengefasst; Zeit der Entfaltung der Säugetiere.

Paläogeographie: Lehre von der Verteilung von Land und Meer, Klima und Landschaft in vergangenen Zeiten

Paläontologie: Lehre vom gewesenen Leben

Paläozoikum: → Erdaltertum

Pangäa: Landmasse, zu der gegen Ende des Erdaltertums alle heutigen Kontinente vereinigt waren, nachdem Gondwana und Laurussia zusammengestoßen waren (Variskische Gebirgsbildung). Die Bezeichnung Urkontinent suggeriert fälschlich Ursprung und Beginn. Verschmelzungen und Trennungen von kontinentalen Schollen hatten in der Erdgeschichte aber vorher schon mehrfach stattgefunden.

Paragneis: Gneis, von dem angenommen wird, dass er aus einem Sedimentgestein entstanden ist. → Orthogneis

Parallelstruktur: paralleles Flächengefüge: Schichtung, Schieferung oder Vergneisung

Pelit: wissenschaftliche Bezeichnung für Ton- oder Schluffstein

Perm: System der Erdgeschichte im Erdaltertum, unterteilt in Rotliegendes und Zechstein, Zeit der ersten Saurier

Petrogenese: Entstehungsweise und -geschichte eines Gesteines

Petrographie: Wissenschaft der Gesteine, vorwiegend beschreibend

Petrologie: Wissenschaft von der Zusammensetzung der Gesteine, ihrer Bildung und Veränderung

Pfahl: Große Störungszonen im Bayerischen Wald, wo sich über lange Zeit Schollen horizontal gegeneinander bewegt haben. Sichtbar sind die Klippen von Gangquarz. Neben diesen Gangfüllungen finden sich zerriebene (mylonitisierte) Nebengesteine.

Plagioklas: → Kalknatronfeldspat

Pleistozän: älterer Abschnitt des → Quartär, Eiszeitalter

Pluton: großer magmatischer Gesteinskörper, der in der Tiefe erstarrt ist

Plutonit: → Tiefengestein

pneumatolytische Mineralbildung: Mineralbildung, bei der Stoffe als Gase oder Dämpfe unter hohem Druck und hohen Temperaturen aus Plutonen ins umliegende Gestein auswandern und sich in Gängen als Minerale absetzen oder in Gesteinspartien eindringen und diese imprägnieren.

Porenvolumen: Gesamtheit der Hohlräume in einem Gestein, die mit Flüssigkeit oder Gas gefüllt sind

porphyrisches Gefüge: Einzelne Kristalle schwimmen in einer einheitlichen Grundmasse (Matrix).

Präkambrium: Zeiteinheit, zusammenfassend für alle Zeitalter der Erdgeschichte von den Anfängen (vor 4,5 Mrd.) bis zum Kambrium, mit dem das Erdaltertum vor 545 Mill. Jahren begann.

Psammit: wissenschaftliche Bezeichnung für Sandstein

Pyrit: Eisensulfid, FeS_2, Mineral, das sich häufig unter → reduzierenden Bedingungen in Sedimenten bildet, in denen sich organische Substanz wegen Sauerstoffmangels nicht völlig abbauen kann. Pyrit ersetzt oft den Kalk in Schalen von Weichtieren. Kommt auch oft in Gängen vor.

Pyroxene: dunkle Minerale einer Gruppe von kompliziert gebauten Silikaten, z. B. Augit

Quartär: Jüngste, kurze Periode der Erdgeschichte in der Erdneuzeit, die noch andauert, gegliedert in → Pleistozän und → Holozän.

reduzierende Bedingungen: Chemische Verhältnisse mit Sauerstoffmangel. Unter ihnen wird organische Substanz nicht abgebaut, Bildung von Faulschlamm, Erdöl, Pyrit.

Regression: Rückzug des Meeres vom Festland

Rippelmarken: Wellenrippeln; Rippeln sind parallel verlaufende Rippen und Vertiefungen auf der Oberfläche eines Sedimentes, die durch Wellen- oder Fließbewegung des Wassers oder durch Wind entstanden sind. Durch Auftragung einer Trennschicht aus Ton kann der Stein später an der alten gerippelten Oberfläche spalten und die Wellenrippeln als erhaltene → Marke zeigen.

Rotliegendes: unterer (älterer) Zeitabschnitt im System Perm

Salzstock: Unterirdische Struktur aus Steinsalz. Salz, das in größerer Tiefe als Schicht vorlag, stieg durch seitliche Druckeinwirkungen und eigene Dynamik, weil es leichter als das Umgebungsgestein ist, nach oben. Dabei durchbrach es hangende Schichten und schleppte Teile davon mit.

Sapropel: → Faulschlamm

saures Magma: Magma oder Gestein mit hohem Gehalt an SiO_2, mehr als 60 %

Schicht: Großer flacher Sedimentkörper, der sich bei geringer Mächtigkeit über eine große Fläche oberirdisch oder unterirdisch ausbreiten kann.

Schichtfläche: Offengelegte Oberfläche einer Schicht, z. B. in einem Steinbruch, auf der man oft Lebensspuren und Marken eines früheren Meeresbodens erkennen kann.

Schichtfuge: Dünne Schicht, an der Schichten gut teilbar sind, oft tonige Lagen zwischen Kalk- oder Sandsteinbänken.

Schichtgestein: → Ablagerungsgestein

Schichtlücke: Stelle zwischen zwei Schichten, von denen die obere Schicht erheblich jünger ist als die untere. Hinweis darauf, dass über einen langen Zeitraum nichts abgelagert wurde, vielleicht sogar eine Abtragung stattfand. → Diskordanz

Schichtstufe: Bergzug oder Geländestufe, die durch eine bestimmte feste Schicht verursacht wurde.

Schichtung: Paralleles Flächengefüge, das auf Materialwechsel bei der Ablagerung eines Sedimentes zurückzuführen ist.

Schieferung: Paralleles Flächengefüge, das auf Druckbeanspruchung senkrecht zu den Flächen zurückzuführen ist, meist bei Tonsteinen.

Schill: zertrümmerte Kalkschalen von Tieren, Muschelschill

Schluff: (Silt) lockeres Sedimentgestein, Korn kleiner als 0,063 mm, klebt nicht (wie Ton), knirscht nicht zwischen den Zähnen (wie Sand)

Schrägschichtung: Schichtung, die bei der Ablagerung zur Erdoberfläche geneigt ist. Ablagerung durch fließendes Wasser auf der Leeseite von Strömungskörpern oder durch Wind auf der Leeseite von Dünen.

Schwerminerale: Etwa 100 Minerale, die schwerer als Quarz und Feldspat sind. Sie kommen als → akzessorische Bestandteile in Tiefengesteinen und metamorphen Gesteinen vor, sind oft dauerhaft und werden auch in Sedimente eingebracht. In Laborarbeit isoliert, geben sie dem Fachmann oft Aufschluss über Geschichte, Transportwege und Alter der Gesteine.

Sediment: → Ablagerungsgestein

Serizit: Mineral, das bei Metamorphose entsteht, eine feinkörnige Form des Glimmers Muskovit

Silikate: Salze der Kieselsäure: Gruppen der Feldspäte, der Glimmer, der Amphibole, der Pyroxene

Silt: → Schluff

Silur: System der Erdgeschichte im Erdaltertum, Zeit der ersten Landpflanzen

Sinter: Schichten oder Krusten, die sich durch Abscheiden (Auskristallisieren) von in Wasser gelösten Stoffen bilden, meist Kalk. Vorkommen: Höhlen, Gewässer, Wasserleitungen, Sinterterrassen, Tropfsteine. Auch schwefelsaure oder kieselige Sinter sind möglich.

Sparit: Kalksediment, das durch kristallisiertes („spätiges") Kalzit gebunden ist. Das kalzitische Bindemittel wird als Zement bezeichnet im Gegensatz zu „Matrix", wenn das Bindemittel mikritisch ist.

Spuren: → Lebensspuren

Störung: → Verwerfung

Stratigraphie: Lehre von den Schichten: ihrer Merkmale, ihrer organischen Inhalte, ihrer Bildungsweise, ihrer zeitlichen Aufeinanderfolge und ihrer Datierung

stratigraphischer Begriff: Begriff für eine bestimmte Schicht oder Zeiteinheit und nicht beschreibend für ein Gestein (petrologisch). Buntsandstein, Muschelkalk und Kreide sind stratigraphische Begriffe, sie werden aber oft auch als petrologische Begriffe benutzt.

Streckeisen-Diagramm: Als Doppeldreieck dargestelltes Schema zur wissenschaftlichen Klassifizierung von Tiefengesteinen und Vulkangesteinen. Damit werden die Gesteine geordnet und benannt nach zwei Gesichtspunkten: 1. Gehalt an SiO_2, 2. Verhältnis von Kalifeldspäten, Plagioklasen und Feldspatvertretern zueinander.

Stylolith: Im Querschnitt zapfenförmige oder sägezahnförmige Fuge in Kalkgestein, die durch Lösung unter Druck entstanden ist.

Sulfate: Salze der Schwefelsäure: Gips, Anhydrit, Schwerspat

System: Einheit in der geologischen Zeitskala, die früher Formation genannt wurde, z. B. Kambrium, Ordovizium, Silur, Devon, Karbon, Perm im Erdaltertum, Trias, Jura, Kreide im Erdmittelalter, Paläogen und Neogen in der Erdneuzeit.

Tag des Geotops: Seit 2002 jährlich am dritten Sonntag im September stattfindender Aktionstag, an dem geologische Landesämter, Vereine etc. der Bevölkerung durch Exkursionen und Aktionen → Geotope vorstellen und geologische Themen kommunizieren.

Tektonik: Lehre vom Bau der Erdkruste und der Kräfte, die diese formen

Tektonische Brekzie: Gestein, das aus scharfkantigen Trümmern besteht und durch die tektonischen Bewegungen von großen Gesteinsmassen zerbrochen wurde.

Terrazzo: Mosaikartiger, geschliffener Fußbodenbelag aus farbigen Kalk- und Marmorstückchen in Kalkbindung, eine künstliche Brekzie

terrestrische Sedimente: → Ablagerungsgesteine, die auf dem Festland entstanden sind

Tertiär: Periode der Erdgeschichte in der Erdneuzeit, die in die beiden Systeme Paläogen und Neogen aufgeteilt wurde.

Tethys: Meer, das im Erdmittelalter zwischen Afrika und Europa lag. Hier lagerten sich die Sedimente ab, die später zum Gestein der Alpen aufgetürmt wurden.

Tiefengestein: (Plutonit) In der Tiefe der Erdkruste langsam erstarrtes Gestein: Granit, Diorit, Syenit, Gabbro. Meist am Nebeneinander verschiedener Kristalle zu erkennen.

Tonminerale: Minerale einer Gruppe von plättchenförmigen, kompliziert gebauten Natrium-Aluminium-Silikaten, die bei der Verwitterung von Feldspäten entstehen.

Transgression: Vordringen des Meeres auf ein Festland, oft entsteht dabei als Strandsediment ein Konglomerat.

Trias: System der Erdgeschichte im Erdmittelalter, unterteilt in die Abschnitte Buntsandstein, Muschelkalk und Keuper

Trilobiten: Dreilappkrebse, seit dem Kambrium aufgetretene große Gruppe der Gliedertiere, ausgestorben

Tropfstein: → Sinter

Turbidit: Gestein, das aus einem untermeerischen Schlamm- oder Trübestrom hervorgegangen ist.

Ultramafite: Magmatische Gesteine, die praktisch nur aus dunklen Bestandteilen (→ Mafite) bestehen.

Urkontinent: → Pangäa

Variskisches Gebirge: Gebirge, das im deutschen Gebiet (und weit darüber hinaus) im Erdaltertum entstand und wieder vollkommen abgetragen wurde. Die damals gefalteten und metamorph veränderten Gesteine sind heute in den Mittelgebirgen aufgeschlossen. In den übrigen Regionen sind sie vorhanden, aber durch jüngere Gesteine überdeckt.

Vergneisung: Veränderung durch Metamorphose: Paralleles Flächengefüge, das als Wechsel unterschiedlicher Minerallagen zu erkennen ist.

Vergrusung: Form der Verwitterung, bei der ein Gestein (oft Granit) an Ort und Stelle zerfällt, ohne dass ein Abtransport stattfindet.

Verkarstung: → Karst

Verkieselung: Füllung von Hohlräumen durch mobile Kieselsäure, auch Verdrängung und Austausch eines anderen Stoffes, anschließende Aushärtung der Kieselsäure

Verwerfung: Bruchfläche zwischen Gesteinspaketen, die gegeneinander horizontal oder vertikal bewegt worden sind.

Verwitterung: Zerstörung (Umwandlung) von Gestein durch die Umweltbedingungen an der Erdoberfläche.

Verwitterungsprodukte: bei der Verwitterung anfallendes neues Material: Bruchstücke, Reste und umgewandelte Minerale

Vulkanit: vulkanisches Gestein

Warmzeit: Periode vorübergehender Erwärmung innerhalb einer längeren → Eiszeit. → Kaltzeit

Wechsellagerung: häufiger, regelmäßiger Wechsel von Gesteinsarten im Schichtenprofil

Wellenrippeln: → Rippelmarke

Werkstein: (Haustein) Zu einer regelmäßigen Form zugehauener oder gesägter Naturstein. Gegensatz dazu sind Brechprodukte, wie Bruchstein, Schotter, Splitt, Brechsand und Gesteinsmehl.

Zement: In der Petrologie: Bindemittel zwischen den Komponenten eines Sedimentes, das nach der Ablagerung in den Poren auskristallisiert ist. In der Bauindustrie: Gebrannte und vermahlene Kalk-Ton-Mischung, die nach Vermischung mit Wasser fest abbindet und dann z. B. Sand zu Beton verkittet.

Literaturhinweise für Gesteinsfreunde und Geotouristen

Allgemeine Geologie

Murawski, H. & W. Meyer (2010): Geologisches Wörterbuch. Spektrum Akademischer Verlag, Heidelberg. 12. Aufl.

Gesteinsbestimmung

Hann, H. P. (2014): Grundlagen und Praxis der Gesteinsbestimmung. Quelle & Meyer. 2016.

Vinx, R.: Gesteinsbestimmung im Gelände. Springer Verlag, Berlin, Heidelberg. 4. Aufl. 2015.

Maresch, W., H.-P. Schertl & O. Medenbach: Gesteine. Systematik, Bestimmung, Entstehung. Schweizerbart, Stuttgart. 2. Aufl.

Meyer, Jürgen (2017): Gesteine einfach bestimmen. Der Bestimmungsschlüssel. Haupt-Verlag Bern.

Bau- und Denkmalgesteine

Grimm, W.-D. (2018): Bildatlas wichtiger Denkmalgesteine der Bundesrepublik Deutschland. 2 Bände. Ebner Verlag Ulm. 2. erweiterte Auflage.

Regionale Geologie Deutschlands

Rothe, P. (2012): Die Geologie Deutschlands. 48 Landschaften im Porträt. Primus Verlag. 3. Aufl.

Henningsen, D. & G. Katzung (2006): Einführung in die Geologie Deutschlands. Spektrum Akademischer Verlag, Heidelberg. 7. Aufl.

Meschede, M. (2018): Geologie Deutschlands. Springer/Spektrum.

Regionale Geologie der ehemaligen DDR

Wagenbreth, O. & W. Steiner (Hrsg.) (1990): Geologische Streifzüge – Landschaft und Erdgeschichte zwischen Kap Arkona und Fichtelberg. Springer Spektrum. 4. Aufl. *(Klassiker, für Laien gemacht und gut verständlich, aber nur für das Gebiet der DDR)*

Gesteine in Städten

Schroeder, J. H. (Hrsg.) (2009): Steine in deutschen Städten (Dresden, Leipzig, Greiz, Jena, Berlin, Rostock, Wernigerode, Braunschweig, Hannover, Köln, Bonn, Sinzig, Speyer, Tübingen, Augsburg, München). Selbstverlag Geowissenschaftler in Berlin und Brandenburg.

Schroeder, J. H. (Hrsg.) (2013): Steine in deutschen Städten II (Chemnitz, Cottbus, Halle, Magdeburg, Berlin, Hamburg, Goslar, Minden, Münster, Worms, Freiburg, Straubing, Wunsiedel, Hof). Selbstverlag Geowissenschaftler in Berlin und Brandenburg.

Sammlungen Geologischer Führer

Wanderungen in die Erdgeschichte. Verlag Dr. Friedrich Pfeil, München. hier abgekürzt: **Pfeil**.
Streifzüge durch die Erdgeschichte. Verlag Quelle & Meyer, Wiebelsheim. hier abgekürzt: **Q & M**.
Sammlung Geologischer Führer. Gebr. Bornträger, Stuttgart. hier abgekürzt: **Born.**

Flüsse

Rosendahl, W., T. Huth, M. Geyer, A. Megerle & B. Junker (Hrsg.) (2019): Entlang des Rheins von Basel bis Mannheim. **Pfeil** Bd. 38.
Rudolph, F., Bayer, B., Bartholomäus, W. & S. von Loga (2015): Steine an Fluss, Strand und Küste sammeln und bestimmen. Franckh-Kosmos Verlag, Stuttgart. (Alpenflüsse, Weser, Elbe, Rhein, Mosel)
Peschl, J. & P. Sturm (2009): Salzachkiesel – suchen und bestimmen. Bayerische Akademie für Naturschutz und Landschaftspflege (ANL).
Grundmann, G. & H. Scholz (2006): Kieselsteine aus dem Alpenvorland. Christian Weise Verlag, München. 2. Aufl.

Nordische Geschiebe

Vinx, R. (2016): Steine an deutschen Küsten. Finden und Bestimmen. Quelle & Meyer.
Rudolph, F. (2007): Strandsteine. Sammeln und Bestimmen. Wachholtz V., Neumünster.
Rudolph, F. (2011): Noch mehr Strandsteine. Sammeln und bestimmen. Wachholz V., Neumünster.
Smed, P. & J. Ehlers (Übersetzer) (2002): Steine aus dem Norden. Geschiebe als Zeugen der Eiszeit in Norddeutschland. Gebr. Borntraeger, Berlin, Stuttgart. 2. Aufl.

Norddeutschland

Niedermeyer et al. (2011): Die deutsche Ostseeküste. **Born**. Bd. 105.
Rudolph, F. (2011): Geologie erleben in Schleswig-Holstein. Wachholtz V., Neumünster.
Ehlers, J. (Beh. f. Stadtentwicklung, Hrsg.) (2006): Geo-Touren in Hamburg. Hamburg.
Börner, A. (2013): Mecklenburgische Seenplatte. Eiszeitmeer und Lesesteine. **Q&M.**
Börner, A. (2012): Mecklenburgische Eiszeitlandschaft. Rinnenseen und Riesensteine. **Q&M**.

Berlin und Brandenburg

Schroeder, J. H. (Hrsg.) (1999): Führer zur Geologie von Berlin und Brandenburg. Selbstverlag der Geowissenschaftler in Berlin und Brandenburg.

- Rüdersdorf,
- Bad Freienwalde-Parsteiner See,
- Lübbenau-Calau,
- Potsdam und Umgebung,
- Naturwerksteine in Architektur und Baugeschichte von Berlin

Sebastian, U. & T. Suhr (2004): Niederlausitz – Die Senftenberger Seenplatte. **Pfeil**. Bd. 17
LGR Brandenburg: Geologische Übersichtskarte 1: 300 00.
Kupetz, A. & M. Kupetz (Hrsg.) (2009): Der Muskauer Faltenbogen. **Pfeil**. Bd. 24.

Niedersachsen

Stadt Königslutter (Hrsg.): Geologische Wanderkarte Braunschweiger Land, 1:100 00.
Staatl. Naturhist. Mus. Braunschweig und Freilicht- und Erlebnismuseum Ostfalen (FEMO) (Hrsg.) (2006): Braunschweiger Land. **Pfeil**. Bd. 19.

Harzvorland

Knolle, F., Mohr, S. & M. Seitz (2017): Nordwestliches Harzvorland. Die Klassische Quadratmeile der Geologie. **Q & M**.
Patzelt, G. (2003): Nördliches Harzvorland. östl. Teil. **Born.** Bd. 96.

Harz

Ließmann, W. (2018): Steinreicher Harz. Eine Gesteinskunde für Einsteiger und Fortgeschrittene. Quelle & Meyer, Wiebelsheim.
Knappe, H. (2018): Wackersteine, Wald und Wüste – unterwegs im Harz. **Pfeil.** Bd. 28.
Knappe, H. (2017): Forellen auf der Autobahn – unterwegs im Harz. **Pfeil**. Bd. 34.
Franzke, H. J. & M. Schwab (2011): Harz, östlicher Teil: mit Kyffhäuser Kristallin. **Born.** Bd. 104.
Mohr, K. (1998): Harz – Westlicher Teil. **Born.** Bd. 58.
Meyenburg, G. (2017): Der nördliche Mittelharz. Geologische Vielfalt rund um den Brocken. **Q & M.**
Müller, R. & H.-J. Franzke (2014): Oberharz. Tiefe Gruben - hohe Rücken. **Q & M**.
Franzke, H.-J., R. Müller & F. Vladi (2021): Südharz und Kyffhäuser. Auf den Spuren der Vorzeit. **Q & M**.

Sachsen, Thüringen, Hessen

Martens, T. (2003): Thüringer Wald. **Born.** Bd. 95.
Seidel, G. (1992): Thüringer Becken. **Born**. Bd. 85.
Reischmann, T. & A. Schraft (2009). Der Vogelsberg: Geotope im größten Vulkangebiet Mitteleuropas. Hessisches Landesamt für Naturschutz, Umwelt und Geologie. Wiesbaden.

Rhön

Kaeselitz, M. (2009): Nördliche Rhön. Steile Wände und offene Fernen. **Q & M.**

Nordrhein-Westfalen

Geologischer Dienst NRW
- Geologischer Dienst NRW: Geologie erleben (Broschüre), Museen, Schauhöhlen, ---
- Besucherbergwerke, Lehr und Wanderpfade in NRW und Umgebung, 2. Aufl. 2006.
- Geologischer Dienst NRW: Geologie im Weser- und Osnabrücker Bergland, Krefeld, 2003.

Rheinisches Schiefergebirge, linksrheinisch

Walter, R. (2010): Aachen und nördliche Umgebung: Mechernicher Voreifel, Aachen-Südlimburger Hügelland und westliche Niederrheinische Bucht. **Born**. Bd. 101.

Walter, R. (2010): Aachen und südliche Umgebung: Nordeifel und Nordost-Ardennen. **Born**. Bd. 100.
Wagner, H. W., F. Kremb-Wagner, M. Koziol & J. Negendank (2011): Trier und Umgebung. **Born**. Bd. 60.
Rothausen, K. & V. Sonne (2012): Mainzer Becken. **Born.** Bd. 79.
Kneidl, V. (2011): Hunsrück. Insel der Tropen. **Q & M**.

Rheinisches Schiefergebirge, rechtsrheinisch

Richter, D. (1996): Ruhrgebiet und Bergisches Land. Zwischen Ruhr und Wupper. **Born**. Bd. 60.
Flick, H. (2010): Lahn-Dill-Gebiet. Riffe, Erz und edler Marmor. **Q & M**
Henrich, R., W. Bach, I. Dorsten, F.-W. Georg, C. Henrich & U. Horch (2017): Riffe, Vulkane, Eisenerz und Karst im Herzen des Geoparks Westerwald-Lahn-Taunus. **Pfeil.** Bd. 33.
Okrusch, M., G. Geyer & J. Lorenz (2011): Spessart. **Born**. Bd. 106.

Baden-Württemberg

Landesamt für Geologie, Rohstoffe und Bergbau (LGRB):
- Geotouristische Karte von Baden-Württemberg Südost, 1:200 000.
- Geotouristische Karte von Baden-Württemberg Nord, 1:200 000.
- Karte von Baden-Württemberg, Schwäbische Alb und Umgebung, 1:200 000.
- Geotouristische Karte von Baden-Württemberg, Schwarzwald und Umgebung, 1:200 000,

Hegele, A. (2009): Stauferkreis Göppingen. **Pfeil**. Bd. 25.
Hüttner, R. & H. Schmidt-Kaler (2015): Meteoritenkrater Nördlinger Ries. **Pfeil.** Bd. 10.
Rosendahl, W., B. Junker, A. Megerle & J. Vogt (Hrsg.) (2008): Schwäbische Alb. **Pfeil.** Bd. 18.
Günther, D. (2010): Schwarzwald und seine Umgebung: Geologie, Mineralogie, Bergbau; Umwelt und Geotourismus. **Born.** Bd. 102.
Hebestreit, C. (2016): Wutachregion. Geologisches Kleinod im Südwesten. **Q & M.**
Eisbacher, G. & W. Fielitz (2010): Karlsruhe und seine Region: Nordschwarzwald, Kraichgau, Neckartal, Oberrhein-Graben, Pfälzerwald und westliche Schwäbische Alb. **Born**. Bd. 103.
Schreiner, A. (1984): Hegau und westlicher Bodensee. **Born.** Bd. 62.
Geyer, O. F., M. Geyer & T. Schober (2003): Hochrhein-Regionen zwischen Bodensee und Basel. **Born**. Bd. 94.

Bayern

Bayerisches Landesamt für Umwelt: Erdgeschichtliche Beiträge zum Naturschutz:
- Geotope in Oberfranken, Band 2, 2003.
- Geotope in Mittelfranken, Band 3.
- Geotope in Unterfranken, Band 8.
- Geotope in der Oberpfalz, Band 5.
- Geotope in Niederbayern, Band 4.
- Geotope in Oberbayern, Band 6, 2008.
- Geotope in Schwaben, Band 7, 2003.
- Bayerisches Landesamt für Umwelt: Hundert Meisterwerke – Die schönsten Geotope Bayerns, 2012.

Füßl, M. & B. Weber (2011): Fichtelgebirge. Sprudelnde Quellen und Meere aus Stein. **Q&M.**
Schmidt-Kaler, H., B. Kaulich & W. Welss (2012): Das Walberla. **Pfeil**. Bd. 15.
Reimann, M. & H. Schmidt-Kaler (2002): Der Steigerwald und sein Vorland. **Pfeil.** Bd. 13.
Schmidt-Kaler, H. (2003): Von der Frankenhöhe zum Fränkischen Seenland. **Pfeil**. Bd. 14
Geyer, G. & H. Schmidt-Kaler (2006): Coburger Land und Heldburger Gangschar. **Pfeil**. Bd. 21.
Geyer, G. & H. Schmidt-Kaler (2009): Den Main entlang durch das Fränkische Schichtstufenland.
Pfeil. Bd. 23.
Geyer, G. & H. Schmidt-Kaler (2006): Die Haßberge und ihr Vorland. **Pfeil**. Bd. 20.
Mäuser, M., W. Schirmer & H. Schmidt-Kaler (2010): Obermainalb und Oberfränkisches Bruchschollenland (E-Book). **Pfeil**. Bd. 12.
Kaulich, B., R. K. F. Meyer & H. Schmidt-Kaler (2000): Von Nürnberg durch die Pegnitz-Alb zur Bayerischen Eisenstraße (E-Book). **Pfeil**. Bd. 11.
Röper, M. & M. Rothgaenger (2013): Altmühltal. Im Reich des Archaeopteryx. **Q&M.**
Meyer, R. K. F. & H. Schmidt-Kaler (1991): Durchs Urdonautal nach Eichstätt (E-Book). **Pfeil**. Bd. 2.
Meyer, R. K. F. & H. Schmidt-Kaler (2011): Entlang der Oberen Donau – Vom Schwarzwald durch die Schwäbische Alb bis Ulm. **Pfeil.** Bd. 29.
Meyer, R. K. F. & H. Schmidt-Kaler (2015): Entlang der Bayerischen Donau von Ulm bis Regensburg. **Pfeil**. Bd. 32.
Meyer, R. K. F. & H. Schmidt-Kaler (2015): Rund um Regensburg. **Pfeil**. Bd. 7.
Hauner, U., mit einem Beitrag von F. H. Pfeil (2019): Bayerischer Wald vom Pfahl zur Donau.
Pfeil. Bd. 37.
Hauner, U. (2015): Innerer Bayerischer Wald. Hoher Bogen, Lamer Winkel, Arber-Kaitersberg, Nationalpark und Dreisessel. **Pfeil**. Bd. 31.
Meyer, R. K. F. & H. Schmidt-Kaler (2010): Auf den Spuren der Eiszeit südlich von München – westlicher Teil. **Pfeil.** Band 9.
Meyer, R. K. F. & H. Schmidt-Kaler (2018): Auf den Spuren der Eiszeit südlich von München – östlicher Teil. **Pfeil**. Bd. 8.
Darga, R. & J. F. Wierer (2009): Auf den Spuren des Inn-Chiemsee-Gletschers. **Pfeil**. Bd. 27.
Darga, R. (2009): Auf den Spuren des Inn-Chiemsee-Gletschers Übersicht. **Pfeil.** Bd. 26.
Kment, K. (2004): Von Bad Tölz zur Isarquelle (E-Book). **Pfeil**. Band 16.
Meyer, R. K. F., mit einem Beitrag von B. Lammerer (2018): Der Bayerische Alpenrand zwischen Füssen und Berchtesgaden. **Pfeil**. Bd. 36.
Langenscheidt, E. (2009): Nationalpark Berchtesgaden. Tiefe Seen und schroffe Höhen. **Q&M.**

Nützliche Webseiten

Allgemein

www.mineralienatlas.de
www.steinkern.de (Fossilien)
www.natursteinonline.de (Werkstein-Archiv lieferbarer und früher angebotener Sorten)
www.nationaler-geopark.de (Aktuelle Übersicht über alle Geoparks, Literatur etc.)

Norddeutschland

www.strandsteine.de
www.kristallin.de
www.lietherkalkgrube.de
www.geopark-eiszeitland.de
www.geopark-nordisches-steinreich.de

Mitteldeutschland

www.geopark-porphyrland.de (Mittelsachsen)
www.geopark-terravita.de (Nördlicher Teutoburger Wald, Osnabrück, Weser-Wiehengebirge)
www.geopark-harz.de
www.geopark-hblo.de (Harz, Braunschweiger Land, Ostfalen)
www.karstwanderweg.de (Karstwanderweg/Südharz)
www.geopark-kyffhaeuser.com
www.thueringer-geopark.de
www.naturpark-saale-unstrut.de
www.geopark-schieferland.de
www.geopark.metropoleruhr.de
www.geopark-vogelsberg.de
www.geopark-waldeck-frankenberg.de

Register

T

Der Autor

Heinrich Becker, geboren 1939 in Zwickau/Sachsen. Studium der Geologie und Pädagogik in Hamburg. Heinrich Becker war Lehrer und lebt in Hamburg. Er befasste sich mit der Herstellung von Lernprogrammen für Behinderte und ist Autor mehrerer Publikationen im CD-ROM-Format zu geografischen und geologischen Themen.

Bildquellennachweis

Bild 16, S. 41, Martin Schildgen (Wikimedia Commons, CC 3.0)
Bild 119, S. 79, Mineralogisches Institut Hamburg
Bild 126, S. 84, Roll stones (Wikimedia Commons, gemeinfrei)
Bild 127, S. 84, Peter Braun (Wikimedia Commons, CC 4.0)
Bild 171, S. 106, Mineralogisches Institut Hamburg
Bild 172, S. 107, GDelhey (Wikimedia Commons, CC 3.0)
Bild 174, S. 108, Lysippos (Wikimedia Commons, gemeinfrei)
Bild 177, S. 109, Jorg Brauckmann (Wikimedia Commons, CC 4.0)
Bild 182, S. 112, Thoma (talk) (Wikimedia Commons, CC 3.0)
Bild 200, S. 122, Mineralogisches Institut Hamburg
Bild 201, S. 122, Walter Sachs (Wikimedia Commons, gemeinfrei)
Bild 202, S. 123, Mineralogisches Institut Hamburg
Bild 204, S. 125, Mineralogisches Institut Hamburg
Bild 214, S. 130, Thomas Wolf (Wikimedia Commons, CC 3.0)
Bild 233, S. 140, BeeKaaEll (Wikimedia Commons, CC 3.0)
Bild 245, S. 143, Zumthie (Wikimedia Commons, gemeinfrei)
Bild 255, S. 148, S.John (Wikimedia Commons, CC 3.0)
Bild 264, S. 152, Wikimedia Commons, gemeinfrei
Bild 269, S. 153, Andres Thum (Wikimedia Commons, CC 3.0)
Bild 332, S. 175, Grabenstedt (Wikimedia Commons, CC 3.0)
Bild 392, S. 202, Rainer Lippert (Wikimedia Commons, gemeinfrei)
Bild 447, S. 224, Tigerente (Wikimedia Commons, CC 2.5)
Bild 464, S. 230, Tigerente (Wikimedia Commons, CC 3.0)
Bild 467, S. 231, Hugo.soria (Wikimedia Commons, CC 3.0)
Bild 472, S. 233, Mineralogisches Institut Hamburg
Bild 494, S. 242, Prissantenbar (Wikimedia Commons, CC 3.0)
Bild 554, S. 265, Mineralogisches Institut Hamburg
Bild 560, S. 267, Mineralogisches Institut Hamburg

Alle anderen Abbildungen stammen vom Autor.

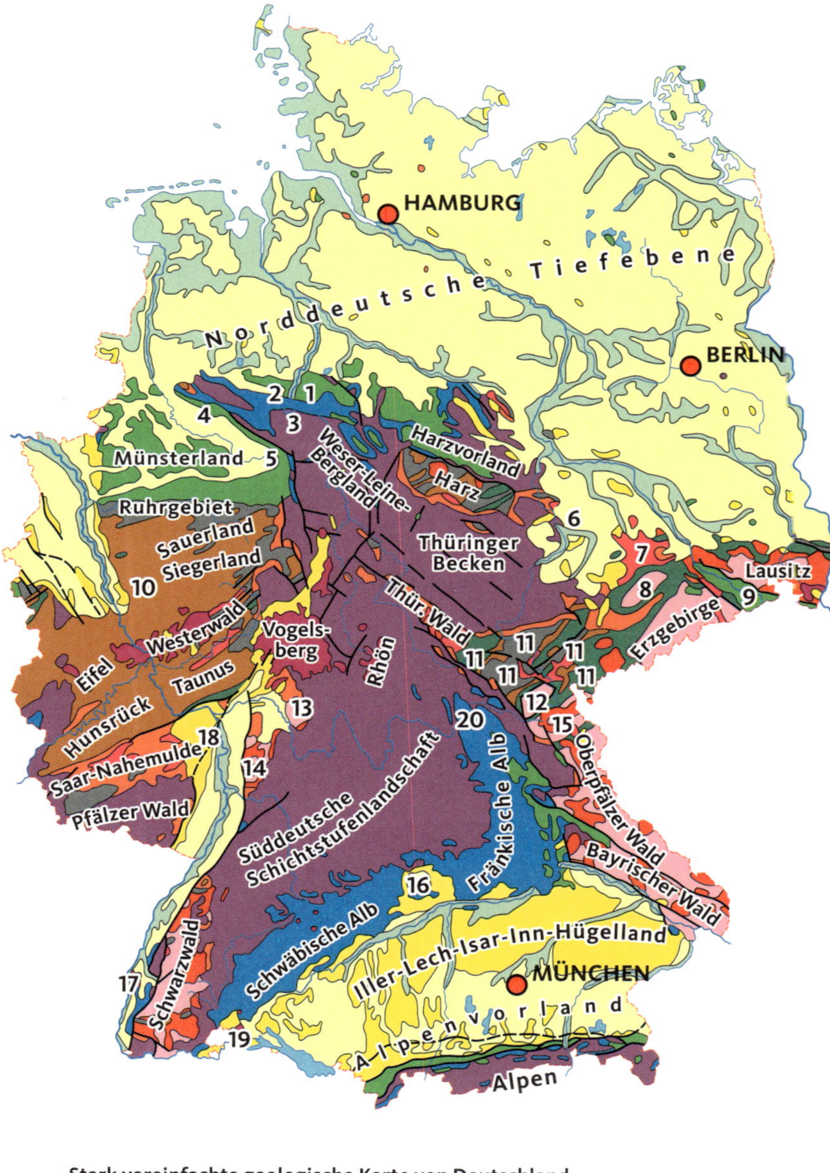

Stark vereinfachte geologische Karte von Deutschland

Mit freundlicher Genehmigung der Bundesanstalt für Geologie und Bodenschätze